U0157149

国家出版基金项目
NATIONAL PUBLICATION FOUNDATION

内蒙古湿地鸟类

THE BIRDS IN THE WETLANDS OF INNER MONGOLIA

杨贵生　主编

内蒙古人民出版社

图书在版编目（CIP）数据

内蒙古湿地鸟类 / 杨贵生主编 . – 呼和浩特：内蒙古人民
出版社 , 2021.12

ISBN 978-7-204-16853-8

Ⅰ . ①内… Ⅱ . ①杨… Ⅲ . ①沼泽化地 – 鸟类 – 内蒙古
Ⅳ . ① Q959.708

中国版本图书馆 CIP 数据核字（2021）第 203691 号

内蒙古湿地鸟类
NEIMENGGU SHIDI NIAOLEI

主　　编	杨贵生
责任编辑	武连生　王　瑶　贾大明
责任监印	王丽燕
装帧设计	刘那日苏
出版发行	内蒙古人民出版社
地　　址	呼和浩特市新城区中山东路 8 号波士名人国际 B 座 5 楼
网　　址	http://www.impph.cn
印　　刷	内蒙古爱信达教育印务有限责任公司
开　　本	889mm×1194mm　1/16
印　　张	26.5
字　　数	660 千
版　　次	2021 年 12 月第 1 版
印　　次	2021 年 12 月第 1 次印刷
印　　数	1—2000 册
书　　号	ISBN 978-7-204-16853-8
定　　价	186.00 元

图书营销部联系电话：（0471）3946267　3946269
如发现印装质量问题，请与我社联系。联系电话：（0471）3946120　3946124

编 委 会

主　编　杨贵生

编　者　杨贵生　　白塔娜　　梁晨霞　　杨　永　　赵美丽

主摄影　杨贵生

摄　影　赵国君　　王　顺　　孙孟和　　林清贤　　周惠卿

　　　　王志芳　　李晓辉　　宋丽军　　杨永昕　　刘松涛

　　　　巴特尔　　王　彤　　陈学文　　付建国　　郭玉民

　　　　张建平　　苏晨曦　　喻国强　　李文军　　何　超

　　　　张　砾　　李剑志　　闫东洪　　方海涛　　钱　斌

　　　　李士伟　　董文晓　　李　新　　杨凤波　　杨文致

绘　图　乌瑛嘎

　　杨贵生，男，1953年出生于内蒙古呼和浩特市清水河县。内蒙古大学教授，博士研究生导师。荣获"全国优秀教师""全国高校优秀辅导员""内蒙古自治区教学名师"等称号。曾任内蒙古自治区动物学会理事长、中国动物学会理事。现任中国鸟类学分会理事、英国东方鸟类协会会员、机场鸟击防范专家咨询组成员。

　　从事动物生态学、鸟类学、动物地理学、动物保护学教学和研究工作40余年。先后主持国内外鸟类学研究课题30项，在国内外学术刊物发表鸟类学论文100余篇，出版教材和专著15部。获国家教育部科技进步二等奖1项，内蒙古自治区高等教育教学成果一、二等奖各1项，内蒙古自治区科技进步三等奖1项。

序 言

内蒙古自治区地处我国北部边疆，总面积 118.3 万 km²，约占国土总面积的 1/8。内蒙古地域广阔，东西直线距离 2400 多 km，南北直线距离 1700 多 km。大部分地区属温带大陆性气候。受地形和地表组成、下垫面、太阳辐射等因素影响，热量从东北向西南递增，湿润度则从东北向西南递减，从而影响了植被类型的分布：从东北向西南依次为森林、草甸草原、典型草原、荒漠草原、草原化荒漠、典型荒漠。

内蒙古虽然大部分地区位于干旱、半干旱地带，但是湿地面积大，总面积达 60106km²，居我国第三位。湿地广泛分布于全区各地，包括内陆湿地和人工湿地。内陆湿地主要有湖泊湿地、河流湿地和沼泽湿地，人工湿地主要有库塘、灌溉地、盐田、蓄水区、排水渠、废水处理场所等。其中，内陆湿地面积 58788km²，占内蒙古湿地总面积的 97.81%；人工湿地面积 1318km²，占内蒙古湿地总面积的 2.19%。

湿地是地球三大生态系统（陆地、海洋和湿地）之一。无论从生态学还是从经济学的角度看，湿地都是最有价值和生产力最高的生态系统（Duncan Parish, 1990），尤其是在保护生物多样性方面发挥着重要作用。然而，直到 20 世纪，湿地的重要性才逐渐为人们所认识。人们在对湿地的研究过程中，逐渐认识到湿地与人类的生存、繁衍和发展息息相关，它不仅是自然界生物多样性最丰富的生态系统，而且是人类最重要的生存环境。

湿地鸟类是湿地生物多样性研究中最引人注目、最主要的组成部分。国际上常将湿地鸟类的群落结构和丰富度作为湿地质量的重要评估指标。中国一直很重视湿地和湿地鸟类的保护和研究工作，从 20 世纪 80 年代开始就开展了全国性的湿地调查活动，并将许多湿地建设成自然保护区。1992 年，中国加入《关于特别是作为水禽栖息地的国际重要湿地公约》（简称《湿地公约》），承担起保护湿地和水鸟的国际义务。2000 年，国家林业局等 17 个部门颁布了《中国湿地保护行动计划》。2001 年，国家林业局颁布和实施了《全国野生动植物保护及自然保护区建设工程总体规划》，其中湿地保护被列为重要建设内容。2004 年，国务院批准了《全国湿地保护工程规划》。2009 ~ 2013 年，国家林业局组织开展第二次全国湿地资源调查工作。2010 年 1 ~ 11 月，内蒙古自治区林业厅组织开展内蒙古湿地资源调查工作。

1980 年以来，作者先后主持英国东方鸟类协会、国家自然科学基金、教育部、生态环境部、国家林业和草原局、内蒙古自然科学基金等的研究项目 30 项，先后参加国际鹤类基金、亚洲湿地隆冬鸟类监测等国内外研究课题 15 项，并与澳大利亚、英国、加拿大等国家和中国台湾、中国香港等地区及北京师范大学、首都师范大学、东北林业大学等学校的鸟类学研究学者合作研究了诸多项目，其中大多数项目是湿地鸟类研究或涉及湿地鸟类研究的项目。这些项目着重对内蒙古湿地鸟类多样性、鸟类群落结构、鸟类迁徙规律、鸟类与环境的关系、珍稀鸟类及其栖息地的保护等方面进行了深入研究。这些调查研究，为本书的编写积累了科学而丰富的资料。

内蒙古地域辽阔，湿地面积大且类型多样，湿地鸟类资源丰富。到目前为止，内蒙古有 3 个国际重要湿地（即呼伦湖湿地、汗马湿地、鄂尔多斯遗鸥自然保护区湿地），41 个国家湿地公园，25 个以湿地保护为主的国家级和自治区级自然保护区。湿地鸟类多样性是湿地生物多样性的重要组成部分。因此，无论是从地区经济发展、可再生资源的合理利用、湿地鸟类及其生存环境的深入研究，还是从指导生态环境、林业与草原、疾控防疫、海关检疫等有关部门，自然保护区、湿地公园等管理人员、监测人员及环境评价人员识别湿地鸟类物种、研究湿地鸟类生态习性、监测湿地鸟类多样性变化，保护湿地鸟类及其栖息环境等方面考虑，编写《内蒙古湿地鸟类》一书都很有必要。本书的出版，将为内蒙古生态环境保护、湿地鸟类资源的有序管理、内蒙古生态文明建设提供科学依据，将为中国乃至世界的湿地鸟类多样性、湿地鸟类生态学的学术研究提供宝贵的基础资料。

本书记录鸟类 239 种，隶属于 15 目 39 科。其中，典型的湿地鸟类（即水鸟）173 种，喜湿湿地鸟类 66 种。属于国家一级重点保护的野生鸟类有中华秋沙鸭、大鸨、白鹤、黑鹳、东方白鹳、遗鸥等 24 种，属于国家二级重点保护的野生鸟类有白琵鹭、大天鹅、小天鹅、白腰杓鹬、黑鸢等 38 种，被列入《濒危野生动植物种国际贸易公约》（CITES）附录的鸟类有东方白鹳、白腹鹞、白琵鹭、大红鹳、白头硬尾鸭等 29 种。

本书对每一种鸟类都记述了其中文名、拉丁文名、英文名及形态特征、生态习性、保护级别、居留型、分布范围，并配有照片。

书中"保护级别"的判定依据：《国家保护的有重要生态、科学、社会价值的陆生野生动物名录》（2000年，简称"中国三有动物名录"），《濒危野生动植物种国际贸易公约》（CITES）附录（2019年），《国家重点保护野生动物名录》（2021年），《内蒙古自治区重点保护陆生野生动物名录》（2021年）。其中"受胁等级"的判定依据：世界自然保护联盟（IUCN）2020年发布的红色名录，《中国脊椎动物红色名录》（2021年）。

本书的出版得到了内蒙古大学生命科学学院、内蒙古大学科技处、内蒙古林业和草原局等单位，中国鸟类学会理事长雷富民、中国鸟类学会副理事长张正旺、内蒙古大学胡薇教授和王潇教授、湖南师范大学邓学建教授、厦门大学陈小麟教授的支持。王婷婷、胡媛媛、王文、金梦娇、迟宇等研究生参与了大量的校对工作。在此，谨向支持和帮助本书出版的单位及各位专家、同学表示衷心的感谢！

由于作者水平所限，书中疏漏和错误之处，诚请读者批评指正。

编　者

2021 年 3 月 8 日

目　录

内蒙古自然环境概况

内蒙古自治区（以下简称"内蒙古"）地处我国北部边疆，地理坐标为东经 97°12′~126°04′，北纬 37°24′~53°23′。总面积 118.3 万 km²，约占国土总面积的 1/8。内蒙古的北部和东北部与蒙古国及俄罗斯毗邻，从东北至西南分别与黑龙江、吉林、辽宁、河北、山西、陕西、宁夏、甘肃八省、自治区接壤，现辖 9 市 3 盟，分别为呼伦贝尔市、通辽市、赤峰市、乌兰察布市、呼和浩特市、包头市、巴彦淖尔市、鄂尔多斯市、乌海市及兴安盟、锡林郭勒盟、阿拉善盟，下设 103 个旗、县（市、区）。

内蒙古的地貌大部分为高原，包括阴山山系以北的内蒙古高原及黄河以南的鄂尔多斯高原。除高原之外，还有山地、丘陵、谷地、盆地、冲积平原等。

内蒙古高原是蒙古高原的南部地带，占据内蒙古北部广阔土地，东北至西南长约 2000km，南北最宽处约 540km，是中国第二大高原。大兴安岭、阴山山系与贺兰山、北山山系等组成一个弧形隆起，成为内蒙古高原的东南、南及西南界。内蒙古高原向北直达中蒙、中俄边界，海拔高度 700~1400m。黄河在内蒙古中部形成一个大弯，南部围绕的是鄂尔多斯高原，平均海拔 1200~1600m。鄂尔多斯高原的北部为库布其沙漠，东部为砒砂岩丘陵区，东南部为毛乌素沙地，西部为桌子山干燥剥蚀山地。

内蒙古的平原主要有两部分。一部分在大兴安岭东南麓，属东北平原的西部边缘地带，北部是松嫩

哈拉哈河

阴山山脉大青山

平原，南部是松辽平原，海拔高度 81.8~200m。另一部分在阴山山系南部，从西向东绵延近 400km，西部称河套平原，东部称土默川平原，海拔在 1000m 左右。

内蒙古有大小河流近 1000 多条，较大的湖泊有 200 多个，水面面积大于 30km² 的湖泊有呼伦湖、达里诺尔、乌梁素海、贝尔湖、岱海、黄旗海、呼日查干淖尔、居延海等 10 多个。这些河流和湖泊分属外流水系及内陆水系。大兴安岭、阴山、龙首山、合黎山等山地的主要分水岭的东侧与南侧为外流水系，北侧为内流水系。外流水系从东至西有嫩江、额尔古纳河、西辽河、滦河、永定河、黄河六大水系，流域面积 69.9 万 km²。前两个水系最后汇入黑龙江入鄂霍次克海的鞑靼海峡，后四个水系均注入渤海。内蒙古内流水系比较发育，主要有乌拉盖河、锡林高勒（锡林河）、塔布河、艾不盖河等水系，流域面积 48.4 万 km²。

内蒙古南北、东西跨度均较大，各地水热条件分异很大，气候差别十分明显。最北部的呼伦贝尔市最高纬度北纬 53°23′，年均气温在 −2.0℃ ～ 4.9℃ 之间，年均降水量在 500mm 以上，是内蒙古的冷湿中心，属寒温带气候；中部的锡林郭勒盟年平均气温 0℃ ～ 4.7℃，乌兰察布市年平均气温 1.4℃ ～ 4.9℃，年均降水量 300 ～ 400mm，属中温带气候；阴山山系以南及最西部的阿拉善盟，≥ 10℃ 积温 3180℃ ～ 3625℃，为暖温带气候，且阿拉善盟年降水量仅 25mm，年平均气温高达 6.5℃ ～ 9.0℃。

内蒙古境内有四大沙漠和四大沙地，分别是巴丹吉林沙漠、腾格里沙漠、乌兰布和沙漠、库布其沙漠，毛乌素沙地、浑善达克沙地、科尔沁沙地和呼伦贝尔沙地。

由于水热条件自东北向西南的逐渐变化，植被也因此呈斜行地带性分布，依次为寒温型针叶林、中温型夏绿阔叶林、中温型森林草原、中温型典型草原、中温型荒漠草原、暖温型夏绿阔叶林、暖温型森林草原、暖温型典型草原、暖温型荒漠草原、暖温型草原化荒漠和暖温型典型荒漠。

浑善达克沙地榆树疏林

湿地的定义及分类

1. 湿地的定义

国内外专家学者对湿地有不同的定义，而且一直存在分歧。目前采纳最多的是《关于特别是作为水禽栖息地的国际重要湿地公约》（以下简称《湿地公约》）中对湿地的定义，即湿地是天然或人工形成的长久或临时性的沼泽地、湿原、泥炭地或水域地带，带有静止或流动的淡水、半咸水或咸水水体，包括低潮时水深不超过6m的海水水域。也就是说，陆地上所有长久积水、临时积水的区域及低潮时水深不超过6m的海水水域均属湿地。

20世纪以来，人们逐渐认识到湿地与人类的生存、繁衍和发展息息相关，它不仅是自然界生物多样性最丰富的生态系统，而且是人类最重要的生存环境。研究发现，湿地是水鸟、鱼类、底栖动物等的重要栖息地，并且在美化环境、调节气候、蓄洪防旱、调节径流、促淤造陆、降解污染等方面具有重要作用。

2. 湿地的分类

目前《湿地公约》所采用的湿地分类系统包括海洋和海岸湿地、内陆湿地、人工湿地三大类。其中，内陆湿地分为20类：内陆三角洲，河流，时令河，湖泊，时令湖，盐湖，时令盐湖，内陆盐湖，时令碱、咸水盐沼，淡水草本沼泽、泡沼，泛滥地，草本泥炭地，高山湿地，苔原湿地，灌丛湿地，淡水森林沼泽，森林泥炭地，淡水泉及绿洲，地热湿地，内陆岩溶洞穴水系。人工湿地分为10类：水产养殖塘，水塘，灌溉地，农用泛洪湿地，盐田，蓄水区，采掘区，废水处理场所，运河、排水渠，地下输水系统。

3. 湿地鸟类的定义

鸟类不仅是湿地生态系统的重要组成部分，而且对湿地环境的变化非常敏感。因此，国际上常将湿地鸟类的群落结构和丰富度作为湿地质量的重要评估指标。目前，关于湿地鸟类尚无确切的定义。多数学者认为湿地鸟类至少可分为三类：第一类是完全依赖湿地，主要或仅在湿地生存，属于典型的湿地鸟类；第二类是不完全依赖湿地，在非湿地生境能同时见到；第三类是典型生境并非湿地，但湿地存在时也可以利用。第一类指的是水鸟。水鸟是湿地鸟类群落组成的主体部分，它们对湿地生态系统有极强的依赖性，也是监测湿地环境质量的指示性类群。第二、三类属于喜湿湿地鸟类。本书认为，从湿地管理和保护角度考虑，有必要将喜湿湿地鸟类列为湿地鸟类。

水鸟为依赖湿地生存的鸟类，包括游禽和涉禽两大类。游禽是适应游泳或潜水生活的水鸟，主要栖息在水较深的环境中，如雁鸭类、鸊鷉类、潜鸟类、鸬鹚类、鸥类等；涉禽是多在沼泽或浅水区涉水活动的水鸟，如鹤类、鹳类、鹭类、鸻鹬类等。

　　喜湿湿地鸟类经常在湿地活动，它们的栖息、繁殖或食物与湿地的关系很密切，如鹰形目的鹞类、海雕类、鹗、黑鸢等，佛法僧目的普通翠鸟、蓝翡翠、冠鱼狗等，雀形目的鹡鸰科、燕科、河乌科、文须雀科、苇莺科、莺鹛科、鹟科、鸦科等类群的一些鸟类。它们经常在水边栖息、觅食，与湿地有着密切的关系。

游禽

涉禽

内蒙古湿地的形成及类型

1. 内蒙古湿地的形成

在中生代开始的新华夏构造运动中，内蒙古呼伦贝尔市至鄂尔多斯市一带均处于坳陷带，地貌为大型湖盆。经第三纪燕山运动、第四纪喜马拉雅造山运动的断陷皱褶、火山喷发、熔岩溢出作用及冰期与间冰期气候交替变化，导致古湖泊扩大或萎缩，形成很多构造湖、堰塞湖、火山口湖及由古湖泊萎缩而成的盐碱湖，如呼伦湖、达里诺尔、岱海等。同时，草原地带的主体地貌多为坦荡辽阔的高原，山体大多不高，坡度平缓，谷底及河床开阔，致使河流比降小、河曲发育，形成很多牛轭湖、尾闾湖和沼泽，如乌梁素海、居延海、科尔沁湿地及高原上众多的小型草原湖泡。此外，草原地带还有很多在风蚀洼地中形成的湖泊、沼泽和湿草甸。

2. 内蒙古湿地类型

内蒙古湿地的类型包括内陆湿地和人工湿地。内陆湿地主要有河流湿地、湖泊湿地、沼泽湿地，人工湿地主要有蓄水区、水塘、排水渠、水产养殖塘、灌溉地、农用泛洪湿地、盐田、采掘区、废水处理场所。

内蒙古的湿地总面积 60106km²，居中国第三位。其中，内陆湿地 58788km²，占内蒙古湿地总面积的 97.81%；人工湿地 1318km²，占内蒙古湿地总面积的 2.19%。

（1）内陆湿地

1）河流湿地

内蒙古的河流湿地面积 4637km²，其中永久性河流面积 2443km²，季节性河流面积 1874km²，洪泛平原湿地面积 320km²。内蒙古的河流有黄河、额尔古纳河、嫩江、西辽河、滦河、永定河等外流水系和乌拉盖河、锡林高勒（锡林河）、艾不盖河、额济纳河（弱水）等内流水系。

2）湖泊湿地

内蒙古的湖泊湿地面积 5662km²，其中永久性咸水湖 2506km²，季节性咸水湖 1949km²，永久性淡水湖面积 1009km²，

地处干旱地区的牛轭湖——乌梁素海

季节性淡水湖 198km²。永久性咸水湖主要有达里诺尔、白银库伦等。季节性咸水湖有黄旗海、腾格尔诺尔等。永久性淡水湖主要有呼伦湖、乌梁素海、岱海、居延海、呼日查干淖尔、哈素海等。

此外，在内蒙古的草原和荒漠中有数量众多的小型湖泊。其中乌拉盖湿地的小型咸水湖泡总面积411.50 km²，淡水湖泡总面积 8.79 km²；浑善达克沙地湖泡总面积 121.72 km²；毛乌素沙地有敖拜诺尔、红碱淖、红海子、神海子等湖泡 100 多个，总面积 210.23km²；巴丹吉林沙漠、腾格里沙漠中有咸水和淡水湖泡 140 多个，总面积 163.22 km²。

3）沼泽湿地

内蒙古的沼泽湿地面积 48489km²，其中草本沼泽 19992km²，季节性咸水沼泽 9230km²，沼泽化草甸 6235km²，森林沼泽 5734km²，内陆盐沼 5243km²，灌丛沼泽 2028km²，地热湿地 23km²，藓类沼泽 4km²。沼泽湿地分布于全区各地，其中呼伦贝尔市的沼泽湿地面积最大，其次是锡林郭勒盟。草本沼泽主要分布于呼伦贝尔市及兴安盟，季节性咸水沼泽主要分布于锡林郭勒盟，沼泽化草甸主要分布于锡林郭勒盟，森林沼泽和灌丛沼泽主要分布于大兴安岭，内陆盐沼主要分布于阿拉善盟、锡林郭勒盟和乌兰察布市，地热湿地主要分布于兴安盟。

大兴安岭东南麓沼泽湿地

（2）人工湿地

人工湿地面积 1318km²，其中库塘湿地面积 775km²（全区有各种水库 396 座），盐田 282km²，排水渠 220km²，水产养殖塘 41km²。呼伦贝尔市的人工湿地面积最大，其次是阿拉善盟、通辽市、兴安盟、巴彦淖尔市。库塘湿地主要分布于呼伦贝尔市、通辽市和兴安盟，盐田主要分布于阿拉善盟，排水渠主要分布于巴彦淖尔市，水产养殖塘主要分布于鄂尔多斯市和呼和浩特市。

巴丹吉林沙漠中的盐田　　　　　　　　　　　　　　　　　　　　　巴彦淖尔市黄河引水灌溉渠

3. 内蒙古湿地的分布

内蒙古南北、东西跨度均较大，湿地面积大、类型多，但分布不均匀。其中东北地区的湿地面积最大，其次是中部地区，西部地区的湿地面积较小。以下按照这三个区，分别叙述其主要湿地环境及湿地鸟类。东北地区包括呼伦贝尔市、兴安盟，湿地面积 32550km²；中部地区包括通辽市、赤峰市、锡林郭勒盟、乌兰察布市、呼和浩特市、包头市，湿地面积 21210km²；西部地区包括巴彦淖尔市、鄂尔多斯市、乌海市、阿拉善盟，湿地面积 6340km²。

（1）东北地区的湿地

1）河流湿地

东北地区的河流属于额尔古纳河水系和嫩江水系。其中，额尔古纳河水系的河流主要有哈拉哈河、克鲁伦河、乌尔逊河、辉河、伊敏河、免渡河、莫尔格勒河、大雁河、海拉尔河、图里河、根河、莫尔道嘎河、激流河、金河、乌玛河等，嫩江水系的河流主要有古里河、甘河、诺敏河、毕拉河、

内蒙古红花尔基伊敏河国家湿地公园

阿伦河、雅鲁河、绰尔河、图门河、洮儿河、归流河、蛟流河、霍林河等。

河流特别是下游比降减小，流速减慢，河滩宽阔，易形成沼泽湿地，为多种水鸟提供了适宜栖息地。如陈巴尔虎旗境内的额尔古纳河的河漫滩，分布着丹顶鹤、蓑羽鹤、白腰杓鹬等水鸟；伊敏河的河道两侧湿地，在繁殖季节记录到鸿雁、大天鹅、斑嘴鸭、针尾鸭、罗纹鸭、白眉鸭、鹊鸭、凤头麦鸡、金眶鸻、林鹬、青脚鹬、白骨顶、白琵鹭、小杓鹬、翻石鹬等水鸟；秋季在辉河两岸可见丹顶鹤、灰鹤、赤颈鹛鹛、红颈瓣蹼鹬等水鸟。

内蒙古阿尔山哈拉哈河国家湿地公园

绰尔河

内蒙古扎赉特绰尔托欣河国家湿地公园

2）湖泊湿地

东北地区的主要湖泊有呼伦湖、贝尔湖、乌兰诺尔、哈拉湖、呼和诺尔、巴隆莲波湖、白泡子、阿尔善乃查干诺尔、呼日查干淖尔、三道泡子、哈达泡子、牦牛海泡子等。其中，呼伦湖面积达 2244km²，平均水深 5.7m。克鲁伦河从呼伦湖西南处注入，在低平的河流入口处嘎拉达白辛地区积水形成众多湖泡，湖泡周围芦苇和柳灌丛成片，为鸿雁、灰雁、大天鹅、疣鼻天鹅、鸳鸯、罗纹鸭、青头潜鸭、凤头潜鸭、鹊鸭、针尾鸭、琵嘴鸭、绿翅鸭、白眉鸭、赤颈鸭、斑头秋沙鸭、普通秋沙鸭、红胸秋沙鸭等雁鸭类，白鹤、灰鹤、丹顶鹤、白头鹤、白枕鹤等鹤形目鸟类，普通海鸥、红嘴鸥、灰背鸥、黄腿银鸥、大杓鹬、黑尾塍鹬等鸻形目鸟类，东方白鹳、黑鹳、白琵鹭等多种水鸟提供了适宜栖息的环境。贝尔湖为中国和蒙古国界湖，属吞吐性淡水湖，面积 6087km²，我国仅占湖区西北侧的 40.26km²。

呼日查干淖尔

扎兰屯市柴河镇月亮天池

阿尔山骆驼岭天池

3）沼泽湿地

东北地区的沼泽湿地面积 28334.45km^2。大兴安岭北部山地森林区山体浑圆，坡度较缓，河谷宽阔平坦，河曲发育，河水流速缓慢，水网稠密，易在低洼处积水形成各类沼泽，如兴安落叶松—狭叶杜香沼泽、泥炭藓沼泽、柴桦—薹草灌丛沼泽。乌尔逊河比降很小，河中因此形成很多洲渚，河岸柳灌丛茂盛，芦苇成片。乌兰诺尔四周多茇茇草草滩、草甸和泥滩。这些湿地是雁鸭类、鹤类及鸻鹬类水鸟的适宜栖息地。在这里繁殖的水鸟有 80 多种，数量较多的有豆雁、灰雁、鹊鸭、赤颈鸭、针尾鸭、白眉鸭、凤头潜鸭、西伯利亚银鸥、大杓鹬、丘鹬等，珍稀鸟类有丹顶鹤、灰鹤、鸿雁、鸳鸯、东方白鹳、黑鹳等。科尔沁沙地中有很多低湿沼泽地，为东方白鹳、黑鹳、丹顶鹤、白枕鹤、蓑羽鹤、白琵鹭等多种珍稀涉禽的栖息、繁殖提供了适宜环境。早在 1999 年，科尔沁国家级自然保护区的工作人员就在保护区记录到近 400 只的白鹤迁徙群。

海拉尔河畔沼泽湿地

绰尔河畔沼泽湿地

（2）中部地区的湿地

1）河流湿地

中部地区外流水系有西辽河水系、滦河水系、永定河水系、黄河水系。其中，西辽河水系的河流主要有西拉木伦河、老哈河、查干沐伦河、教来河、新开河、锡伯河、黑里河，滦河水系的河流主要有吐

锡林高勒（锡林河）

贡格尔河   耗来河

力更河、一家河、闪电河，永定河水系的主要河流有后河、黑水河、饮马河，黄河水系的主要河流有哈拉沁河、大黑河、洪河、清水河等。内流水系有乌拉盖河、锡林高勒（锡林河）、贡格尔河、沙里河、亮子河、辉腾郭勒、高格斯台郭勒等。

西辽河有西拉木伦河和老哈河两条大的一级支流，在低洼平坦的台地或丘间谷地带，河床宽阔，河曲发育，周围有大片的沼泽和湿草甸，记录到繁殖水鸟30多种，优势种为赤膀鸭、绿头鸭，常见种有鸳鸯、鸿雁、黑鹳等。老哈河发源于燕山北部支脉七老图山，流经敖汉旗的平原地带时，流速减慢，形成湖泡及芦苇、香蒲沼泽（部分被开垦为稻田），其中小河沿湿地鸟类自然保护区境内记录到繁殖水鸟鸿雁、白枕鹤、苍鹭、鸳鸯、白琵鹭、翘鼻麻鸭、赤麻鸭、赤膀鸭等33种。滦河水系和永定河水系在内蒙古的流域面积较小。发源于燕山山地的闪电河，向北在锡林郭勒盟正蓝旗和多伦县境内形成大弯，转向南流，与发源于克什克腾旗乌兰布统苏木的吐力根河相汇成滦河，沿途形成众多湖泡及湿地，如将军泡子、公主湖、野鸭湖、乌兰布统湿地等。湿地植被有柳灌丛沼泽、芦苇沼泽等，黑水鸡、小鸊鷉、黑颈鸊鷉、赤膀鸭、斑嘴鸭、红头潜鸭等游禽以及大鸨、蓑羽鹤、红脚鹬等涉禽在此繁殖。发源于乌兰布统苏木及兴和县与临近地区阴山山脉东端的几条小河均属永定河水系，在内蒙古境内的流程很短，最终流入河北省，沿途形成的一些小面积湿地，是凤头麦鸡、环颈鸻等小型涉禽的繁殖地。

2）湖泊湿地

中部地区的主要湖泊有达里诺尔、呼日查干淖尔、白银库伦、岱海、哈素海、黄旗海等。其中，达里诺尔为内蒙古第三大湖，是一个因火山喷发、熔岩溢出等地壳运动形成

白银库伦

的堰塞湖；呼日查干淖尔位于锡林郭勒盟阿巴嘎旗西南部的开阔洼地；白银库伦位于锡林浩特市南部，是一个丘陵、台地间的小型构造湖；岱海位于阴山山系蛮汉山中的一块封闭的断陷盆地内。此外，乌兰察布市察哈尔右翼中旗境内的辉腾锡勒台地，海拔 2000 ~ 2131m，台地的风蚀洼地积水形成几十个面积 0.5 ~ 1km² 的湖泡，较大的有浪刷海子、三连海子等，观察到繁殖水鸟赤膀鸭、琵嘴鸭、红头潜鸭、绿头鸭、灰翅浮鸥、普通燕鸥、黑颈䴙䴘、

达里诺尔塔头沼泽湿地

凤头䴙䴘、小䴙䴘等。浑善达克沙地中有很多沙湖，仅正蓝旗就有 40 多个，为小天鹅、绿翅鸭、针尾鸭等迁徙水鸟提供了歇脚和觅食的环境。

3）沼泽湿地

中部地区的沼泽湿地面积 16328.64km²，其中 67.38% 位于锡林郭勒盟。发源于宝格达山的乌拉盖河，蜿蜒于锡林郭勒盟东乌珠穆沁旗境内的高平原上，最后进入乌拉盖盆地，流程达 537km，沿途有 90 多个大小湖泡和各类湿地。1998 年 5 月 25 日至 28 日，作者在这里考察时记录到鸿雁、大天鹅、小天鹅、大鸨、丹顶鹤、蓑羽鹤、白琵鹭、罗纹鸭、白眉鸭、东方鸻、鹤鹬、半蹼鹬、斑尾塍鹬、青脚鹬、尖尾滨鹬、红颈滨鹬、西伯利亚银鸥等水鸟 46 种。

赤峰市的沼泽湿地面积占中部地区沼泽湿地的 10.38%。阿鲁科尔沁旗南部为科尔沁沙地的北部边缘地带，沙地内散布着扎嘎斯台诺尔、浑泥土诺尔等几十个大小沙地湖泡及多种类型的沼泽湿地，为不同生态类型的水鸟提供了栖息和繁殖地。2000 ~ 2002 年，作者记录到大天鹅、小天鹅、鸿雁、青头潜鸭、大鸨、蓑羽鹤、白琵鹭、苍鹭、东方鸻、红脚鹬、西伯利亚银鸥、灰背鸥等水鸟 41 种。此外，包头市南海子湿地为黄河滩涂湿地，生境类型有芦苇和香蒲浅水沼泽、沼泽草甸、芨芨草和白刺灌丛等盐化草甸，是春秋迁徙季节大天鹅、小天鹅、鸿雁、豆雁、灰鹤、蓑羽鹤、黑鹳、白琵鹭、苍鹭等多种水鸟的停歇和觅食地。

（3）西部地区的湿地

1）河流湿地

西部地区的主要河流有黄河水系的纳林河、呼斯壕赖河、乌兰木伦河、

南海子湿地

黑赖河、乌加河，内流水系有额济纳河、摩林河。河流湿地以黄河湿地为主。黄河进入内蒙古境内，穿过鄂尔多斯高原西部的桌子山进入河套平原，此处河床开阔，河曲发育，在河岸滩涂形成了大面积沼泽和湿草甸，为黑鹳、鸿雁、灰雁、大天鹅、小天鹅、疣鼻天鹅、灰鹤、蓑羽鹤、白琵鹭、苍鹭等多种水鸟提供了栖息环境。

黄河内蒙古段

2）湖泊湿地

西部地区大多为干旱的半荒漠和极端干旱的典型荒漠，分布着巴丹吉林沙漠、腾格里沙漠、乌兰布和沙漠、库布其沙漠和毛乌素沙地。湖泊主要有乌梁素海、居延海、红碱淖、桃力庙海子等。乌梁素海为内蒙古最大的牛轭湖。居延海为构造型尾闾湖，位于阿拉善盟额济纳旗境内的典型荒漠中。祁连山现代冰川融水形成的黑河，流入内蒙古境内（称额济纳河）后分为东河和西河两支，分别注入苏泊淖尔和嘎顺淖尔，这两个湖泊习惯上称东、西居延海，合称居延海。

乌梁素海湖泊湿地

此外，阿拉善盟还有多个小型湖泊，最具代表性的是巴丹吉林沙漠湖群。这里地貌演变历史较特殊，在中生代时期形成了很多洼地，积水后形成了众多湖泊。据 2002 年遥感资料显示，沙漠中共有大小湖泊 199 个，水域面积 32.55km²，其中淡水湖 21 个，水域面积 17km²，记录到黑鹳、鹗、赤麻鸭、翘鼻麻鸭、绿翅鸭、斑嘴鸭、苍鹭、环颈鸻、白腰草鹬、矶鹬、反嘴鹬、白骨顶鸽等鸟类。在库布其沙漠和毛乌素沙地的沙丘间和风蚀洼地中形成的桃力庙海子、敖拜诺尔、红海子、七星湖、神海子、红碱淖等 100 多个小型湖泊，是多种水鸟的繁殖地及迁徙期间的觅食地。如敖拜诺尔，是毛乌素沙地中的一个面积仅有 5.5km² 的小型沙地湖泊，水深 20 ~ 50cm，pH 值 9.5 ~ 9.6，湖周围几乎全为流动沙丘，湖中有几个小的湖心岛。2005 年 5 月 19 日，记录到遗鸥、赤膀鸭、绿头鸭、翘鼻麻鸭、反嘴鹬、鸥嘴噪鸥、蓑羽鹤等水鸟 17 种。

巴丹吉林沙漠湖泊湿地（一）

巴丹吉林沙漠湖泊湿地（二）

库布其沙漠湖泊——七星湖

3）沼泽湿地

西部地区的沼泽湿地面积 3825.87km²。其中，53.54% 位于阿拉善盟，大多为内陆盐沼，草本沼泽和季节性咸水沼泽相对较少。鄂尔多斯市的季节性咸水沼泽面积较大，其次是内陆盐沼和沼泽化草甸。巴彦淖尔市的草本沼泽面积较大，其次是内陆盐沼和季节性咸水沼泽。黄河南岸的杭锦淖尔湿地为黄河滩涂湿地，生境类型有芦苇和香蒲浅水沼泽、沼泽草甸、芨芨草和白刺灌丛等盐化草甸，是雁鸭类、䴙䴘类、鹤类、鹳类、鹭类等水鸟春秋迁徙季节的停歇地和觅食地。

乌梁素海碱蓬沼泽

巴丹吉林沙漠中的盐沼

内蒙古的重要湿地

1. 内蒙古呼伦湖国家级自然保护区

呼伦湖属于额尔古纳河水系，位于呼伦贝尔市西南部，新巴尔虎左旗、新巴尔虎右旗和满洲里市之间。地理坐标为东经 116°50′10″ ~118°10′10″，北纬 47°45′50″ ~49°20′20″。1992 年，国务院批准呼伦湖为国家级自然保护区，2002 年被列入《中国国际重要湿地名录》，保护的主要对象是珍稀鸟类和湿地。据考证，呼伦湖已有一亿多年的历史。在这漫长的岁月中，其地貌经过无数次的变化，逐渐形成水面面积 2224km²、蓄水量 130 亿 m³、最大水深 7 ~8m 的大型湖泊。呼伦湖古称"大泽"，是我国北方最大的湖泊（我国第五大湖）。克鲁伦河（发源于蒙古国肯特山）在呼伦贝尔草原蜿蜒 206km 后注入呼伦湖，乌尔逊河从呼伦湖东部入湖。此外，在距离呼伦湖 80km 处，乌尔逊河因部分河水溢出，在河西低洼处积水形成乌兰诺尔（长 15 ~17km，宽 2 ~5km）。

呼伦湖是构造性湖泊，水域面积大，生态系统相对稳定，鸟类食物丰富，隐蔽条件好，为多种候鸟提供了适宜的繁殖地和迁徙驿站，仅迁徙候鸟就有 225 种，是一个闻名中外的候鸟乐园。其中国家一级重点保护鸟类有黑鹳、玉带海雕、丹顶鹤、白枕鹤、白鹤、白头鹤、大鸨、遗鸥等 11 种，国家二级重点保护鸟类有鸿雁、白琵鹭、大天鹅、鸳鸯等 51 种。

呼伦湖的春天来得很晚，当中原大地春暖花开之时，这里仍是寒冷如冬、冰封湖面。据资料记载，呼伦湖开湖日期最早为 4 月 25 日，最迟可至 5 月 15 日。春天迁往北方繁殖的候鸟，经长途跋涉，有的于 4 月中旬就到达这里。它们急切地盼望着湖面早日融化，在岸边沼泽地及草地觅食、等待。开湖时，2000 多 km² 的湖面可在一日之内全部化开，在风吹浪击下，还未来得及融化的冰块堆积成几十米高的"冰山"，场面甚为壮观。刚开湖的岸边浅水中有丰富的鱼、虾、软体动物、环节动物、甲壳动物、水生植物，为首批迁来的雁鸭类、鸥类、鸊鷉类水鸟提供了充足的饵食。

呼伦湖的夏天，湖面碧波荡漾，湖岸芦苇丛生。这里的夏日阳光充足，日照时间长，是多种候鸟的适宜繁殖地。每年有 100 多种候鸟在呼伦湖营巢繁殖，如蓑羽鹤、鸿雁、大白鹭等。广阔的湖面是众多水鸟栖息和觅食的场地，而远离居民点的苇塘沼泽地则是它们主要的营巢地。为了充分利用有限的营巢条件，它们在营巢的时间和空间上都有差异：鸊鷉类 5 月份营巢，鸻形类、鸥类 6、7 月份筑巢；个体较小的水鸟如白骨顶、小鸊鷉等一般营巢于苇蒲地边缘 10 ~ 20m 的范围内，而个体较大的鸟类如大白鹭、苍鹭、鸬鹚类等常在苇蒲地深处 30m 以内的范围内营巢。巢的垂直分布更为明显，如鸊鷉类的巢建在苇丛间的水面上，白骨顶和鸭类的巢筑在水面以上的苇茬间或枯草堆积处，鹭类的悬巢则距水面 1m 左右。鸟巢在时间和空间上的分布格局，是当前鸟类群落生态学研究中最令人感兴趣的课题，本书便为鸟类生态学家提供了极为丰富的研究资料。

呼伦湖的秋天，秋高气爽，湖中的鱼类、浅水沼泽中的小虾、螺类，湖周沼泽地的环节动物、软体动物、湖畔草地的昆虫，经过夏季的繁衍，种群密度极高，成为秋季候鸟丰美的食物。本地繁殖的候鸟渐渐集成大群，途经此地歇脚的候鸟也成群迁来，使这里的鸟类越来越多，到深秋时可达百万只。其中有多种世界濒危珍稀鸟类，光鹤类就有5种，如丹顶鹤、白鹤、白枕鹤等。这些鸟云集于呼伦湖，取食肥育，为南迁补充能量。小杓鹬、黑尾塍鹬、蓑羽鹤等涉禽集成几十只至数百只的群在湖畔草地或沼泽地觅食；红嘴鸥、西伯利亚银鸥大多离开湖面，飞往湖周草地取食昆虫；鸿雁、灰雁、斑嘴鸭、赤麻鸭等雁鸭类多集成数千只大群，于浅水湖面活动、取食；白琵鹭集成百只的大群于湖畔苇滩活动、觅食；苍鹭、草鹭、大白鹭等鹭类，往往以家族为单位集成小群活动；鸬鹚类的集群很显眼，常在午后于浅水中的沙滩上聚成大群休息，作者于1999年9月6日在乌兰诺尔记录到万只以上的大群。

冬季的呼伦湖非常寒冷，最低气温可达 –35.2℃。每年10月底，湖面冰封，结冰期155 ~ 193天。在寒冷而漫长的冬季，这里非常寂静，来此越冬的候鸟仅有体被白色羽衣的雪鸮。

呼伦湖

2. 内蒙古辉河国家级自然保护区

该保护区位于呼伦贝尔市鄂温克族自治旗和新巴尔虎左旗之间。地理坐标为东经118°48′~ 119°45′，北纬48°10′~ 48°57′。2002年，被国务院批准为国家级自然保护区。辉河是海拉尔河的重要支流，发源于大兴安岭岭西山地。辉河所在区域的基本轮廓形成于中、上古生代的海西运动时期，主体地貌为一、二级阶地和河漫滩类型的堆积地貌。奔流于熔岩台地间的辉河，沿途有诸多河流湿地、湖泊湿地和沼泽湿地。湿地面积 1087.75km²，其中沼泽湿地面积 1042.53km²，湖泊面积 42.72km²，河流湿地面积 2.50km²。湿地大面积连续分布在保护区内，不仅对维护区域生态平衡发挥着重要作用，而且为鹤类等多种珍稀濒危鸟类的栖息、隐蔽和繁衍提供了适宜环境。

辉河湿地有国家一级重点保护鸟类丹顶鹤、白头鹤、白鹤、白枕鹤、大鸨、东方白鹳、黑头白鹮、玉带海雕等 11 种，国家二级重点保护鸟类白琵鹭、大天鹅、小天鹅、灰鹤、蓑羽鹤等 27 种。一望无际的芦苇滩为鹤类提供了适宜栖息地，分布于我国的 9 种鹤在这里就有 6 种。保护区研究人员在 1998 年 9 ~ 10 月观测到丹顶鹤 200 多只，其中有相当数量的幼鹤，还观测到白头鹤 5 只、灰鹤 25 只、白枕鹤 164 只。每年秋季，辉河两岸草地还有 1000 多只蓑羽鹤集群觅食。可见，辉河湿地不仅是丹顶鹤、白枕鹤、灰鹤、蓑羽鹤等多种珍稀鸟类的重要繁殖地，也是白鹤、白头鹤等众多迁徙水鸟的重要"驿站"。

此外，每年有 1000 余只大天鹅在辉河湿地栖息繁殖。辉河及周围的众多湖泡为鸿雁、豆雁、斑嘴鸭、红头潜鸭、普通鸬鹚、凤头䴙䴘、黑颈䴙䴘、赤麻鸭、翘鼻麻鸭、白骨顶、红嘴鸥、西伯利亚银鸥等多种游禽提供了适宜栖息地。芦苇沼泽地不仅是雁鸭类、䴙䴘类等游禽和苍鹭、草鹭、大白鹭、丹顶鹤、白枕鹤等涉禽的繁殖地，也是多种水鸟的取食地和隐蔽场所。河岸灌丛、水边浅滩和部分积水草地是凤头麦鸡、林鹬、泽鹬、黑翅长脚鹬、白腰杓鹬等中小型水鸟的栖息地。

3. 内蒙古图牧吉国家级自然保护区

该保护区位于兴安盟扎赉特旗南部，距扎赉特旗旗政府所在地音德尔镇 50km。地理坐标为东经 122°45′48″ ~ 123°10′18″，北纬 46°04′07″ ~ 46°24′57″。保护区南北长 40km，东西宽约 33km，湿地面积 215.85km²，其中沼泽湿地面积 167.22km²，湖泊面积 25.16km²，人工湿地面积 23.47km²。保护区地处大兴安岭山地与松嫩平原的过渡地带。地貌为波状起伏的台地平原，海拔 150 ~ 230m。全新世以来，台地平原遭受流水侵蚀，形成众多的侵蚀洼地，较大型的侵蚀洼地积水成湖，其中主要湖泡有图牧吉泡、三道泡、靠山湖等。2002 年，被国务院批准为国家级自然保护区，保护对象为大鸨、丹顶鹤、东方白鹳等珍稀鸟类及其生存的草原和湿地环境。

保护区内地带性植被为草原植被，属中温型典型草原与草甸草原的过渡地带，主要有以大针茅和克氏针茅为建群种的大针茅典型草原，以线叶菊和羊草为建群种和优势种的线叶菊草甸草原，以鹅绒委陵菜和薹草等为主的杂类草草甸。沼泽植被主要分布于图牧吉泡和三道泡周围，代表性植物有芦苇、香蒲、水葱、旋覆花等。

该保护区记录到鸟类 159 种，隶属于 18 目 46 科。其中国家一级重点保护鸟类有黑鹳、东方白鹳、白鹤、丹顶鹤、白枕鹤、黑头白鹮、大鸨等 8 种，国家二级重点保护鸟类有蓑羽鹤、灰鹤、白琵鹭、大天鹅、白额雁等 24 种。大鸨的数量较多，每年有 60 多对在保护区繁殖。

4. 内蒙古科尔沁国家级自然保护区

该保护区位于兴安盟科尔沁右翼中旗境内，地处大兴安岭南麓低山丘陵与科尔沁沙地的过渡带上。地理坐标为东经 121°40′25″ ～ 122°13′59″，北纬 44°51′22″ ～ 45°17′21″。距科尔沁右翼中旗人民政府所在地巴彦呼舒镇 27km。保护区南北长约 46km，东西宽约 44km。湿地面积 180.47km²，其中沼泽湿地面积 173.36km²，湖泊面积 5.55km²，河流湿地面积 1.56km²。1995 年 11 月，被国务院批准为国家级自然保护区，保护对象为科尔沁草原、湿地生态系统及鹤类、鹳类等珍稀鸟类。

保护区内沙地榆树疏林草原植被和低湿地沼泽植被镶嵌分布。霍林河、额木特河、突泉河三条河流均以无尾河的形式在保护区内形成河流湿地、湖泊湿地和沼泽湿地。保护区的 40 余个大小水泡镶嵌分布，为多种水鸟的栖息、繁殖提供了适宜环境。

保护区内有国家一级重点保护鸟类东方白鹳、黑鹳、丹顶鹤、白鹤、白头鹤、白枕鹤、大鸨 7 种，国家二级重点保护鸟类蓑羽鹤、灰鹤、大天鹅、白琵鹭、角䴙䴘、赤颈䴙䴘、白额雁等 17 种。该保护区为丹顶鹤、白枕鹤、蓑羽鹤、东方白鹳、大鸨等珍稀鸟类的重要繁殖地。

5. 内蒙古达里诺尔国家级自然保护区

达里诺尔（"诺尔"是蒙古语"湖"的意思）位于赤峰市克什克腾旗境内。地理坐标为东经 116°22′ ～ 117°00′，北纬 43°11′ ～ 43°27′。属于内流河的达里诺尔水系，由主湖及周围大小 22 个湖泡组成，其中较大的有岗更诺尔和多伦诺尔。湿地面积 385.36km²，其中湖泊面积 222.09km²，沼泽湿地面积 160.18km²，河流湿地面积 3.09km²。主湖达里诺尔面积 200km²，水深 2 ～ 13m，属封闭式苏打型半咸水湖，是内蒙古第三大湖泊。岗更诺尔距主湖 15km，水面面积 17km²，水深 1 ～ 3m，为淡水湖。多伦诺尔距主湖 6km，水面面积 2.26km²。多伦诺尔周边多为熔岩台地，西南湖岸与浑善达克沙地衔接，湖中涌泉多，水质良好。

达里诺尔的形成和变迁均与地质构造密切相关。据记载，在早第三纪时期，达里诺尔地区发生地壳

达里诺尔北河口浅水沼泽

岗更诺尔浅水沼泽

沉降，形成一个巨大的内陆湖盆，现在的达里诺尔为湖盆中心。受西拉木伦深断裂控制，第三纪晚期的上新世至第四纪早更新世，这一带发生了强烈的玄武岩喷发，在盆地的周围形成丘陵和台地。有的地质学家推测，第四纪间冰期的冰融水携带着大量的冰川漂砾和冰碛物阻塞了流水通道，使湖盆内形成巨大的堰塞湖。该湖东西长约52km，南北宽28km以上，是今达里诺尔面积的5倍，湖水水位也比今天高60 ～ 65m。

达里诺尔由贡格尔河、沙里河、亮子河和耗来河四条河流补水。贡格尔河发源于黄岗梁，向西南蜿蜒120km，流入达里诺尔；沙里河源于经棚山西麓，由山地水及沙地渗水补给河流，注入岗更诺尔，出岗更诺尔后向西流15km，由南河口入主湖；亮子河，发源于浑善达克沙地，向东北流16km，注入达里诺尔南部；耗来河发源于锡林浩特市南部灰腾梁熔岩台地东侧，向东穿过多伦诺尔，经台地间湿草甸，流入达里诺尔。耗来河河床狭窄，最窄处仅有20 ～ 30cm，全长17km。

截至2016年10月，保护区累计记录到鸟类300种，其中雁鸭类33种，鸻形目鸟类61种。自1987年建立自然保护区以来，天鹅类、鸿雁等珍稀鸟类的数量逐年增加。每到秋季，在本地繁殖的大天鹅开始集群活动，而在北极苔原繁殖的小天鹅、在西伯利亚繁殖的大天鹅也结队成群陆续飞到达里诺尔。9月中旬，天鹅群主要集中在达尔罕山下的湖面和沙滩上；9月下旬，天鹅数量逐渐增多，可达5000多只；10月上旬，天鹅数量达万只以上，从湖东扩展到湖北、湖南的浅水及岸边沼泽地；直到10月中旬，天鹅数量达到高峰，分散在整个湖面浅水区，绵延40多km。据作者1999年10月17日统计，达里诺尔有天鹅6万多只。天鹅迁离的时间与气温和风有关。10月下旬以后，如有大风，湖面的薄冰被风力挤碎，吹到岸边；但如果风平浪静，湖水失去风力推动，湖面就会封冻，天鹅、鸿雁便依依不舍地离去。而在草原繁殖的上万只蓑羽鹤秋季主要在湖周的草地集群觅食，它们往往不等湖面结冰就已迁离。

初春的达里诺尔

6. 内蒙古阿鲁科尔沁国家级自然保护区

该保护区位于赤峰市阿鲁科尔沁旗境内。地理坐标为东经 119°55′02″ ~ 120°41′27″，北纬 43°48′30″ ~ 44°28′31″，海拔 309 ~ 548 m。属温带大陆性半干旱气候。地处科尔沁沙地北部，以风沙地貌为主。阿鲁科尔沁沙地是在更新世晚期冰缘期干冷气候条件下形成的。沙丘间有众多的风蚀湖泊。发源于大兴安岭的海哈尔河、乌力吉木伦河等河流及沙丘渗水为该地湖泊提供了丰富的水源。湿地面积 233.27km²，其中沼泽湿地面积 177.97km²，河流湿地面积 30.17km²，湖泊面积 24.94km²，人工湿地面积 0.19km²。有大小河流 10 多条，如西拉木伦河、乌力吉木伦河、海哈尔河等；有大小湖泊和水泡 100 多个，其中 1km² 以上的湖泊就有 7 个，如扎嘎斯台诺尔、哈日朝鲁诺尔、达拉哈诺尔、阿日保力格诺尔、浑泥土诺尔等。这些湖泊、湖泊周围、河流两岸及古河道分布着大面积的沼泽地，为多种水鸟提供了适宜栖息环境。

作者 2000 ~ 2002 年在这里记录到鸟类 139 种，隶属于 25 目 36 科。其中国家一级重点保护的珍稀鸟类有丹顶鹤、白枕鹤、大鸨、白腹海雕、遗鸥 5 种，国家二级重点保护鸟类有白琵鹭、大天鹅、小天鹅、鸳鸯、灰鹤、蓑羽鹤等 26 种。保护区内不少湖泊的水质较好，湖的周围生长着芦苇、香蒲等挺水植物，且水中浮游生物、底栖动物、鱼类丰富，为雁鸭类、鹬鸻类、鹭类、鸥类、䴙䴘类等水鸟的栖息和繁殖创造了优越条件。因此该地区水鸟种类丰富，多达 72 种，占该保护区鸟类总数的 51.56%；水鸟的数量也多，特别是在迁徙季节，经常可以见到几千只的集群水鸟。如 2000 年 5 月 15 日，作者在莲花泡及其周围的沼泽地观察到鸟类 1492 只，其中金鸻 1100 只、灰头麦鸡 200 只、反嘴鹬 51 只；2000 年 9 月 21 日，在乌日朝鲁泡子 2km² 面积内统计到豆雁 2000 多只，在达拉哈诺尔西岸 6km² 样地统计到水鸟 11 种 2103 只，其中鸿雁 2000 只、红嘴鸥 30 只、苍鹭 21 只、青头潜鸭 6 只。每年来阿鲁科尔沁沙地繁殖的水鸟多达 40 种，春秋迁徙季节途经此地停歇取食的水鸟有 32 种。可见，阿鲁科尔沁沙地是我国北方迁徙水鸟重要的繁殖地和"驿站"之一。

7. 内蒙古鄂尔多斯市遗鸥国家级自然保护区

该保护区位于鄂尔多斯市东胜区和伊金霍洛旗境内。地理坐标为东经 109°14′22″ ~ 109°22′58″，北纬 39°42′58″ ~ 39°51′1″。地处库布其沙漠与毛乌素沙地交汇处，为一宽浅盆地，周围为丘陵。湖泊面积 10km²，平均水深 2.5m，湖中有 4 ~ 5 个湖心岛。主要由发源于北部黄土丘陵的鸡沟河、发源于沙地的根皮河和乌尔图河等几条季节性河流及浅层地下水为湖泊补给水源。20 世纪 90 年代，珍稀鸟类遗鸥在湖心岛上繁殖。2001 年，晋升为国家级自然保护区。2002 年，被《湿地公约》确定为国际重要湿地。

遗鸥是被人类认识最晚的鸟类之一。1929 年在内蒙古额济纳河下游首次采到标本，1971 年才将其确定为独立种。遗鸥仅分布在亚洲中东部，是一个狭栖种。每年 3 月下旬至 4 月上旬，遗鸥陆续迁来鄂尔多斯市，选择人、畜、兽难至的湖心岛营巢繁殖。遗鸥是国家一级重点保护动物。遗鸥鄂尔多斯种群，

2000 年以前主要在鄂尔多斯遗鸥国家级自然保护区的桃力庙海子和阿日善音淖尔繁殖，其数量从 20 世纪
90 年代初期的 1000 余巢上升到 1998 年的 3594 巢，种群数量达 1 万多只。但由于遗鸥的狭栖性，对营巢
地选择的特殊性及栖息地的脆弱性，使得它的种群数量并不稳定。21 世纪初，桃力庙海子和阿日善音淖
尔湖面缩小，使原来的湖心岛与陆地相联，2006 年湖泊即基本干涸。与此同时，遗鸥种群数量迅速减少
直至消失，2005 年岛上已无繁殖个体，直到 2019 年还没有遗鸥在该保护区繁殖的记录。在该湖繁殖的遗
鸥大多转移到鄂尔多斯市南部的红碱淖。

　　对遗鸥的保护，应该是对鄂尔多斯高原上有可能繁殖遗鸥的湖泊都进行保护，而不是局限在保护区内，
或一个一个湖泊地圈地保护。内蒙古不仅是遗鸥的模式产地，而且是目前世界上最大的遗鸥繁殖群体的
栖居地，保护好这种世界珍稀鸟类及其栖息地是我们的责任。

遗鸥

8. 内蒙古哈素海国家湿地公园

　　该湿地公园位于呼和浩特市土默特左旗境内，距呼和浩特市 70km。地理坐标为东经
110°52′～111°02′，北纬 40°33′～40°39′。地处大青山南麓冲积平原、黄河冲积平原和大黑河冲积平原的
交汇处。哈素海为黄河改道留下的牛轭湖，仅有 100 多年的历史。2005 年，被批准为自治区级自然保护区。
2019 年，被批准为国家湿地公园。主要保护对象为湿地、珍稀濒危野生动植物、水源涵养地。湿地面积
41.60km²，水深 2～3m。其中湖泊面积 14.94km²，沼泽湿地面积 15.34km²，人工湿地面积 11.32km²。湖
中的水主要来自黄河水（通过民生渠引入），及北部山区的万家沟、白石头沟、美岱沟、水涧沟等众多
沟谷的水、地下水和大气降水。地处半干旱草原地带，典型的大陆性季风气候，年平均降水量 400mm，
年平均气温 7.2℃。

　　哈素海湿地植被类型主要有芦苇沼泽、香蒲沼泽、水葱沼泽、赖草盐化草甸。鸟类有102种,隶属16目35科。其中国家一级重点保护鸟类有黑鹳1种,国家二级重点保护鸟类有白琵鹭、大天鹅、鹗、黑鸢、白尾鹞、白头鹞等15种。

哈素海(一)

哈素海(二)

9. 内蒙古白银库伦遗鸥自然保护区

该保护区位于锡林郭勒盟锡林浩特市，地处锡林郭勒草原与浑善达克沙地接壤地带。地理坐标东经116°07′～116°21′，北纬43°13′～43°18′，海拔1220～1400m。湿地面积36.49km²，平均水深15cm，pH值10.0，是一个咸水湖。其中，沼泽湿地面积27.68 km²，湖泊面积8.81km²。2005年，被批准为自治区级自然保护区。属中温带半干旱大陆性气候，年均气温1.7℃，年均降水量300mm。

白银库伦是在地质运动过程中形成的湖盆，属构造性湖泊，形成于更新世晚期。水源主要来自湖泊南侧浑善达克沙地渗出的水、东部和北部熔岩台地的裂隙孔隙水和大气降水。环湖周围为大面积的薹草草甸、芨芨草盐化草甸、沼泽灌丛。湿地东、西、北侧为宽阔坦荡的湖积平原典型草原地带，南侧紧贴绵延的浑善达克沙地榆树疏林。在湖泊南岸沙地与湿地之间大面积的薹草草甸上，分布着五蕊柳沼泽植被，柳林沿东西走向形成一条长约4000m，宽50～100m的茂密林带。

白银库伦

该保护区是一个以保护湿地生态系统及在此栖息繁殖的遗鸥、鹤类等珍稀鸟类为主的自然保护区。该保护区是锡林郭勒草原上一个独特的生境类型，境内的湿地、草原、疏林沙地为众多鸟类提供了栖息和繁殖的场所。它在候鸟繁殖、迁徙等方面具有重要意义，既是我国候鸟南北迁徙的重要通道，又是众多水禽的繁殖地。

作者2005～2006年在这里记录到鸟类153种，其中留鸟22种、夏候鸟91种、旅鸟40种。水鸟种类达74种，占该保护区鸟类总数的48.4%。其中，游禽33种，常见种有大天鹅、灰雁、普通燕鸥、白翅浮鸥、琵嘴鸭、赤颈鸭、凤头潜鸭等；涉禽41种，优势种有黑翅长脚鹬、反嘴鹬、金鸻、凤头麦鸡、鹤鹬、红脚鹬等，常见种有蓑羽鹤、白枕鹤、苍鹭、红颈滨鹬、矶鹬等。喜欢湿润环境的雀形目鸟类有黄头鹡鸰、黄鹡鸰、灰鹡鸰、白鹡鸰、红颈苇鹀、苇鹀等。该保护区有国家一级重点保护鸟类黑鹳、丹顶鹤、白枕鹤、青头潜鸭、大鸨、遗鸥6种，国家二级重点保护鸟类大天鹅、鸿雁、蓑羽鹤等28种。珍稀鸟类不仅种类多，而且数量大，鸿雁、白枕鹤、蓑羽鹤等均为保护区的常见种。迁徙季节可见到2000多只的鸿雁大群在湖泊及附近的沼泽地停歇觅食。2006年7月29日中午，作者在湖北岸发现蓑羽鹤58只；9月14日下午，在北部草原见到白枕鹤56只。此外，通过走访当地牧民得知，9月份在保护区北侧草原见到大鸨群，最多时可达17只；连续两年的春、夏、秋三季均有1对丹顶鹤成鸟在此活动。这说明丹顶鹤的繁殖范围已延伸至此，是我国丹顶鹤繁殖地最西端的新记录。

白银库伦原有湖心岛数处。据资料记载，1998年5月在湖心岛上发现遗鸥繁殖种群，数量达410只，巢 201 个。但近 20 年来，由于持续干旱，降水量减少，湖泊面积缩小，使原有的湖心岛与湖岸连成一片成为半岛，严重影响遗鸥的栖息繁殖，致使遗鸥种群数量不断减少。如 2005 年 6 月仅记录到遗鸥 60 只，2006 年 6 月仅记录到 28 只。环境的变化已使保护区内的遗鸥繁殖种群受到威胁。

10. 内蒙古黄旗海自然保护区

该保护区位于乌兰察布市察哈尔右翼前旗境内的阴山东段山间盆地间。地理位置东经 113°10′ ~ 113°26′，北纬 40°45′ ~ 41°07′。水面海拔 1266.5m。属于内陆水系——黄旗海水系。2003 年，被批准为自治区级自然保护区。湿地面积 138.96km²，其中沼泽湿地面积 72.47km²，湖泊面积 61.45km²，河流湿地面积 3.24km²，人工湿地面积 1.80km²。湖水平均深 2m，最大水深 4m。洼地边缘有沼泽，低湿洼地上生长着芨芨草、寸草薹等杂类草为主的草甸植被。黄旗海水面面积和水的深度不稳定，水面面积历史上最大时期为 270km²，21 世纪 80 年代后期缩减为 110km²。

黄旗海所在区域属于新华夏系构造发育地段，地层主要由太古宙变质岩系及不同时期的花岗岩组成。流域地形总轮廓四周高、中间低，并由北向南倾斜。该湖为封闭型内陆湖，湖水 pH 值 8.9 ~ 9.2，含盐量 13‰ ~ 14‰。属半干旱大陆性季风气候，年平均气温 4.49℃，年均降水量 372mm。

2012 年记录到鸟类 77 种，隶属于 14 目 29 科，其中水鸟有 43 种。该保护区有国家一级重点保护鸟类遗鸥 1 种，国家二级重点保护鸟类白琵鹭、疣鼻天鹅、大天鹅、小天鹅、灰鹤、蓑羽鹤等 9 种。

黄旗海

11. 内蒙古岱海自然保护区

该保护区位于乌兰察布市凉城县境内阴山东南段山间盆地之中。地理位置东经 109°59′02″ ~ 110°02′26″，北纬 40°30′08″ ~ 40°33′32″。2003 年，被批准为自治区级自然保护区。20 世纪末湖面开始逐渐缩小，到

2002 年 6 月湖面面积 87.47km²，水深平均 7m，最深处可达 17m。2010 年，保护区湿地面积 101.43km²，其中湖面面积 79.29km²，沼泽湿地面积 21.21km²，河流湿地面积 0.93km²。岱海为封闭型内陆水系，有大小 22 条河流注入，较大的常年有水的河流有弓坝河、石门河（天成河）和五号河等。

作者在 2013 ～ 2014 年记录到鸟类 95 种，其中国家一级重点保护鸟类有黑鹳、白枕鹤、大鸨、遗鸥 4 种，国家二级重点保护鸟类有白琵鹭、疣鼻天鹅、大天鹅、小天鹅、蓑羽鹤等 13 种。2020 年记录到鸟类 83 种，其中国家一级重点保护鸟类有青头潜鸭 1 种，国家二级重点保护鸟类有疣鼻天鹅、鸿雁、小天鹅、大天鹅、黑颈䴙䴘、白尾鹞、鹊鹞、红隼、红脚隼 9 种。2020 年记录到的鸟类比 2013 ～ 2014 年新增了 10 种，减少了 62 种。到目前为止，岱海湖泊湿地累计记录到鸟类 149 种。近年来受气候变化和人类活动的影响，该湖的水域面积持续萎缩，水量明显减少，湖水盐碱化程度不断加深。2017 年，水体总含盐量达到 10.6‰，湖内鱼类无法生存，因此普通鸬鹚、苍鹭、草鹭、大白鹭、凤头䴙䴘等以鱼为主要食物的鸟类的数量显著减少。

12. 内蒙古南海子自然保护区

该保护区位于包头市东河区。地理坐标为东经 109°59′ ～ 110°02′，北纬 40°30′ ～ 40°33′。该保护区为黄河河道变迁遗留下的故道，是历史时期黄河改道和凌期、汛期的规律性变化自然形成的湿地，是黄河沿岸生态系统的缩影。每到黄河凌期和汛期，湿地面积扩大；凌汛期过后，形成一片滩涂疏林地、沼泽地和大小不等的湖泊。属暖温带大陆性季风气候，年平均气温为 8.5℃，年平均降水量 307.4 mm。保护区湿

南海子

地面积 12.65km^2，其中湖泊面积 3.52km^2，沼泽湿地 9.13km^2。2000 年，被批准为自治区级自然保护区，主要保护对象为湿地生态系统和珍稀鸟类。

保护区独特的地理位置和丰富的水生生物资源为多种游禽和涉禽提供了充足的饵料及适宜的营巢环境，因而吸引了很多夏候鸟在此地繁殖，大量旅鸟在这里停歇、觅食，是我国西部水鸟迁徙的重要途经地，也是众多水鸟的繁殖地，对研究候鸟的迁徙和繁殖具有重要价值。作者于 2006 ~ 2007 年记录到鸟类 128种，隶属于 15 目 37 科，其中夏候鸟 60 种、旅鸟 41 种。该保护区有国家一级重点保护鸟类遗鸥、黑鹳 2种，国家二级重点保护鸟类大天鹅、小天鹅、蓑羽鹤、灰鹤、白琵鹭等 13 种。

13. 内蒙古乌梁素海湿地水禽自然保护区

该保护区位于巴彦淖尔市乌拉特前旗境内。地理坐标为东经 108°43′ ~ 108°57′，北纬40°47′ ~ 41°03′。1998 年，被批准为自治区级自然保护区。乌梁素海是黄河改道形成的牛轭湖，形成时间只有 170 多年。它的形成及演变，与黄河改道和后套平原发展灌溉事业有着密切联系。新生代第四纪新构造运动使阴山山脉持续上升，后套平原相对下陷，加上狼山洪积物的向南扩展，致使河床抬高，迫使黄河向南大转弯，后从今日河道东流，并于 1850 年在原黄河故道乌梁素海地区留下 2km^2 的牛轭湖。1931 年以后，由于后套灌溉事业的发展，各大渠道的退水都经乌加河汇入乌梁素海，使这个牛轭湖的水面不断扩大，到 1949 年已扩展为 700 多 km^2。此后，由于疏通了该湖南端的退水渠，并与黄河相连，还在湖周围筑起堤坝，控制了水面扩展。到 1960 年，湖泊面积缩小到 400 多 km^2。20 世纪 70 年代，受围湖造田影响，湖泊面积缩小到 290km^2，水深大多数不足 1m，最大水深 2.5m。20 世纪 80 年代以来，随着气候的变化和人为因素的影响，乌梁素海明水面积逐年缩减，而苇蒲面积大幅度增加，湖水平均深度不足 60cm，阳光可直射湖底，沉水植物茂盛，湖周是宽阔的挺水植物沼泽和湿草甸。目前，乌梁素海湿地面积 406.58km^2，其中沼泽湿地面积 300.46 km^2，湖泊面积 105.57km^2，人工湿地面积 0.43 km^2，河流湿地面积 0.12km^2。

湖中茂盛的沉水植物为雁鸭类、白骨顶等游禽，湖周围沼泽湿地为鹭类、鸻鹬类涉禽提供了充足的食料、有利的隐蔽条件和繁殖场所。作者（团队）40 多年来累计记录到鸟类 241 种，其中繁殖鸟 131 种、候鸟 200 种。该保护区有国家一级重点保护鸟类黑鹳、白枕鹤、玉带海雕、白尾海雕、大鸨、卷羽鹈鹕和遗鸥等 11 种，国家二级重点保护鸟类白琵鹭、大天鹅、小天鹅、疣鼻天鹅、灰鹤、蓑羽鹤等 35 种。其中疣鼻天鹅最引人关注，多时可达 400 余只，为我国最大的繁殖种群，所以这里也被称为"疣鼻天鹅之家"。该保护区也是很多种水禽的换羽基地及迁徙时的停歇地。

疣鼻天鹅是我国三种天鹅中体型最大的一种，常在开阔水面漫游或觅食水草根、茎及种子。起飞时双翅击水助行约 50m，然后徐徐离开水面。每年 2 月下旬，疣鼻天鹅和大天鹅就已迁来，在上年收割过的苇蒲滩或刚融化的水面活动觅食；3 月下旬，在芦苇稠密、人类很难进入的大片苇地深处营巢。主巢有两条 0.7 ~ 1.5m 宽的"走道"通向明水，它们总是从一道入，从另一道出。距主巢 40 ~ 60m 处有一辅巢，是繁殖时雄鸟的夜宿巢，白天有时也带雏鸟在巢上休息。幼鸟孵出后，由双亲带领游弋于开阔水域，遇到危险时则立刻隐蔽于芦苇荡中。孵卵主要由雌鸟担任，雄鸟常在距巢区滩缘70m左右的水面上巡回守卫，遇有危险，就向湖心游去或迅速起飞，经过主巢上空时，用力扇动翅膀向雌鸟示警，而雌鸟则将巢盖好，沿着"走道"离开。在雌鸟继续孵卵期间，雄鸟带领先孵出的雏鸟在水面上游动。疣鼻天鹅于每年10月上旬开始南迁，但幼鸟孵出较晚的南迁也较迟，如1990年11月6日作者还看到20只的小群在湖南部的泄水闸附近明水面觅食。

乌梁素海是我国西部干旱地区面积最大的湿地，生物多样性丰富，是研究干旱地区湿地生物多样性的重要基地。该湿地是在自然和人类双重作用下形成的，生物生产力极高，但湖泊的富营养化及环境污染严重等问题有待解决。

乌梁素海

14. 内蒙古杭锦淖尔湿地自然保护区

该保护区位于鄂尔多斯市杭锦旗东北部。地理坐标为东经107°23′～109°04′，北纬40°28′～40°52′。湿地面积232.47km²，其中河流湿地面积110.28km²，沼泽湿地面积109.38km²，湖泊面积6.76km²，人工湿地面积6.04km²。2003年，被批准为自治区级自然保护区，主要保护对象为滩涂湿地生态系统及珍稀野生动物。年平均气温5.6℃，年降水量142～286mm。保护区主要地貌类型有河流、湖泊、沼泽、草地、沙地等。保护区北部是黄河及沿岸滩涂湿地（因黄河河道变化及黄河凌汛期的规律性变化而自然形成的）。黄河位于保护区北界边缘，河床宽1～3km，河道弯曲。区内有杭锦淖尔湖、大道图湖、东大道图湖、扎汉道图湖等小型湖泊。该湿地是候鸟南北迁徙的重要停歇地和觅食地。

依据调查资料，该保护区的鸟类有96种，隶属于15目33科，其中水鸟有鹤类、鹳类、鹭类、琵鹭类、鸊鷉类、雁鸭类、鸥类、鸻鹬类51种。该保护区有国家一级重点保护鸟类黑鹳、大鸨、遗鸥3种，国家二级重点保护鸟类灰鹤、蓑羽鹤、白琵鹭、大天鹅、小天鹅等 13 种。

15. 呼日查干淖尔湿地

该湿地位于锡林郭勒盟阿巴嘎旗西南部的浑善达克沙地腹地，距锡林浩特市约 90 km。地理坐标为东经 43°22′ ~ 43°29′，北纬 114°45′ ~ 115°05′。呼日查干淖尔属于内流水系，由东、西两个湖组成，两湖之间有坝相隔，水位高时两湖相通。发源于锡林浩特市南部灰腾梁的辉腾郭勒与发源于正蓝旗北部沙地的高格斯台郭勒汇合后，注入呼日查干淖尔东湖。东湖水质较好，pH 值 8.0，含盐量 0.6‰，为淡水湖，适于鱼类生存。发源于正蓝旗北部浑善达克沙地的努格斯郭勒进入丘间低洼盆地后，形成巴彦查干淖尔，水面面积 0.64km^2，出巴彦查干淖尔后的河流称恩格尔河，流入呼日查干淖尔西湖。近 20 多年来，由于干旱及人类经济活动的影响，呼日查干淖尔的水面面积逐年缩小。1998 年，湖面缩减到 109 km^2，其中西湖 76 km^2，东湖 33 km^2。至 2001 年，因垦荒灌溉，人们大量截流努格斯郭勒河水，又将东湖对外承包，堵死东、西两湖之间的泄水闸，造成西湖干涸，东湖面积仅剩 25.89 km^2。

作者 2002 年在该湿地记录到鸟类 116 种，隶属于 14 目 31 科，其中候鸟 105 种。该湿地有国家一级重点保护鸟类白枕鹤、大鸨、遗鸥等 4 种，国家二级重点保护鸟类白琵鹭、疣鼻天鹅、大天鹅、鹊鹞、蓑羽鹤等 18 种。湖中明水区观察到大天鹅、鸿雁、赤麻鸭、翘鼻麻鸭、赤膀鸭、斑嘴鸭、赤颈鸭、罗纹鸭、针尾鸭、琵嘴鸭、鹊鸭、红头潜鸭、普通鸬鹚、小䴙䴘、凤头䴙䴘、白骨顶、棕头鸥等游禽 32 种。沼泽地观察到苍鹭、草鹭、白琵鹭、反嘴鹬、金鸻、凤头麦鸡、黑尾塍鹬、半蹼鹬、红脚鹬、林鹬、白腰草鹬、矶鹬、扇尾沙锥、针尾沙锥等涉禽 37 种。2002 年 10 月初，在东湖的东北岸观察到两群以鸿雁为主的迁徙雁群，一群约 2500 只，一群约 5000 只。

16. 红碱淖湿地

该湿地位于鄂尔多斯市伊金霍洛旗和陕西省榆林市神木县交界地带的毛乌素沙地中。地理坐标为东经 109°50′ ~ 109°56′，北纬 39°04′ ~ 39°08′。东南距神木县县政府所在地约 70km，北部距伊金霍洛旗旗政府所在地约 49km。红碱淖为坳陷盆地，是在风蚀、水蚀等外力作用下形成了低地，继而积水成湖。湖水面积 67.93km^2，水深 8 ~ 10.5m。湖水主要来源于大气降水、沙地孔隙水渗水及沙地河流。发源于伊金霍洛旗境内的扎萨克河、哈日木呼尔河、乌兰木伦河、尔林兔河等季节性河流注入红碱淖。湖水 pH 值 9.6，含盐量 10‰ ~ 12‰。

2012 年、2014 年、2019 年，作者对红碱淖湿地鸟类进行调查时，记录到鸟类 82 种，隶属于 13 目 20 科。该湿地鸟类以雁鸭类、鸻鹬类、鸥类、䴙䴘类水鸟为主。近些年随着环境的变化，普通鸬鹚的数量越来越少，而一些食水草的鸟类，如白骨顶、赤嘴潜鸭数量增多，此外鸻鹬类的种类和数量也有所增加。该湿地有国家一级重点保护野生鸟类遗鸥、黑鹳 2 种，国家二级重点保护鸟类大天鹅、小天鹅、蓑羽鹤、灰鹤、白琵鹭等 7 种。

红碱淖的形成时间仅有 90 多年。据资料记载，在更新世早期这里还仅是秃尾河上游的一个河谷盆地，到全新世时期在尔林兔河北部的低洼地积成水面。1929 年前后，由于降水增多，地下水位升高，洼地积水而成红碱淖，初期的水面面积仅 1.3km^2。1958 年，红碱淖周边挖渠过程中，将湖泊周围的下湿滩地的积水排入湖内，使得红碱淖水面增大至 40km^2 左右；20 世纪 60 年代末，湖面扩大到 67.3km^2；20 世纪 90 年代后期，大气降水减少、人为拦引补给河流的地表径流、人工抽取湖区周围地下水，到 2002 年红碱淖湖面面积萎缩到 47.4km^2 左右。随着湖泊水位的下降，湖泊西北部出现了几个湖心岛。

2003 年之后，随着桃力庙海子和阿日善音淖尔的逐渐萎缩，遗鸥逐渐转移到红碱淖湿地栖息繁殖。2001 年红碱淖有遗鸥巢 87 个，2004 年有 2409 个，2010 年达 7747 个，遗鸥的种群数量总体上呈增长趋势。但 21 世纪以来，红碱淖水面面积不断萎缩（至 2010 年水面面积减为 38.2km^2），湖心岛面积缩小，有的甚至成为半岛，逐渐不适于遗鸥营巢繁殖。从 2012 年开始，红碱淖遗鸥营巢窝数逐年下降，2015 年以后下降到 2100 ~ 2800 巢。

相关研究资料显示，遗鸥具有在大范围内寻找繁殖地的习性，它们主要在繁殖季节游移，寻找具有湖心岛的湖泊作为繁殖地。鄂尔多斯市遗鸥国家级自然保护区从 2006 年就丧失了遗鸥繁殖的功能，至今没有遗鸥繁殖。目前遗鸥主要在红碱淖、乌审旗查干淖尔湿地和张家口市康巴诺尔国家湿地公园营巢繁殖。由于缺水，红碱淖水面逐年缩小，如果不进行有效补水和水面调控，现在遗鸥营巢的湖心岛成为半岛的时间不会很长。鄂尔多斯高原有 100 多个湖泊生境，由于一些不可抗的自然因素，一些湖心岛会随水位的升降或产生或消失，这样就会不断有新的适宜遗鸥繁殖的湖泊或区域产生，如 1992 年敖拜淖尔干涸后

红碱淖

遗鸥鄂尔多斯繁殖群转迁至桃力庙海子和阿日善音淖尔，而随着桃力庙海子和阿日善音淖尔的水位日趋下降，21世纪初，遗鸥繁殖中心又逐渐转移到红碱淖。沙地中的湖泊相对来讲是脆弱的，它们在不断演替。湖泊演替是自然规律，如有人为干扰，则会加速其演替。所以遗鸥的保护，应该是对所有有可能繁殖遗鸥的湿地的保护，而不是仅仅在自然保护区内保护。

17. 居延海湿地

该湿地位于阿拉善盟额济纳旗境内的典型荒漠中，为内陆水系。居延海的形成经历了漫长的过程。更新世时期，喜马拉雅运动加剧，喜马拉雅山脉隆升3000多米，青藏高原、祁连山等也迅速上升，内蒙古高原地貌随之形成。发源于祁连山的黑河，沿断裂切开的北山进入阿拉善高原，称为弱水（今额济纳河），散流于巴丹吉林沙漠，最后尾闾成居延海。冰后期，冰川融水使湖面扩大。

居延海由东、西居延海组成。东居延海也称苏泊淖尔，西居延海也称嘎顺淖尔。20世纪80年代，居延海的湖水面积达500km^2。水源主要来自额济纳河（甘肃省境内称黑河）。额济纳河分东、西两支，东面一支称额木纳高勒（纳林河），注入苏泊淖尔；西面一支称木仁高勒（穆林河），注入嘎顺淖尔。该地区属于极端大陆性气候，年平均气温8.3℃，年均降水量37mm。湿地主要由明水面和芦苇沼泽构成，湖泊周围的植物主要有大果白刺、碱蓬、芨芨草、柽柳等。由于干旱和上游水资源过度使用，1982年时湖泊萎缩到33.32km^2，至20世纪90年代，居延海彻底干涸。直到2002年7月额济纳河才有水注入东居延海，使干涸10年之久的东居延海重现湖泊景观。

2004年，格日乐图在居延海地区考察时，记录到疣鼻天鹅、灰雁、赤麻鸭、翘鼻麻鸭、赤嘴潜鸭、凤头䴙䴘、黑鹳、苍鹭、鹗、反嘴鹬、白翅浮鸥等繁殖水鸟18种。2014～2016年，方海涛等人在调查期间记录到鸟类61种。该湿地有国家一级重点保护鸟类黑鹳、卷羽鹈鹕和遗鸥3种，国家二级重点保护鸟类白琵鹭、疣鼻天鹅、小天鹅、鸳鸯、蓑羽鹤等9种。湖中有2处红嘴鸥、苍鹭、夜鹭、白琵鹭的繁殖地。居延海是我国干旱地区的一块重要湿地，是多种水鸟的繁殖地和迁徙途中的"驿站"，在这里发现了多年未在该湿地分布的遗鸥及内蒙古新纪录鸟种大红鹳，还记录到鸳鸯、牛背鹭等以往额济纳河流域未记录到的鸟类。

内蒙古湿地鸟类的迁徙

1. 内蒙古鸟类的迁徙通道

我国候鸟迁徙的西、中、东三条主要通道都途经"内蒙古重要湿地"。地域广阔的内蒙古，湿地面积达 60106km²，包括河流湿地、湖泊湿地、沼泽湿地、人工湿地等。内蒙古有大小河流 1000 多条，其中流域面积大于 1000km² 的河流就有 100 多条；湖泊星罗棋布，有 1000 多个，水面面积大于 100km² 的湖泊有 4 个，大于 50km² 的湖泊有 7 个，大于 30km² 的湖泊有 10 多个。内蒙古的湿地为迁徙水鸟提供了适宜的繁殖地和迁徙通道上的"驿站"。在内蒙古西部地区湿地繁殖的夏候鸟，它们迁飞时向南沿横断山脉至四川盆地西部、云贵高原甚至印度半岛越冬，部分大中型候鸟可能飞越喜马拉雅山脉至印度、尼泊尔等地区越冬。在内蒙古中部地区的湿地繁殖的候鸟，迁飞时沿太行山、吕梁山越过秦岭和大巴山区进入四川盆地至华中或更南的地区越冬。在内蒙古东北部繁殖的候鸟，它们可能沿海岸向南迁飞至华中或

环志湿地候鸟的放飞与回收

鸟种	环号	环志国家	回收日期	回收地	经过湿地	信息来源
苍鹭	B-15502	苏联	1984.4.13	北京市	内蒙古东部	《中国鸟类环志年鉴》
大天鹅	A19	蒙古国	2017.3.16	内蒙古包头市	内蒙古中部	《包头日报》
大天鹅	E51	中国	2017.3.16	内蒙古包头市	内蒙古中部	《包头日报》
西伯利亚银鸥	C-367818	苏联	1983.6.17	山东威海市田村村	内蒙古东部	《中国鸟类环志年鉴》
西伯利亚银鸥	C-345981	苏联	1983.5.27	辽宁沈阳市锦州湾	内蒙古东部	《中国鸟类环志年鉴》
西伯利亚银鸥	B-119253	苏联	1984.2.20	江苏南京市玄武湖	内蒙古东部	《中国鸟类环志年鉴》
西伯利亚银鸥	C-146568	苏联	1983.9.11	天津市海边	内蒙古东部	《中国鸟类环志年鉴》
西伯利亚银鸥	C-697795	苏联	1984.5.23	内蒙古赤峰市达里诺尔	内蒙古东部	《中国鸟类环志年鉴》
西伯利亚银鸥	C-366507	苏联	1984.10.22	山东烟台市牟平县	内蒙古东部	《中国鸟类环志年鉴》
西伯利亚银鸥	C-769515	苏联	1985.4	辽宁丹东市海边	内蒙古东部	《中国鸟类环志年鉴》
红嘴鸥		俄罗斯		长江下游	内蒙古中部	张浮允等，1997
红嘴鸥	M-403117	苏联	1984.2.12	安徽马鞍山市当涂县石臼湖	内蒙古中部	《中国鸟类环志年鉴》
红嘴巨燕鸥	-999764	苏联	1980.7.15	山东威海市田村村	内蒙古东部	《中国鸟类环志年鉴》
红嘴巨燕鸥	M268655；M291481	苏联	1989.4.5	内蒙古巴彦淖尔盟乌梁素海	内蒙古中部	杨贵生等
红嘴巨燕鸥	-898476	苏联	1982.12	广东湛江市涠洲岛	内蒙古东部	《中国鸟类环志年鉴》

华南地区，甚至到东南亚各国，或由海岸直接到日本、马来西亚、菲律宾及澳大利亚等国越冬（楚国忠，2012）。

2. 内蒙古湿地候鸟的迁徙方向

内蒙古的土地面积约占国土总面积的 1/8，东西跨度大，其中湿地是多种候鸟特别是水鸟的适宜繁殖地和迁徙通道上的"驿站"。环志及卫星跟踪器研究显示，多数湿地候鸟呈南北向迁徙，少数种类呈东西向迁徙，也有环形迁徙的鸟类。

南北向迁徙　在内蒙古湿地繁殖的丹顶鹤、白枕鹤、蓑羽鹤、灰鹤等鸟类主要呈南北向迁徙。中国林业科学研究院全国鸟类环志中心 1984 年以来环志的丹顶鹤，冬季大部分从北方迁往长江中下游越冬。内蒙古湿地既是雁鸭类在我国的繁殖地，又是其南北迁徙途中的歇脚、觅食地，其越冬地主要在长江以南。每年 2 月下旬至 3 月底，有几万只迁徙过境的候鸟由南方迁至内蒙古中西部的湖泊、河流，其中国家重点保护鸟类天鹅、鸿雁等珍禽最多时一群可达几千只。如 2015 年 12 月，安徽菜子湖一只被跟踪的鸿雁（跟踪器型号：HQBP3622）于 2016 年 3 月末迁离，20 多天后到达繁殖地——内蒙古锡林郭勒盟（郭玉明，2016）。2017 年 3 月 16 日，包头黄河国家湿地公园管理处工作人员在公园发现了 2 只在蒙古国北部和我国河南省三门峡市天鹅湖国家城市湿地公园环志的大天鹅。

包头市黄河岸边早春北迁的天鹅群

东西向迁徙　东西向迁徙的候鸟虽然较少，但时有相关研究报道，如红嘴巨燕鸥。迁徙季节，红嘴巨燕鸥在内蒙古西部乌梁素海、中部岱海和达里诺尔数量较多，冬季在我国东部沿海地区越冬。环志研究结果表明，草鹭、白琵鹭、池鹭等鹭科涉禽均呈南北向迁徙，但回收到的来自日本 100-13301 号夜鹭、100-26894 号牛背鹭的迁徙方向却是由东向西的。

环形迁徙　近年来，北京林业大学郭玉明研究团队的研究结果显示，繁殖于鄂尔多斯市的蓑羽鹤的秋季与春季的迁徙线路不同，构成了一个近乎环形的路线。2015 年 7 月，他们在鄂尔多斯市先后对 5 只成体蓑羽鹤进行环志，并佩戴跟踪器后放飞。其中 3 只于 2015 年 9 月 22 日至 10 月 5 日先后向西迁飞，经宁夏中卫市、甘肃、青海、西藏安多县，飞抵喜马拉雅山脉北麓的仲巴县，夜栖于海拔 4500 ～ 5100m 处，并于次日飞越喜马拉雅山脉直抵印度恒河上游附近，10 月 3 日至 14 日先后抵达印度西部拉贾斯坦邦，完成了它们的秋季迁徙。但它们的春季迁飞并未沿秋季迁徙路线返回，而是于 2016 年 3 月下旬 4 月初，先向西北方向经巴基斯坦，跨印度河入阿富汗，飞越兴都库什山脉，在乌兹别克斯坦的艾达尔湖附近停歇几日后，其中 2 只飞入哈萨克斯坦南部，向东进入中国新疆，随后飞入内蒙古境内，穿越巴丹吉林沙漠和乌兰布和沙漠，于 4 月 21 日和 30 日返回鄂尔多斯市。

其实，内蒙古地区的迁徙候鸟只有部分在本地繁殖，大部分游禽和涉禽在内蒙古以北的俄罗斯西伯利亚地带繁殖，春秋迁徙季节在内蒙古尤其是湿地地区歇脚觅食，补充能量。如 20 世纪 80 年代苏联环志放飞的西伯利亚银鸥、红嘴鸥途经内蒙古中东部，迁至长江中下游越冬；而 20 世纪 90 年代在俄罗斯西伯利亚地区繁殖的鹭科鸟类秋季南迁时也多途经内蒙古湿地到我国华北或华南沿海地区越冬。

3. 内蒙古湿地候鸟的迁徙时间

鸟类通常是一年迁徙两次，即春季由越冬地迁往繁殖地，秋季由繁殖地迁往越冬地。鸟类春秋季迁徙时间的早晚一般与体型大小有关。在春季北迁期间，一般大型鸟类先迁徙，小型鸟类迁徙较晚；而在秋季南迁时，一般小型鸟类较早迁飞，天鹅、鸿雁等大型鸟类最后迁飞。作者于 1986 ～ 1987 年春秋候鸟的迁徙季节，在内蒙古乌梁素海的南北端分别设立了观察点，对迁来或迁离该湿地的水鸟的种类、分布

秋季迁徙前的豆雁和鸿雁群

及种群数量等进行了观察。春季的 3 月中旬，大天鹅、小天鹅、疣鼻天鹅、鸿雁、豆雁、灰雁、琵嘴鸭、绿头鸭、绿翅鸭等大型水鸟陆续迁来；4 月初，夜鹭、黑水鸡、黑尾塍鹬等中型水鸟初见；4 月下旬，普通燕鸻、黄斑苇鳽等小型水鸟迁来，而灰翅浮鸥于 5 月中旬才迁到。秋季的 8 月底 9 月初，在当地繁殖的灰翅浮鸥已开始南迁，黄斑苇鳽、普通燕鸥、黑翅长脚鹬、普通燕鸻于 9 月末以前迁离；苍鹭、草鹭、大白鹭巢后以家族为单位集成小群活动，在 10 月底甚至 11 月初才迁走；白琵鹭繁殖过后就开始巢后集群，到 10 月初结成上百只大群，于 11 月上旬迁走；疣鼻天鹅直到 11 月上中旬湖水结冰时才迟迟迁离。

水鸟迁徙的早晚一般与不同区域（主要是南北位置）的湖泊和河流结冰与融化的时间早晚有关。随着春季气温的逐渐回暖和秋季气温的逐渐变冷，湖泊、河流或融化或结冰，进而影响了水鸟食物的丰缺。

位于内蒙古西部的乌梁素海（北纬 40°46′～41°05′），其湖水于 11 月上中旬结冰，次年 2 月底 3 月初局部地区开始解冻，3 月末 4 月初全部解冻。每年春季的 2 月末至 3 月初，就有以水草和水草籽为主要食物的大天鹅、疣鼻天鹅，以鱼为主要食物的凤头䴙䴘等水鸟在湖南端接近泄水闸处最早融化的大约 10km² 的水面觅食。随着气温的回升，融化的水面逐渐扩大，北迁途经此地的旅鸟和来这里繁殖的夏候鸟的种类和数量逐渐增多，到 3 月中旬以后，大天鹅、疣鼻天鹅、灰雁、琵嘴鸭等大批水鸟陆续迁来。在秋季，雁鸭类水鸟于 11 月中旬以后才迁离乌梁素海。

位于内蒙古中部的达里诺尔（北纬 43°11′～43°27′），其湖水于 4 月初开始解冻，从南方迁来的大天鹅、鸿雁、绿头鸭、斑嘴鸭、赤膀鸭等水鸟在湖边、河流入湖口及湖周沼泽地取食；4 月中旬以后大湖才全部融化，凤头䴙䴘、苍鹭等水鸟陆续迁来。进入秋季，在本地繁殖的雁鸭类开始集群活动，而在达里诺尔以北地区繁殖的绿翅鸭、琵嘴鸭、凤头潜鸭、大天鹅、鸿雁等水鸟相继来到达里诺尔。大多数水鸟于 10 月下旬以前迁离达里诺尔，而天鹅和鸿雁等大型水鸟一直到 10 月末 11 月初，寒冷气流袭来湖面封冻的前一天才恋恋不舍地离开达里诺尔，飞向南方。

位于内蒙古东北部的呼伦湖（北纬 48°40′～49°20′）的春天来得更晚，其开湖日期为 4 月下旬至 5 月中旬。由于呼伦湖面积大、水深，在气温和风力的作用下，2000 多 km² 的湖面可在一日之内全部融化。在湖面化开之前，从南方迁来的水鸟先在湖附近的沼泽地及草地觅食。等湖面融化后，大天鹅、鸿雁、翘鼻麻鸭、赤麻鸭、绿头鸭等常混合集成上万只的大群于岸边浅水中觅食。冬季的呼伦湖甚为寒冷，每年 10 月底前湖面冰封，而在湖面封冻前天鹅等水鸟已迁离呼伦湖。

上述观察表明，水鸟迁来和迁离内蒙古湿地的早晚与湖泊、河流的结冰与融化的时间有关。但水鸟南迁并不是因为害怕寒冷，而是因为被冰雪覆盖的水域让它们无法取食。1991 年 1 月 15 日～18 日，作者在乌梁素海湿地进行隆冬鸟类调查时，在湖南端泄水闸附近约 0.005km² 还没有结冰的水中见到 3 只白骨顶、5 只红嘴鸥和 7 只普通秋沙鸭。据当地渔民和水站工作人员讲，受泄水闸放水的影响，有的年份冬季有小面积水面不结冰，而只要湖中有不结冰的明水，水中就有白骨顶、赤麻鸭、普通秋沙鸭等水鸟取食。近年来调查发现，冬季城市排放的废水、火力发电厂排放的冷却水，使城市附近的河流或湖泊形成一定面积不结冰的区域，赤麻鸭、绿头鸭、鸿雁会留在这里过冬。如 2003 年 12 月，作者在锡林浩特市北郊发电厂附近的浅水滩中记录到 58 只赤麻鸭；2009 年 1 月，在呼和浩特市小黑河未结冰的水中见到 35 只赤麻鸭；2013 年 12 月～2014 年 3 月，在鄂尔多斯市伊金霍洛旗红海子湿地公园观察到 185 只赤麻鸭、56 只绿头鸭、1 只鸿雁；2020 年 1 月 8 日，在呼和浩特市土默特左旗祆太湿地观察到 1500 只赤麻鸭；2020 年 1 月 9 日～13 日，在乌海市海南区观察到 1000 余只灰鹤、500 只赤麻鸭、34 只绿头鸭。这些现象说明，在北方繁殖的水鸟，冬季南迁主要是对湖泊和河流被冰雪覆盖后缺乏食物的一种适应行为。

乌海市黄河流域早春北迁的天鹅群

鄂尔多斯伊金霍洛旗红海子湿地公园

内蒙古湿地鸟类的保护

1. 湿地生态环境保护的紧迫性

内蒙古湿地面积大、类型多，栖息着多种依赖湿地生活的水鸟和喜欢在湿地生活的其他鸟类。湿地不仅是绝大多数珍稀水鸟的栖息地，也是多种珍稀猛禽的栖息地。在内蒙古湿地中，鹤形目珍稀濒危鸟类种类多、数量较大、分布广，内蒙古中东部湿地更是我国目前已知的丹顶鹤、白枕鹤、蓑羽鹤等鹤类最大的繁殖地和鸟类迁徙季节的集群地。

20 世纪 80 年代以来，气候变化和人为活动的影响，给生态环境本就极为脆弱的干旱、半干旱地区的内蒙古湿地造成了严重影响。随着湿地附近的部分草原被开垦为农田，大量河水被用于灌溉，优质草原上建起了工业园区，污水的大量排放给附近的河流和湖泊造成了严重污染……很多水鸟失去了适宜栖息环境。进入 21 世纪，随着人们生活水平的提高，湿地保护区吸引了很多游客。但由于管理不善，破坏了湿地保护区的环境，给湿地鸟类带来严重的危害。这些都为我们敲响了湿地生态环境保护的警钟。

2. 湿地鸟类的保护对策

保护鸟类是人类对所在环境及自身命运进行深层次思考后提出的命题。政府有关部门应制定野生鸟类保护宣传教育方案和目标，做广泛、深入、长期的宣传，不断提高全民保护鸟类的意识。如生态环境、林业和草原部门可经常组织青少年生态夏令营，开展濒危珍稀鸟类识别竞赛、举办濒危鸟类图片展览等活动，提高鉴别濒危鸟类的能力，激发他们的爱鸟热情。

严禁破坏鸟类生存的各类生态环境，为各种濒危珍稀鸟类脱濒创造广阔而适宜的栖息地。停止对湿地附近草地的开垦，停止在湿地附近建设工业园区，停止在流入重要湿地的河流上建坝修水库，严禁把污水排放到河流和湖泊中。逐步改善湿地生态环境，为在湿地栖息的濒危鸟类提供营巢和隐蔽条件。

有关部门应以生态学和环境保护理论为依据规划建设湿地自然保护区和国家湿地公园，加强对已有的湿地自然保护区的管理，对濒危鸟类进行有效保护。保护区应建立独立的行政管理机构。有的保护区行政管理部门与生产部门、旅游部门没有分离，难以合理处理资源保护与开发利用间的矛盾，往往是重经营轻保护。应有计划地对保护区管理人员进行培训，提高他们的业务水平和素质；吸纳环保专业和动物生态专业毕业生，充实环保队伍，为保护湿地环境、湿地濒危珍稀鸟类发挥作用。

水鸟

雁形目
ANSERIFORMES

　　中、小型游禽。全世界有3科，即叫鸭科、鹊雁科和鸭科，中国仅有鸭科分布。鸭科嘴多扁平，尖端具嘴甲，两侧边缘具栉状突。舌多肉质，边缘具对应于嘴缘栉状突的凹痕，便于滤食。脚的位置靠体后，蹼足，后趾短而位置偏高，故在陆地上行走时显得笨拙。多数种类具翼镜。大多数种类善于游泳，潜鸭族、海鸭族善于潜水。杂食性。在湿地附近的地面、芦苇地等筑巢。通常一雄一雌制。每窝产卵8～12枚。孵化期21～43天。雏鸟早成性。

　　鸭科全世界有1科51属166种，除南极外，世界各地都有分布。中国有23属54种。内蒙古有19属43种。

鸭科 Anatidae

1. 鸿雁 *Anser cygnoides*
Swan Goose

【识别特征】体长约 90cm。虹膜红褐色或金黄色。嘴黑色。脚橙黄色。额基部有 1 条白色细纹，额、头顶至后颈棕褐色，前颈近白色，身体灰褐色，背部暗褐色，胸、腹部浅黄褐色，下腹和尾上覆羽白色。

【生态习性】栖息于湖泊、河流及其附近的草地中。性喜集群。主要食植物，也食少量甲壳类和软体动物。繁殖期 5 ~ 6 月。营巢于芦苇丛或河、湖小岛上。巢用芦苇、干草、绒毛筑成。每窝产卵 4 ~ 8 枚。卵乳白色，大小 83mm×53mm。雌性单独孵卵，雄性担任警戒。孵化期 28 ~ 30 天。雏鸟为早成鸟。

【保护级别】被列为中国国家二级重点保护野生动物。世界自然保护联盟（IUCN）和《中国脊椎动物红色名录》均评估为易危（VU）。

【分布】夏候鸟，旅鸟。在内蒙古繁殖于呼伦贝尔市、兴安盟、锡林郭勒盟、赤峰市西北部，迁徙季节见于乌兰察布市、呼和浩特市、包头市、巴彦淖尔市、鄂尔多斯市、乌海市、阿拉善盟。

国内繁殖于黑龙江、吉林，迁徙时途经华北地区、青海和新疆，越冬于长江中下游地区、山东至福建等沿海地区及台湾。国外分布于亚洲。

鸿雁　杨贵生／摄

鸿雁　杨贵生／摄

鸿雁　杨贵生 / 摄

鸿雁　杨贵生 / 摄

鸿雁　杨贵生 / 摄

2. 豆雁 *Anser fabalis* Bean Goose

【识别特征】体长约 80cm。虹膜暗褐色。嘴黑褐色，嘴端具橘黄色斑带，尖端黑色。嘴端的橘黄色斑带界线清楚，两侧边缘不向后延伸。脚橙黄色。头颈棕褐色，背灰褐色有白色羽缘，下体羽在颏喉部淡棕褐色，腹部污白色，两胁具灰褐色横斑，尾黑褐色。

【生态习性】栖息于草地、沼泽、水库、湖泊及沿海海岸和附近农田。性机警，不易接近。主要食植物，繁殖季节也食少量动物。繁殖期 5～6 月。一雄一雌制。筑巢于河谷干燥地面低洼坑中。巢材主要是植物茎叶，内铺自身脱落的绒羽。每窝产卵 4～8 枚。卵乳白色或淡黄白色，大小 81mm×50mm。雌性单独孵卵。孵化期 25～29 天。雏鸟为早成鸟。

豆雁　杨贵生/摄

【保护级别】被列为中国"三有"保护动物。世界自然保护联盟（IUCN）和《中国脊椎动物红色名录》均评估为无危（LC）。

【分布】旅鸟。在内蒙古迁徙季节见于呼伦贝尔市。

国内迁徙时途经华北地区、东北地区、甘肃、青海、新疆等地，部分越冬于华南地区、东南沿海等地。国外繁殖于欧洲北部、俄罗斯（西伯利亚地区）、冰岛及丹麦（格陵兰岛），越冬于欧亚大陆南部。

豆雁　杨贵生/摄

3. 短嘴豆雁　*Anser serrirostris*　Tundra Bean Goose

【识别特征】体长约 75cm。虹膜褐色。嘴灰黑色，具橘黄色横斑，尖端黑色。脚橙黄色。体色与豆雁相似，但体型较小，颈部较粗短，嘴较短，下嘴基部较厚，嘴端的橘黄色斑带两侧边缘向后延伸。

【生态习性】繁殖季节栖息于北极苔原带，非繁殖季节喜在沼泽、农田、稻田栖息。主要食植物。5 月底或 6 月初到达繁殖地。一雄一雌制。每窝产卵 3 ~ 5 枚。孵化期约 25 天。雏鸟为早成鸟。

【保护级别】尚未评估。

【分布】旅鸟。迁徙季节见于内蒙古各地。

国内迁徙期间见于华北地区、东北地区、甘肃、青海、新疆等地，越冬于长江中下游地区、东南沿海地区、台湾和海南。国外繁殖于俄罗斯苔原带，在欧洲和东亚越冬。

短嘴豆雁　杨贵生 / 摄

短嘴豆雁　杨贵生 / 摄

短嘴豆雁　孙孟和 / 摄

4. 灰雁　*Anser anser*　Greylag Goose

【识别特征】体长约86cm。虹膜暗褐色。嘴、脚肉色。上体灰色，背肩部灰褐色，下体污白色，腹部有暗褐色或棕褐色横斑，尾下覆羽白色。幼鸟上体暗灰褐色，两胁无白色横斑。

灰雁　杨贵生 / 摄

【生态习性】栖息于湖泊、水库、沼泽等淡水水域及其附近的草地。警惕性高，成群休息或觅食时，常有一只或数只担当警卫。主要食植物茎叶及种子，也吃虾及鞘翅目昆虫。繁殖期4～6月。筑巢于有较大沙洲的苇地或水边草丛中。以苇叶和水草营巢。每窝产卵4～8枚。卵白色，缀橙黄色斑点，大小87mm×62mm。雌性孵卵。孵化期27～29天。雏鸟早成性。

【保护级别】被列为中国"三有"保护动物，被列入内蒙古自治区重点保护陆生野生动物名录。世界自然保护联盟（IUCN）和《中国脊椎动物红色名录》均评估为无危（LC）。

【分布】夏候鸟，旅鸟。分布于内蒙古各地。

国内繁殖于新疆、青海东部、甘肃西北部、黑龙江等地，迁徙时途经华北地区和四川等地，越冬于长江以南地区及云贵高原。国外分布于欧亚大陆、非洲北部。

灰雁　杨贵生 / 摄

灰雁 杨贵生 / 摄

灰雁 杨贵生 / 摄

5. 白额雁 *Anser albifrons*
White-fronted Goose

【识别特征】体长约 70cm。虹膜褐色。嘴淡粉红色，嘴甲近白色。脚橄榄黄色。雌雄相似。额和上嘴基部有白色环斑；头至后颈暗褐色；背部灰褐色，具浅色羽缘；腹部和胁部杂有横向黑块斑；腹下部、尾下覆羽白色；尾羽黑色，具白色端斑。幼鸟与成鸟相似，但额上白斑小或无，腹部黑色斑块小。

【生态习性】常集小群在湖泊、沼泽地活动。主要食植物种子、根茎等。常白天觅食，晚上在水面休息。迁徙季节集大群，白天觅食、休息，夜间飞行。在沼泽地上营巢。每窝产卵 5 ~ 6 枚。孵化期 22 ~ 28 天。雏鸟早成性，

白额雁　王顺 / 摄

上体橄榄褐色，下体灰白色，40 ~ 43 天可飞行，3 年成熟。

【保护级别】被列为中国国家二级重点保护野生动物。世界自然保护联盟（IUCN）和《中国脊椎动物红色名录》均评估为无危（LC）。

【分布】旅鸟。在内蒙古分布于呼伦贝尔市、兴安盟、赤峰市、锡林郭勒盟、巴彦淖尔市、阿拉善盟。

国内越冬于长江中下游地区、东南沿海地区和台湾，迁徙季节见于东北地区、华北地区、新疆和西藏。国外繁殖于俄罗斯（西伯利亚地区）、美国（阿拉斯加州）及丹麦（格陵兰岛），在北美洲、欧洲和亚洲越冬。

白额雁　杨贵生 / 摄

6. 小白额雁
Anser erythropus
Lesser White-fronted Groose

【识别特征】体长约 60cm。虹膜黑褐色。喙粉红色。脚橘红色。体棕褐色，形态与白额雁非常相似，但体型略小，喙较短，颈也较短，白色额部与头部比例更大，具金黄色眼圈。幼鸟体色较成鸟淡，嘴肉色，嘴甲黑色，额上无白斑，腹亦无黑色斑块。

【生态习性】非繁殖期主要集群活动于开阔盐碱平原、半干旱草原、沼泽、水库、湖泊、河流、农田。多与其他大型鸭雁类特别是白额雁混群。春夏季多吃植物嫩叶和嫩草，秋季主要在半干旱平原、水边沼泽和农田觅食草本植物、种子和农作物。繁殖期 6 ~ 7 月。通常营巢于紧靠水边的苔原上或低矮的灌木下。每窝产卵 4 ~ 7 枚。卵淡黄色或赭色，大小 75mm×50mm。雌性孵卵。孵化期 25 天。

【保护级别】被列为中国国家二级重点保护野生动物。世界自然保护联盟（IUCN）和《中国脊椎动物红色名录》均评估为易危（VU）。

【分布】旅鸟。在内蒙古分布于呼伦贝尔市、兴安盟、赤峰市。

国内见于东北、华北、华中和华东地区，越冬于长江中下游地区、东南沿海地区、台湾和四川。国外繁殖于欧亚大陆的极地苔原带，越冬于巴尔干半岛、北非、西亚和东亚南部。

小白额雁 林清贤 / 摄

7. 斑头雁 *Anser indicus*
Bar-headed Goose

【识别特征】体长约 80cm。虹膜暗棕色。嘴橙黄色，先端黑色。脚橙黄色。体羽大都灰褐色；头顶白色，有 2 条黑色横带斑；颏、喉部污白色，沾棕黄色；颈部暗褐色，两侧各有 1 条白色纵纹。幼鸟头顶黑色，颈侧无白色纵带。

【生态习性】栖息于湖泊、河流、沼泽地。喜集群活动。主要食植物茎、叶、种子及昆虫。繁殖期 4 ~ 5 月。常营巢于人类难以接近的湖边或湖心岛上。巢常为密集的群巢，较简陋，圆形，内铺枯草茎、叶。每窝产卵 2 ~ 10 枚。卵白色，大小 83mm×55mm。雌性孵卵。孵化期 28 ~ 30 天。雏鸟为早成鸟。

斑头雁　杨贵生 / 摄

【保护级别】被列为中国"三有"保护动物，被列入内蒙古自治区重点保护陆生野生动物名录。世界自然保护联盟（IUCN）和《中国脊椎动物红色名录》均评估为无危（LC）。

【分布】夏候鸟，旅鸟。在内蒙古繁殖于西部地区，分布于呼伦贝尔市、兴安盟、赤峰市、锡林郭勒盟、乌兰察布市、巴彦淖尔市、阿拉善盟、鄂尔多斯市。

国内繁殖于西北地区及西藏，越冬于长江以南地区。目前我国已在青海湖建立了自然保护区，专门保护斑头雁及其栖息地。国外分布于亚洲中部及南部。

斑头雁　杨贵生 / 摄

8. 雪雁　*Anser caerulescens*
Snow Goose

【识别特征】体长约 70cm。虹膜暗褐色。嘴短厚，赤红色。脚红色或淡紫色，爪黑色。雌雄羽色相似。体羽大都白色，初级飞羽黑色，羽基淡灰色，初级覆羽灰色。

【生态习性】繁殖于北极苔原带。在苔原草地、湖泊、河流岸边营群巢。非繁殖季节常成群活动于沿海、河口。主要食植物嫩叶、茎、果实、种子及小型无脊椎动物。巢由苔藓堆集而成，内垫少许枯草茎和绒羽。每窝产卵 3 ～ 6 枚。卵黄白色。雌性孵卵。孵化期 22 ～ 25 天。

【保护级别】被列为中国"三有"保护动物。世界自然保护联盟（IUCN）评估为无危（LC），《中国脊椎动物红色名录》评估为数据缺乏（DD）。

【分布】冬候鸟。在内蒙古乌兰察布市兴和县涝利海（杨贵生等，2013）、兴安盟扎赉特旗图牧吉国家级自然保护区（王子健等，2019）观察到雪雁。

国内分布于辽宁、天津、河北、河南、山东、湖北、湖南、江西和江苏。国外分布于北美洲及俄罗斯（西伯利亚东部）。

雪雁（左下亚成体）　乌瑛嘎 / 绘

9. 黑雁
Branta bernicla
Brant Goose

【识别特征】体长约 60cm。嘴、脚铅黑色。颈两侧上部各有一白色横斑。头、颈、胸黑色，背黑褐色，羽缘淡白色。上腹部灰褐色，两胁白色，具灰褐色横斑，下腹部至尾下覆羽白色。尾短、黑褐色，尾上覆羽白色。

【生态习性】喜集群，常在海边、河口、湖泊和沼泽地活动。飞行时两翅扇动迅速而有力。通常呈单列直线飞行。亦善地上奔跑，行动敏捷，速度较快。主要食植物，以草本植物的嫩芽、藻类为主，也吃水生昆虫、软体动物、小的甲壳类和鱼卵。常在沼泽地的干燥处或土堆上营巢。巢结构简单，多利用地面凹坑，内垫苔藓、羽毛和绒毛筑成。每窝产卵 3 ～ 6 枚。卵褐色、橄榄褐色或淡黄色。雌性孵卵，雄性担任保卫。雏鸟早成性，由雌雄双亲共同抚育。雏鸟 2 ～ 3 年性成熟。

【保护级别】被列为中国"三有"保护动物，被列入内蒙古自治区重点保护陆生野生动物名录。世界自然保护联盟（IUCN）评估为无危（LC），《中国脊椎动物红色名录》评估为数据缺乏（DD）。

【分布】旅鸟。迁徙季节见于内蒙古兴安盟。

国内越冬于东北地区、东部沿海地区，南至福建和台湾。国外繁殖于环北极区、北冰洋沿岸苔原地带及附近岛屿。

黑雁（左、下亚成体）　乌瑛嘎 / 绘

10. 红胸黑雁　*Branta ruficollis*
Red-breasted Goose

【识别特征】体长约 55cm。虹膜暗栗褐色。嘴、跗跖、脚、爪黑褐色。雌雄羽色相似。体羽大都黑色，胸及颈侧栗红色，外围具白边。眼先具白色块斑，眼后至颈侧具一栗红色块斑，其外围白色。中覆羽和大覆羽的先端带棕色，形成 2 道翅斑。尾黑色，尾上覆羽和尾下覆羽白色。

【生态习性】繁殖于俄罗斯西伯利亚北极苔原带。非繁殖季节栖息于湖泊、水库及沿海地区，偶尔活动于农田。飞行迅速，善游泳和潜水。主要食植物茎、叶、果实、种子等，冬季有时吃农作物幼苗。繁殖期 6 ~ 8 月。成群营巢于河岸和草丛、灌丛较多的溪流及峡谷凹陷处。巢由干草筑成，内垫绒羽。每窝产卵 3 ~ 7 枚。孵化期 23 ~ 25 天。雏鸟 3 ~ 4 年达到性成熟。

【保护级别】被列为中国国家二级重点保护野生动物，被列入《濒危野生动植物种国际贸易公约》（CITES）附录Ⅱ。世界自然保护联盟（IUCN）评估为易危（VU），《中国脊椎动物红色名录》评估为数据缺乏（DD）。

【分布】旅鸟。在内蒙古偶见于巴彦淖尔市临河区（孙孟和，2018）。

国内分布于河南、湖北、湖南、安徽、四川、江西、江苏、广西。国外繁殖于俄罗斯西伯利亚西北部，越冬于欧洲东南部和亚洲西南部。

红胸黑雁（第二行）　孙孟和／摄

11. 疣鼻天鹅 *Cygnus olor* Mute Swan

【**识别特征**】体长约 150cm。虹膜棕褐色。通体雪白，头顶至枕略沾淡棕黄色。前额具黑色疣突。眼先裸露，黑色，并和黑色的上下嘴缘、嘴基相连。嘴甲暗色，嘴的其余部分红色。脚黑色。雌性体型略小，前额疣突小而不显著。幼鸟上体淡棕灰色，颏、喉灰白色，下体余部白色，略沾灰色。

疣鼻天鹅（成鸟和幼鸟）　杨贵生 / 摄

【**生态习性**】栖息于淡水湖泊、河流、沼泽地。常在开阔水面觅食。主要食水生植物的叶，有时也探取挺水植物的根、茎。繁殖期 3 ~ 5 月。营巢于芦苇丛中。巢由蒲苇的茎叶、水草及少量绒羽筑成。每窝产卵 4 ~ 9 枚。卵苍绿色，大小 118mm×75mm。主要由雌性孵卵，雄性承担警卫。孵化期 35 ~ 36 天。

【**保护级别**】被列为中国国家二级重点保护野生动物。世界自然保护联盟（IUCN）评估为无危（LC），《中国脊椎动物红色名录》评估为近危（NT）。

【**分布**】夏候鸟。在内蒙古主要在巴彦淖尔市繁殖，繁殖季节也见于呼伦贝尔市、兴安盟、赤峰市、锡林郭勒盟、乌兰察布市、鄂尔多斯市、阿拉善盟（居延海）。

国内主要繁殖于新疆、青海，迁徙时途经河北、辽宁、山东等地，越冬于长江中下游地区。国外分布于日本。

疣鼻天鹅（成鸟和幼鸟）　杨贵生 / 摄

疣鼻天鹅（成鸟和幼鸟）　杨贵生 / 摄

疣鼻天鹅　杨贵生 / 摄

疣鼻天鹅　杨贵生 / 摄

疣鼻天鹅（亚成体）　杨贵生 / 摄

12. 小天鹅　*Cygnus columbianus*　Tundra Swan

【识别特征】体长约 140cm。全身洁白。虹膜棕色。嘴端黑色，嘴基黄色，上嘴基部两侧的黄斑向前延伸最多及鼻孔。脚黑色。

【生态习性】栖息于开阔水域及临近的浅水、沼泽地。善游泳，一般不潜水。主要食水生植物的根、茎叶、种子以及螺类等小型水生动物。6～7月在北极苔原带繁殖。一雄一雌制。巢由干芦苇、香蒲、三棱草等筑成，内垫绒羽。每窝产卵 2～5 枚。卵白色，大小 103mm×67mm。孵化期 29～32 天。雏鸟为早成鸟。

【保护级别】被列为中国国家二级重点保护野生动物。世界自然保护联盟（IUCN）评估为无危（LC），《中国脊椎动物红色名录》评估为近危（NT）。

【分布】旅鸟。迁徙季节分布于内蒙古各盟市。

国内迁徙季节途经华北、华中地区，越冬于长江中下游地区、东南沿海地区和台湾。国外分布于欧洲和东亚。

小天鹅（成鸟和幼鸟）　杨贵生 / 摄

小天鹅　杨贵生 / 摄

小天鹅　杨贵生 / 摄

小天鹅　杨贵生 / 摄

小天鹅　杨贵生 / 摄

小天鹅　杨贵生 / 摄

13. 大天鹅 *Cygnus cygnus*
Whooper Swan

【识别特征】体长约145cm。虹膜暗褐色。通体白色。嘴黑色，上嘴基部两侧的黄斑向前延伸至鼻孔以下。脚黑色。颈特长。在水中游泳时颈垂直朝上，头向前平伸。头部稍沾棕黄色。幼鸟羽色浅灰，嘴粉红色。

【生态习性】栖息于欧亚大陆北部的池塘、淡水湖泊、流速缓慢的河流，冬季栖息于欧亚中部的温暖地区。主要食水生植物的茎、叶和种子，也吃少量软体动物和昆虫。繁殖期5~7月。繁殖于蒲苇地。每窝产卵4~7枚。刚产的卵为乳白色，有的端部逐渐变为淡蓝色，大小113mm×72mm。孵化期35~42天。雏鸟为晚成鸟。

大天鹅　杨贵生 / 摄

【保护级别】被列为中国国家二级重点保护野生动物。世界自然保护联盟（IUCN）评估为无危（LC），《中国脊椎动物红色名录》评估为近危（NT）。

【分布】夏候鸟，旅鸟。在内蒙古各盟市均有分布，在内蒙古东部和东北部为繁殖鸟。

国内繁殖于黑龙江和新疆北部，迁徙时途经华北地区、青海及甘肃中部，越冬于黄河中游以南地区。国外分布于欧洲和亚洲。

大天鹅　杨贵生 / 摄

大天鹅（成鸟和幼鸟）　杨贵生 / 摄　　　　　　　　　大天鹅（幼鸟）　杨贵生 / 摄

大天鹅〔成体和亚成体（中）〕　杨贵生 / 摄

14. 翘鼻麻鸭 *Tadorna tadorna*
Common Shelduck

【**识别特征**】体长约 60cm。虹膜棕褐色。嘴红色。脚肉红色。头、肩黑色，具绿色光泽，从上背到胸具一宽阔的棕色环带，体余部白色。雄性繁殖羽额前有一红色皮质瘤。雌性头和颈不具绿色光泽。幼鸟上体棕褐色，下体白色。

翘鼻麻鸭　杨贵生 / 摄

【**生态习性**】栖息于湖泊、河流、水库及其附近的沼泽地。善游泳，亦善行走。主要食水生昆虫、藻类、鱼等，也食叶片、嫩芽等。繁殖期 5 ~ 7月。营巢于湖边沙丘和石壁间。巢多以禾本科植物、鸟骨、鱼骨等筑成，内垫杂草和绒羽。每窝产卵7 ~ 12 枚。卵奶油色，大小 66mm×47mm。雌性孵卵。孵化期 27 ~ 29 天。雏鸟为早成鸟。

【**保护级别**】被列为中国"三有"保护动物。世界自然保护联盟（IUCN）和《中国脊椎动物红色名录》均评估为无危（LC）。

【**分布**】夏候鸟。繁殖于内蒙古各地。

国内繁殖于黑龙江，向西至新疆、青海，迁徙时途经东北南部及华北地区，越冬于长江中下游及东南沿海地区。国外分布于亚洲西南部及北部，欧洲南部，非洲东北和西北部。

翘鼻麻鸭（左雄性，右雌性）　杨贵生 / 摄

翘鼻麻鸭（非繁殖羽）　杨贵生／摄

翘鼻麻鸭（求偶）　杨贵生／摄

翘鼻麻鸭（雄性）　杨贵生／摄

翘鼻麻鸭　杨贵生／摄

15. 赤麻鸭
Tadorna ferruginea
Ruddy Shelduck

【识别特征】体长约63cm。虹膜暗褐色。嘴黑色。脚黑色。体棕黄色。雄性头顶、脸侧棕白色，头的余部和上颈淡棕黄色，颈基部有一狭窄的黑色颈环，飞行时可见明显的铜绿色翼镜。雌性体羽与雄性相似，但羽色较淡，颈基部无黑色颈环。雌性幼鸟体色似成鸟，只是下背、腰由巧克力色渐成黑色，有淡棕色波状细纹。

【生态习性】常栖息于内陆淡水环境。主要食植物的叶、种子以及谷物等，也食昆虫、小鱼等动物。繁殖期4～6月。营巢于草地上的洞穴、墓穴及湿地附近的岩洞中。巢由少量枯草和大量绒羽筑成。

赤麻鸭（雌性）　杨贵生/摄

每窝产卵6～10枚。卵乳白色，大小67mm×46mm。孵化期27～30天。雏鸟为早成鸟。

【保护级别】被列为中国"三有"保护动物。世界自然保护联盟（IUCN）和《中国脊椎动物红色名录》均评估为无危（LC）。

【分布】夏候鸟。繁殖于内蒙古各地。

国内繁殖于甘肃、青海、新疆、四川、云南北部及华北地区等地，越冬于长江以南地区。国外分布于欧洲东南部、亚洲中部、非洲西北部及北部。

赤麻鸭（雄性）　杨贵生/摄

赤麻鸭 杨贵生 / 摄

赤麻鸭 杨贵生 / 摄

赤麻鸭 杨贵生 / 摄

赤麻鸭　杨贵生 / 摄

赤麻鸭　杨贵生 / 摄

16. 鸳鸯　*Aix galericulata*　Mandarin Duck

【识别特征】体长约40cm。虹膜暗褐色，外周淡黄色。嘴橙红色，嘴甲尖端白色。脚黄褐色。雄性头顶具翠绿色羽冠，眼周白色，翅上具一对橙黄色直立帆状羽。雌性头和背部灰褐色，眼周白色，头上无羽冠，翅上亦无帆状羽。

【生态习性】栖息于山间溪流、水库、河谷及针叶林及针阔混交林附近水域。主要食植物，也食鱼、蛙、昆虫等动物。繁殖期4～8月。通常在河流两岸的天然树洞中或靠近水边的岩石洞中营巢。巢由木屑、干草及自身绒羽筑成。每窝产卵7～13枚。卵白色，光滑无斑，大小50mm×38mm。雌性孵卵。孵化期28～30天。雏鸟为早成鸟。

【保护级别】被列为中国国家二级重点保护野生动物。世界自然保护联盟（IUCN）评估为无危（LC），《中国脊椎动物红色名录》评估为近危（NT）。

【分布】夏候鸟，旅鸟。在内蒙古繁殖于呼伦贝尔市、兴安盟、赤峰市，迁徙季节见于锡林郭勒盟、乌兰察布市、巴彦淖尔市、阿拉善盟。

国内繁殖于黑龙江、吉林、辽宁、河北，迁徙时途经华北地区、甘肃、东北南部等地，越冬于长江以南地区。国外分布于亚洲东南部。

鸳鸯（左雄性，右雌性）　杨贵生/摄

鸳鸯 杨贵生 / 摄

鸳鸯 杨贵生 / 摄

17. 棉凫 *Nettapus coromandelianus*
Cotton Pygmy Goose

【识别特征】体长约33cm。雄性虹膜浅朱红色，嘴峰黑棕色，跗跖黑色；雌性虹膜红棕色，嘴峰褐色，跗跖青黄色。嘴基部高，向前渐狭。雄性额和头顶黑褐色，颈基部有一明显的黑色闪绿色光泽的环带，头和颈的余部及胸腹部白色，肩、两翅及腰黑褐色。雌性额和头顶暗褐色，具黑色贯眼纹，前额及两颊污白色，喉白，后颈浅褐色，下颈两侧及胸部污白色，缀黑褐色细纹。

【生态习性】栖息于河流、湖泊及池塘。常成对或成小群活动。多在水面和岸边浅水处取食。主要食水生植物和陆生植物的茎叶及种子，也食水生昆虫、甲壳类和小鱼等动物。在

棉凫（雄性）　陈学文 / 摄

树洞中营巢。每窝产卵6～16枚。卵白色，大小45mm×33mm，重27g。雌性孵卵。孵化期15～16天。

【保护级别】被列为中国国家二级重点保护野生动物。世界自然保护联盟（IUCN）评估为无危（LC），《中国脊椎动物红色名录》评估为濒危（EN）。

【分布】夏候鸟。在内蒙古夏季偶见于乌梁素海（邱兆祉，1986），近年来见于巴彦淖尔市（临河区镜湖、乌梁素海）、锡林郭勒盟（锡林浩特市）。

国内在四川中部至西南部、云南、贵州及长江中下游以南地区为夏候鸟，在广西、广东为留鸟，在河北夏季偶见，在台湾为迷鸟。国外分布于印度半岛、中南半岛、印度尼西亚和澳大利亚。

棉凫（雄性）　陈学文 / 摄

18. 赤膀鸭 *Mareca strepera*
Gadwall

【识别特征】体长约 50cm。虹膜暗棕色。嘴雄性黑色，雌性橙黄色。脚橙黄色。雄性背、胸暗褐色，翅上覆羽具棕栗色斑块，翼镜黑白二色。雌性上体大多暗褐色，具棕白色斑纹，翼镜不明显，下体棕白色，杂有褐色斑。

【生态习性】栖息于河流、水库、草原中的水泡和淡水湖泊。主要食水生植物的茎、叶、根及种子。繁殖期 5 ~ 7 月。巢多位于水边草丛中，有时也置于远离水源的地上小坑中。巢材主要是杂草、芦苇等。每窝产卵 9 ~ 11 枚。卵白色，稍带淡黄色或橄榄色，大小 55mm×39mm。雌性孵卵。孵化期 27 ~ 28 天。雏鸟早成性。

赤膀鸭（雄性）　杨贵生 / 摄

【保护级别】被列为中国"三有"保护动物。世界自然保护联盟（IUCN）和《中国脊椎动物红色名录》均评估为无危（LC）。

【分布】夏候鸟。分布于内蒙古各地。

国内繁殖于东北地区和新疆，迁徙时途经华北地区、陕西、青海及四川等地，越冬于云南、长江中下游地区、福建和广东。国外分布于亚欧大陆中部、北美洲西部和南部及非洲。

赤膀鸭（雌性）　杨贵生 / 摄

赤膀鸭（雄性亚成体）　杨贵生 / 摄

赤膀鸭（右雄性，左雌性）　杨贵生 / 摄

赤膀鸭（雄性）　杨贵生 / 摄

赤膀鸭（幼鸟）　杨贵生 / 摄

19. 罗纹鸭　*Mareca falcata*　Falcated Teal

【识别特征】体长约50cm。虹膜褐色。嘴黑褐色。脚黑色。雄性头顶栗色，头颈两侧及颈冠铜绿色；上体灰白色，密布暗褐色波状细纹；下体白色，具褐色斑纹；翼镜黑绿色，三级飞羽呈镰刀状。雌性较雄性略小，上体黑褐色，背和两肩有"U"形淡棕色斑纹，下体棕白色，胸部密布暗褐色斑。

【生态习性】栖息于河流、湖泊及其附近的沼泽地。一般集成几只的小群活动，有时与赤嘴潜鸭、白骨顶混成较大的群。迁徙时集成十几只的小群飞行。白天常在湖中沙洲或湖边、河岸休息，清晨和黄昏飞往湖边浅水觅食。主要食水生植物及其草籽，也到农田、草地觅食谷物和杂草种子，偶尔也食水生昆虫、软体动物、甲壳类等。繁殖期5～7月。在河湖边、沼泽地草丛或灌木丛中营巢。每窝产卵6～10枚。卵淡黄色或咖啡色。主要由雌性孵卵，当雌性离巢觅食时雄性孵卵。孵化期24～29天。雏鸟早成性。

【保护级别】被列为中国"三有"保护动物，被列入内蒙古自治区重点保护陆生野生动物名录。世界自然保护联盟（IUCN）和《中国脊椎动物红色名录》均评估为近危（NT）。

【分布】夏候鸟，旅鸟。在内蒙古呼伦贝尔市为夏候鸟，在兴安盟、赤峰市、锡林郭勒盟、呼和浩特市、鄂尔多斯市、巴彦淖尔市、阿拉善盟为旅鸟。

国内在东北北部和中部繁殖，迁徙时途经东北南部及华北东部；在河北、山东、山西南部，向南至福建、广东、海南（海南岛），向西至陕西、贵州及云南越冬。国外繁殖于俄罗斯西伯利亚东部，贝加尔湖为其繁殖的西南界；在朝鲜、日本及中南半岛、印度越冬。

罗纹鸭（雄性）　付建国 / 摄

20. 赤颈鸭　*Mareca penelope*
Eurasian Wigeon

【识别特征】体长约 48cm。虹膜棕褐色。嘴蓝灰色，尖端近黑。跗跖和趾棕褐色。雄性头、颈棕红色，额至头顶黄色，翼镜翠绿色，胸灰棕色，腹部白色。雌性上体黑褐色，羽缘棕色或灰白色，呈覆瓦状斑纹，翼镜灰黑褐色，下胸及腹白色。

【生态习性】栖息于湖泊、沼泽和河流沿岸。善于潜水。飞离水面时，常呈直线上升。主要食植物类，也食蝗虫、水栖昆虫、蛛形类及软体动物。繁殖期 5 ~ 7 月。在湖泊等水域沿岸草丛中营巢。用植物叶子、毛等筑巢。每窝产卵 6 ~ 10 枚。卵淡灰褐色或浅褐黄色，大小 55mm×39mm。雌性孵卵。孵化期 24 ~ 25 天。雏鸟为早成鸟。

赤颈鸭（雄性）　付建国 / 摄

【保护级别】被列为中国"三有"保护动物。世界自然保护联盟（IUCN）和《中国脊椎动物红色名录》均评估为无危（LC）。

【分布】夏候鸟，旅鸟。在内蒙古呼伦贝尔市、兴安盟为繁殖鸟，迁徙季节见于赤峰市、乌兰察布市、呼和浩特市、巴彦淖尔市、鄂尔多斯市和阿拉善盟。

国内繁殖于黑龙江、吉林，迁徙时途经华北地区、西北地区及东北南部，越冬于黄河下游以南地区。国外繁殖于欧亚大陆北部，越冬于欧亚大陆南部。

赤颈鸭（前、后雄性，中雌性）　杨贵生 / 摄

赤颈鸭（雌性亚成体）　杨贵生 / 摄

21. 绿头鸭　*Anas platyrhynchos*　Mallard

【识别特征】体长约 58cm。虹膜棕褐色。雄性嘴橄榄黄色，脚橙红色，头颈暗绿色，颈基部有一白色领环与栗色胸部相隔，上体大都黑褐色，下体灰白色，翼镜紫蓝色。雌性嘴橙黄色，上体黑褐色，羽缘浅棕色，下体浅棕色，杂有褐色斑点。幼鸟似雌性成鸟，但喉部颜色较淡，下体白色，黑褐色的斑和纵纹明显。

【生态习性】栖息于湖泊、沼泽和河流。喜集群活动。主要食植物的茎叶、种子，也食甲壳类、水生昆虫等。繁殖期 4 ~ 6 月。筑巢于蒲苇地中。巢材主要是蒲苇的茎叶，孵卵时还垫以绒羽。每窝产卵10 枚左右。卵白色，略沾肉色，大小 58mm×42mm。雌性孵卵。孵化期约 25 天。雏鸟为早成鸟。

【保护级别】被列为中国"三有"保护动物。世界自然保护联盟（IUCN）和《中国脊椎动物红色名录》均评估为无危（LC）。

【分布】夏候鸟。繁殖于内蒙古各地。

国内繁殖于黄河以北地区及新疆、青海和西藏，越冬于青海、云南、西藏、华北地区、华东地区及黄河以南地区。国外分布于欧洲、亚洲、北美洲及北非。

绿头鸭（左雌性，右雄性）　杨贵生 / 摄

绿头鸭（雄性）　杨贵生 / 摄

绿头鸭　杨贵生 / 摄

绿头鸭（雌性）　杨贵生 / 摄

22. 斑嘴鸭 *Anas zonorhyncha*
Eastern Spot-billed Duck

【识别特征】体长约 60cm。虹膜黑褐色，外圈橙黄色。嘴蓝黑色，端部黄色。脚橙红色。眉纹白色，贯眼纹黑色。雌雄羽色近似，体羽大都棕褐色，胸淡棕白色，翼镜蓝紫色，闪金属光泽，三级飞羽白色。雌性幼鸟羽色与雌性成鸟近似。

斑嘴鸭 杨贵生 / 摄

【生态习性】栖居于内陆湖泊、水库、河流等环境。善于游泳和潜水。主要食植物茎叶、嫩芽、种子，也食藻类、水草及少量昆虫等。繁殖期 5 ~ 7 月。营巢于湖泊、河流岸边芦苇丛或草丛中。巢材主要是植物茎叶，常垫绒羽。每窝产卵 9 ~ 14 枚。卵淡青黄色，大小 58mm×42mm。孵化期约 24 天。雏鸟为早成鸟。

【保护级别】被列为中国"三有"保护动物。世界自然保护联盟（IUCN）和《中国脊椎动物红色名录》均评估为无危（LC）。

【分布】夏候鸟。分布于内蒙古各地。

国内繁殖于华北地区、华中地区、华南地区、青海、甘肃、四川及云贵高原，越冬于西藏南部、长江下游地区及东南沿海地区。国外分布于亚洲。

斑嘴鸭 杨贵生 / 摄

斑嘴鸭　杨贵生 / 摄

斑嘴鸭　杨贵生 / 摄

斑嘴鸭　杨贵生 / 摄

23. 针尾鸭 *Anas acuta*
Northern Pintail

【识别特征】体长约 65cm。虹膜深褐色。上嘴暗铅色，嘴甲与下嘴黑褐色。脚灰黑色。雄性背部杂有淡褐色与白色相间的波状斑，颈侧有白色宽带，向下与下体白色相连，中央一对尾羽特别延长，翼镜铜绿色。雌性上体大都黑褐色，杂有黄白色短斑。雄性幼鸟羽色似雌性成鸟，但翅上具翼镜。

【生态习性】栖息于湖泊、沼泽、水塘、海湾等各类水域。善游泳，飞翔速度快。主要食植物，也吃少量软体动物和昆虫，繁殖期间以动物类食物为主。繁殖期 4 ～ 7 月。巢筑于湖边、河岸灌木或草丛中的洼地上。每窝产卵 7 ～ 12 枚。卵黄绿色或淡黄色，大小 54mm×38mm。雌性孵卵。孵化期 21 ～ 23 天。雏鸟为早成鸟。

【保护级别】被列为中国"三有"保护动物。世界自然保护联盟（IUCN）和《中国脊椎动物红色名录》均评估为无危（LC）。

【分布】旅鸟。迁徙季节途经内蒙古各地。

国内繁殖于新疆（天山），迁徙时途经华北地区、东北地区、甘肃等地，越冬于长江以南地区。国外分布于欧亚大陆、美洲及北非。

针尾鸭（雄性）　郭玉民 / 摄

针尾鸭　杨贵生 / 摄

针尾鸭（左雌性，右雄性）　郭玉民 / 摄

24. 绿翅鸭 *Anas crecca* Green-winged Teal

【识别特征】体长约37cm。虹膜淡褐色。嘴黑色，下嘴棕褐色。脚棕褐色。雄性繁殖羽头部深栗色，眼周至头侧具有黑色闪蓝绿色带斑，上背、两肩及两胁为黑白相间的细纹，下背和腰深褐色，下体羽棕白色。雌性繁殖羽有贯眼纹，上体羽暗褐色，背部有棕色"V"形斑纹。雌雄性均具有金属翠绿色的翼镜。

【生态习性】栖息于湖泊、河流、水塘及沼泽地。喜集群，飞行速度快。主要食植物，也食动物。繁殖期5～7月。营巢于湖泊、河流岸边的草丛中。巢材主要是枯草及绒羽。每窝产卵8～11枚。卵白色或淡黄白色，大小45mm×33mm。雌性孵卵。孵化期21～23天。雏鸟为早成鸟。

【保护级别】被列为中国"三有"保护动物。世界自然保护联盟（IUCN）和《中国脊椎动物红色名录》均评估为无危（LC）。

【分布】夏候鸟，旅鸟。在内蒙古东部及东北部繁殖，迁徙季节见于内蒙古各地。

国内繁殖于东北地区、新疆（天山），迁徙时途经华北地区、东北南部，越冬于华北地区、青海、西藏南部及黄河以南地区。国外分布于欧洲、亚洲、美洲和非洲。

绿翅鸭（雄性） 杨贵生/摄

绿翅鸭（左雌性，右雄性） 杨贵生/摄

绿翅鸭 杨贵生/摄

25. 琵嘴鸭   *Spatula clypeata*
Northern Shoveler

【识别特征】体长约 50cm。雄性虹膜金黄色，雌性淡褐色。嘴先端扩大成铲状，雄性嘴黑色，雌性嘴黄褐色。脚橙红色。雄性繁殖羽头、颈黑褐色，两侧闪金属蓝绿色，腹部及两胁淡栗色，翼镜金属绿色。雌性上体黑褐色，下体黄褐色，翼镜较小。

【生态习性】栖息于湖泊、河流等水域环境。常在水边浅水处慢游。主要食浮游生物、水生植物、软体动物，也吃少量昆虫幼虫、鱼等。繁殖期 5 ~ 7 月。营巢于离水源不远的开阔地上的草丛或岸边苇丛中。巢由干草、芦苇和蒲草筑成。每窝产卵 7 ~ 11 枚。卵淡黄色，大小 53mm×37mm。雌性孵卵。孵化期 22 ~ 23 天。雏鸟为早成鸟。

【保护级别】被列为中国"三有"保护动物。世界自然保护联盟（IUCN）和《中国脊椎动物红色名录》均评估为无危（LC）。

【分布】夏候鸟，旅鸟。在内蒙古东部、东北部地区繁殖，在鄂尔多斯市（桃力庙子海和阿日善音淖尔）和巴彦淖尔市（乌梁素海）曾有繁殖记录，在迁徙季节见于内蒙古各地。

国内繁殖于东北中部以北地区、新疆西部，迁徙时途经华北地区、陕西、青海等地，越冬于长江以南地区。国外分布于亚欧大陆、北美洲及非洲。

琵嘴鸭（雄性）　杨贵生 / 摄

琵嘴鸭（雌性）　杨贵生 / 摄

琵嘴鸭　杨贵生 / 摄

26. 白眉鸭　　*Spatula querquedula*
Garganey

【识别特征】体长约 40cm。虹膜黑褐色。嘴棕黑色，先端黑色。脚深灰色。雄性头顶、喉、颈淡栗色，白色眉纹延伸到后颈，翼镜深绿色，腹部白色。雌性具黑色贯眼纹，嘴角有白斑，翼镜暗绿色，上体褐色，胸部淡棕色，具褐色斑。幼鸟似成鸟，但胸部棕色部分更多。

【生态习性】栖息于湖泊、河流及沼泽地。飞行迅速，几乎成直线。很少鸣叫。主要食植物及其种子，也食藻类和小型水生动物。繁殖期 5 ~ 7 月。营巢地多样，巢多置于沼泽地及近水灌丛下面。每窝产卵 7 ~ 10 枚。卵淡黄色，大小 45mm×32mm。雌性孵卵。孵化期 21 ~ 24 天。雏鸟为早成鸟。

【保护级别】被列为中国"三有"保护动物。世界自然保护联盟（IUCN）和《中国脊椎动物红色名录》均评估为无危（LC）。

【分布】夏候鸟，旅鸟。在内蒙古繁殖于呼伦贝尔市、兴安盟、赤峰市、锡林郭勒盟，迁徙季节见于内蒙古各地。

国内繁殖于黑龙江、吉林、新疆等地，迁徙时途经陕西及华北地区、华中地区等地，越冬于云南、西藏、华南地区及台湾等地。国外繁殖于欧洲和亚洲，越冬于非洲及南亚。

白眉鸭（左雌性，右雄性）　杨永昕 / 摄

27. 花脸鸭　*Sibirionetta formosa*
Baikal Teal

【识别特征】体长约 42cm。虹膜棕色。嘴黑色。脚石板蓝黑色。雄性繁殖羽头顶至后枕黑褐色，头侧由绿、黄、黑、白等颜色构成花斑状脸，胸黄棕色，具暗褐斑点，翠绿色翼镜明显，尾下覆羽黑色。雌性体羽暗褐色，嘴基内侧有一白色圆形斑。幼鸟似雌性成鸟，但圆形斑不明显，羽色较暗。

花脸鸭（雌性）　杨永昕 / 摄

【生态习性】栖息于湖泊、渔塘、河流等环境。起飞时不需助跑，可从水面直接起飞。主要食水生生物，也食植物种子。繁殖期 6 ~ 7 月。营巢于湖边草丛或灌丛中。每窝产卵 6 ~ 9 枚。卵淡绿白色，大小 47mm×34mm。雌性孵卵。孵化期约 25 天。

【保护级别】被列为中国国家二级重点保护野生动物，被列入《濒危野生动植物种国际贸易公约》（CITES）附录Ⅱ。世界自然保护联盟（IUCN）评估为无危（LC），《中国脊椎动物红色名录》评估为近危（NT）。

【分布】旅鸟。在内蒙古分布于呼伦贝尔市、兴安盟、赤峰市、乌兰察布市。

国内迁徙季节见于东北地区及华北地区，越冬于长江中下游及以长江南地区。国外分布于亚洲北部及东部。

花脸鸭（雄性）　杨永昕 / 摄

28. 赤嘴潜鸭
Netta rufina
Red-crested Pochard

【识别特征】体长约 54cm。雄性虹膜棕色，嘴红色，头棕黄色，羽冠淡玉米黄色，上体两肩棕褐色，余部黑色或黑褐色，下体除两胁白色外均黑褐色。雌性虹膜棕褐色，嘴黑褐色，头上部黄褐色，脸颊和颏喉近白色，上体淡棕褐色，下体褐灰色。幼鸟上体浅棕褐色，具宽阔的棕色羽缘。

【生态习性】栖息于水生植物丰富的淡水湖泊。体较大而笨拙，飞行速度较慢。主要食眼子菜、轮藻、狐尾藻等，有时食岸上沙粒。巢多筑在苇地深处的苇垛，主要用干蒲苇筑成，内垫柔软的蒲苇叶。每窝产卵 13 ~ 17 枚。卵淡蓝色或土黄色，大小 55mm×41mm。孵化期 27 ~ 28 天。雏鸟为早成鸟。

【保护级别】被列为中国"三有"保护动物。世界自然保护联盟（IUCN）和《中国脊椎动物红色名录》均评估为无危（LC）。

【分布】夏候鸟。在内蒙古主要繁殖于巴彦淖尔市乌梁素海，近几年繁殖区有向东延伸的趋势。繁殖期见到的地点有呼伦贝尔市、锡林郭勒盟、赤峰市、乌兰察布市、呼和浩特市、鄂尔多斯市、乌海市、阿拉善盟。

国内繁殖于新疆和青海，迁徙时见于华北地区、华中地区、四川、西藏等地。国外分布于亚洲、欧洲及非洲。

赤嘴潜鸭（雄性）　杨贵生 / 摄

赤嘴潜鸭（雌性成鸟和雏鸟）　杨贵生 / 摄

赤嘴潜鸭（左雄性，右雌性）　杨贵生 / 摄

赤嘴潜鸭（雌性成鸟和幼鸟）　杨贵生 / 摄

赤嘴潜鸭（巢和卵）　杨贵生 / 摄

赤嘴潜鸭　杨贵生 / 摄

29. 红头潜鸭 *Aythya ferina*
Common Pochard

【识别特征】体长约 46cm。虹膜黄色。嘴铅蓝黑色。脚铅色。雄性头和上颈栗红色，上背和胸黑色，下背与两肩灰色，缀有黑色细纹状斑，翼镜灰色。雌性头、颈棕褐色，上胸暗棕色，下胸和腹褐色，其余与雄性相似。

红头潜鸭（左、右雄性，中间雌性）　刘松涛 / 摄

【生态习性】栖于长有芦苇的水域或沼泽地。善于潜水，常潜入水中觅食。飞行力强，常排成"V"字形队伍。主要食水草及其种子。繁殖期 4 ~ 6 月。营巢于植物繁茂的地面或水中。以芦苇茎、叶为巢材。每窝产卵 8 ~ 10 枚。卵灰黄色或淡黄色，大小 57mm×46mm。雌性孵卵、育雏。孵化期 24 ~ 26 天。雏鸟早成性。

【保护级别】被列为中国"三有"保护动物。世界自然保护联盟（IUCN）评估为易危（VU），《中国脊椎动物红色名录》评估为无危（LC）。

【分布】夏候鸟，旅鸟。繁殖季节见于内蒙古中、东部地区，迁徙季节见于内蒙古各地。

国内繁殖于新疆、黑龙江和辽宁，迁徙时见于华北地区、甘肃、青海、西藏等地，越冬于长江以南地区。国外分布于亚洲、欧洲及非洲。

红头潜鸭　李文军 / 摄

红头潜鸭　杨贵生 / 摄

红头潜鸭（左雄性，右雌性）　杨贵生 / 摄

30. 青头潜鸭　*Aythya baeri*
Baer's Pochard

【识别特征】体长约45cm。雄性虹膜白色，雌性淡黄色。嘴深灰色，端部白色，嘴甲和嘴基黑色。跗跖铅灰色。雄性头、颈黑色，闪绿色金属光泽；胸栗色；其余下体白色，体侧具棕色宽纵纹。雌性头和后颈黑褐色，头侧和颈侧棕褐色，颏部有一小三角形白斑，喉和前颈褐色，上体羽暗褐，翼镜白色，胸部淡棕褐色，腹部白色，两胁褐色，尾下覆羽白色。

青头潜鸭（雌性）　赵国君/摄

【生态习性】喜活动于植被繁盛的池塘、小湖泊和淡水河流等环境，冬季常栖息于大的水体、沼泽和沿海地区。善游泳和飞翔，能潜水取食。喜集群活动。春秋季节迁徙时，低空飞行。主要食各种水草、杂草种子和软体动物。营巢于水边草丛或蒲苇地。巢圆盘状，中央略凹陷，用长水草筑成。雌性孵卵，雄性此时往往去换羽地换羽。每窝产卵6～10枚。卵淡黄色，略呈圆形，大小38mm×51mm。孵化期约27天。

【保护级别】被列为中国国家一级重点保护野生动物。世界自然保护联盟（IUCN）和《中国脊椎动物红色名录》均评估为极危（CR）。

【分布】夏候鸟，旅鸟。在内蒙古东北部繁殖，迁徙季节见于赤峰市、锡林郭勒盟、巴彦淖尔市、鄂尔多斯市、阿拉善盟。

国内繁殖于东北大部、河北东北部及北京，迁徙时途经山东、河北、河南等地，越冬于长江中下游及长江以南地区。国外繁殖于俄罗斯贝加尔湖以东地区，越冬于亚洲南部。

青头潜鸭（雄性）　赵国君/摄

31. 白眼潜鸭 *Aythya nyroca* Ferruginous Duck

【识别特征】体长约41cm。雄性虹膜银白色，雌性灰褐色。嘴和脚灰黑色。雄性头、颈深栗色，颈基具不明显的黑褐色领环，颏尖有三角形小白斑，背部黑褐色，翼镜及尾下覆羽白色。雌性头、颈褐色，其余与雄性相似。

【生态习性】栖息于长有芦苇、香蒲的淡水湖泊、池塘和沼泽地。善于潜水。主要食嫩枝、芽及水生植物的种子，也食软体动物、甲壳类、水生昆虫等。繁殖期4～6月。通常营巢于水边浅水处芦苇或蒲草丛中。用植物茎叶筑成水面浮巢，内垫大量绒羽。每窝产卵7枚。刚产出的卵淡绿色或乳白色，后逐渐变为淡褐色，大小46mm×36mm。雌性孵卵。孵化期25～28天。雏鸟为早成鸟。

白眼潜鸭（雌性） 杨贵生 / 摄

【保护级别】被列为中国"三有"保护动物，被列入内蒙古自治区重点保护陆生野生动物名录。世界自然保护联盟（IUCN）和《中国脊椎动物红色名录》均评估为近危（NT）。

【分布】夏候鸟，旅鸟。在内蒙古繁殖于乌兰察布市、呼和浩特市、包头市、巴彦淖尔市、鄂尔多斯市、乌海市、阿拉善盟，迁徙季节见于呼伦贝尔市、赤峰市、锡林郭勒盟。

国内繁殖于新疆、西藏南部，迁徙时途经甘肃、四川、云南等地，冬季见于山东、贵州及湖南。国外分布于欧洲西部、非洲北部和亚洲。

白眼潜鸭（雄性） 杨贵生 / 摄

白眼潜鸭（雄性）　杨贵生 / 摄

白眼潜鸭　杨贵生 / 摄

32. 凤头潜鸭　*Aythya fuligula*
Tufted Duck

【识别特征】体长约 45cm。虹膜鲜黄色。嘴灰色，尖端黑色。脚铅灰色。雄性除翼镜、腹及两胁白色外，全身大都黑色，头和颈闪紫色光泽，后头有长而下垂的羽冠。雌性头、颈、羽冠及上体黑褐色，腹部、两胁灰白色，杂有褐色横斑。幼鸟羽色与雌性成鸟相似。

【生态习性】栖息于湖泊、河流及其他开阔水面。善于游泳和潜水，可潜入水中数米以下觅食。主要食虾、软体动物、小鱼等，也食水生植物。繁殖期 5 ~ 7 月。营巢于湖边或湖心岛上距水不远的草丛或灌木丛中。巢为自然或挖掘的凹坑，内垫枯草茎、草叶和大量绒羽。每窝产卵 6 ~ 14 枚。卵灰绿色，大小 60mm×43mm。雌性孵卵。孵化期 23 ~ 25 天。雏鸟早成性。

【保护级别】被列为中国"三有"保护动物。世界自然保护联盟（IUCN）和《中国脊椎动物红色名录》均评估为无危（LC）。

【分布】夏候鸟，旅鸟。在内蒙古繁殖于呼伦贝尔市，迁徙季节见于兴安盟、锡林郭勒盟、赤峰市、乌兰察布市、呼和浩特市、包头市、巴彦淖尔市、鄂尔多斯市、乌海市、阿拉善盟。

国内繁殖于黑龙江、吉林等地，迁徙时途经华北地区、西北地区、西藏等地，越冬于山东及长江以南地区。国外分布于欧亚大陆及北非。

凤头潜鸭（雄性）　杨贵生 / 摄

凤头潜鸭（雄性）　杨贵生 / 摄

凤头潜鸭　杨贵生 / 摄

33. 斑背潜鸭　*Aythya marila*
Greater Scaup

【识别特征】体长约 46cm。虹膜黄色。嘴蓝灰色。脚铅灰色。雄性头、颈、胸部黑色，具绿色金属光泽，腰和尾上下覆羽黑色，背、肩白色，具有细波浪状的黑色横纹，翼镜、腹部和两胁白色。雌性嘴基部有一宽的白环，头、背、肩暗褐色，胸、肩、背和两胁具鱼鳞状的斑纹。雄性亚成体和雌性成鸟相似，但嘴基部白环不明显。

【生态习性】在河流、湖泊、海湾、水塘和沼泽地带活动。善游泳和潜水，飞行速度快而有力，地面行走笨拙而缓慢。主要食甲壳类、软体动物和小鱼等水生动物，也食水草和植物种子。主要靠潜水取食，有时也在水面取食。巢建在水域或近湿地的草丛或灌丛中。巢由枯草筑成，内垫绒毛。每窝产卵 6 ~ 10 枚。卵灰橄榄色或褐色。雌性孵卵。雏鸟早成性，1 ~ 2 年性成熟。

【保护级别】被列为中国"三有"保护动物。世界自然保护联盟（IUCN）和《中国脊椎动物红色名录》均评估为无危（LC）。

【分布】旅鸟。在内蒙古迁徙季节见于呼伦贝尔市、赤峰市、锡林郭勒盟、鄂尔多斯市、巴彦淖尔市、乌海市、阿拉善盟。

国内迁徙季节途经吉林、辽宁、河北和山东等地，越冬于长江以南地区、东南沿海地区、广东、广西。国外分布于欧亚大陆北部和北美洲北部，越冬于欧洲西部沿海地区、亚洲南部。

斑背潜鸭（雌性）　王顺 / 摄

34. 丑鸭 *Histrionicus histrionicus* Harlequin Duck

【识别特征】体长约43cm。虹膜暗褐色。喙铅灰色。脚灰黑色。雄性自喙基到眼先和前额具一大块白斑，耳部有一小圆形白斑，其后有一条白色纵纹，颈部具有一狭长白纹，胸侧、两肩具白色条纹，尾下覆羽两侧具一白色小圆形斑，头两侧具有红色细纹，两胁具有大块栗红色斑，其余体色呈石板青色。雌性整体呈暗褐色，喙基到眼先为白色斑块，耳部具一白色圆形小斑点。

【生态习性】繁殖于山间溪流，越冬于多岩石的沿海水域。善潜水，但休息时多停栖于陆地和岩石上。主要食动物类食物。繁殖期6～8月。营巢于山涧溪流旁边的灌木丛或岩石缝隙中。每窝产卵4～8枚。卵乳白色。雌性孵卵。孵化期28～30天。雏鸟早成性。

【保护级别】被列为中国"三有"保护动物。世界自然保护联盟（IUCN）评估为无危（LC），《中国脊椎动物红色名录》评估为数据缺乏（DD）。

【分布】旅鸟。在内蒙古分布于赤峰市。

国内分布于东北地区、北京、河北、山东、陕西、湖南。国外分布于东北亚、丹麦（格陵兰岛）、冰岛、北美洲东北部和西北部，越冬于分布区的南部沿海地区。

丑鸭（左雌性，右雄性）　乌瑛嘎/绘

35. 斑脸海番鸭 *Melanitta fusca*
Velvet Scoter

【识别特征】体长约55cm。虹膜褐色。雄性嘴橘黄色，雌性嘴灰褐色。脚粉红色。雄性通体黑褐色，闪紫色金属光泽，嘴基部具黑色皮瘤，眼下有白斑，翼镜白色。雌性嘴基与眼后各有一白斑，翼镜白色，体羽棕褐色。幼鸟与雌性成鸟相似，但白斑不明显，体色较灰。

斑脸海番鸭（雌性） 杨贵生 / 摄

【生态习性】栖息于内陆河流、湖泊、水库及海滩。游泳时尾向上翘起，常频繁潜水。主要食甲壳类、贝类等水生动物，也食植物。繁殖期5～7月。通常营巢于距水域不远的有低矮树木或灌丛的草地上。巢由干草和绒羽筑成。每窝产卵6～10枚。卵乳白色。孵化期26～29天。雏鸟为早成鸟。

【保护级别】被列为中国"三有"保护动物，被列入内蒙古自治区重点保护陆生野生动物名录。世界自然保护联盟（IUCN）评估为无危（LC），《中国脊椎动物红色名录》评估为近危（NT）。

【分布】旅鸟。在内蒙古迁徙季节途经呼伦贝尔市、锡林郭勒盟、赤峰市、乌兰察布市、呼和浩特市、鄂尔多斯市。

国内迁徙时途经黑龙江、华北地区、华东地区等地，越冬于渤海湾。国外繁殖于欧亚大陆及北美洲苔原带以南的针叶林带，越冬于大西洋沿岸、太平洋沿岸。

斑脸海番鸭（左雄性，右雌性） 赵国君 / 摄

36. 黑海番鸭　*Melanitta americana*
Black Scoter

【识别特征】体长约 55cm。虹膜褐色。雄性嘴黑色，上嘴基部黄色；雌性嘴淡灰褐色。脚黑色。雄性通体黑色，头顶和后颈羽色较深，上背及胸侧羽端较浅。非繁殖羽上体呈浓黑褐色，头、颈侧缀褐白色。雌性通体暗褐色，颊、喉、颈侧灰白色；上体余部暗灰褐色，具灰白色端斑；胸腹部淡灰褐色，亦具白色端斑；尾下覆羽暗褐色。

【生态习性】繁殖期栖息于淡水湖泊、水塘及河流，非繁殖期主要栖息于沿海海面、海湾、河口，偶尔活动于内陆湖。喜集群。善游泳和潜水。通常贴近水面飞行，飞行快而有力。主要食水生昆虫、甲壳类、软体动物等，亦食水生植物。繁殖于北极和亚北极苔原带和苔原森林带。营巢于距离水域不远的草丛或灌丛。每窝产卵 6 ~ 10 枚。卵淡绿褐色或淡黄色。孵化期 30 ~ 31 天。雌性孵卵时，雄性成群到海上或巢附近水域换羽。

【保护级别】被列为中国"三有"保护动物。世界自然保护联盟（IUCN）评估为近危（NT），《中国脊椎动物红色名录》评估为数据缺乏（DD）。

【分布】旅鸟。在内蒙古迁徙季节见于兴安盟（阿尔山市）和鄂尔多斯市（桃力庙子海和阿日善音淖尔）。

国内迁徙季节见于黑龙江、山东、江苏、上海、重庆、福建、广东、香港。国外繁殖于俄罗斯（西伯利亚东北部），向东至美国（阿拉斯加州）和加拿大东北部；越冬于大西洋西岸及太平洋东岸。

黑海番鸭（雄性）　乌瑛嘎 / 绘

黑海番鸭（雌性）　乌瑛嘎 / 绘

37. 长尾鸭　*Clangula hyemalis*　Long-tailed Duck

【识别特征】体长 38 ~ 58cm。雌性虹膜褐色；雄性非繁殖羽虹膜棕褐色，繁殖期红色。喙铅灰色，尖端黑色。脚铅灰色。雄性尾特别长，除腹和眼斑为白色外，其余全为黑褐色。雌性较小，尾短，头淡黑褐色，具灰白色脸斑。雄性非繁殖羽头部白色，胸黑色，腹、下胁及尾下覆羽白色，嘴前段橙黄色，后段黑色。雌性非繁殖羽头、颈白色，头顶黑色，两颊有黑色斑块，胸以下白色。

【生态习性】栖息于沿海浅水区，少见于淡水中。飞行速度非常快，平均时速能达到80km/h。主要食软体动物和鱼类，夏季也吃昆虫。繁殖期5 ~ 7月。营巢于北极苔原的水塘和湖泊岸边地上。每窝产卵6 ~ 8枚。卵椭圆形，橄榄色或橄榄皮黄色。雌性孵卵，雄性在雌性开始孵卵后前往换羽地。孵化期23 ~ 26天。

【保护级别】被列为中国"三有"保护动物，被列入内蒙古自治区重点保护陆生野生动物名录。世界自然保护联盟（IUCN）评估为易危（VU），《中国脊椎动物红色名录》评估为濒危（EN）。

【分布】旅鸟。在内蒙古迁徙季节见于呼伦贝尔市、赤峰市和巴彦淖尔市。

国内迁徙季节见于东北、华北等地区，越冬于渤海沿岸及福建。国外繁殖于欧亚大陆北部及北美洲北部，在俄罗斯（勘察加半岛以东）、日本、朝鲜、韩国、西亚、欧洲西南部等地越冬。

长尾鸭　杨永昕 / 摄

38. 鹊鸭 *Bucephala clangula*
Common Goldeneye

【识别特征】体长约 46cm。虹膜金黄色。雄性嘴黑色，雌性嘴暗黑褐色。脚橙黄色。雄性头部黑色闪绿色光泽，颊部近嘴基处有一白色圆斑，上体黑色，翅上具大型白色纵带，下体白色。雌性体型稍小，头和颈褐色，颊无白斑，颈基部有污白色圆环，上体淡黑褐色，羽端灰白色。

鹊鸭（雄性）　杨贵生/摄

【生态习性】栖息于河流、水库及湖泊等水域。主要食水草及其种子，也食昆虫、蠕虫、甲壳类、小鱼、蛙等。繁殖期 5 ～ 7 月。营巢于靠近森林的湖泊、沼泽地的树洞中，有时也在芦苇丛中营巢。巢内垫有树韧皮纤维及绒羽。每窝产卵 6 ～ 12 枚。卵淡蓝绿色，大小 61mm×44mm。雌性孵卵。孵化期 29 ～ 30 天。雏鸟早成性。

【保护级别】被列为中国"三有"保护动物。世界自然保护联盟（IUCN）和《中国脊椎动物红色名录》均评估为无危（LC）。

【分布】夏候鸟，旅鸟。在内蒙古繁殖于大兴安岭地区，北至额尔古纳市永安山，南至兴安盟阿尔山市；迁徙季节见于兴安盟、赤峰市、锡林郭勒盟、乌兰察布市、包头市、呼和浩特市、巴彦淖尔市、鄂尔多斯市、乌海市、阿拉善盟。

国内繁殖于黑龙江西北部，迁徙时途经东北、华北等地区，越冬于东北东南部、西藏南部、云南及华北以南地区。国外分布于欧亚大陆及北美洲。

鹊鸭（雌性）　杨贵生 / 摄

鹊鸭　杨贵生 / 摄

鹊鸭（雌性与幼鸟）　杨贵生 / 摄

39. 斑头秋沙鸭 *Mergus albellus*
Smew

【识别特征】体长约41cm。雄性虹膜红色，雌性褐色。雄性嘴和跗跖沾灰色，雌性绿灰色。嘴边缘具锯齿。雄性繁殖羽额、头顶及颈部白色，具羽冠，从嘴基到眼先、颊部直至眼周为黑色，头侧有一大型黑斑，背黑色。雌性非繁殖羽和繁殖羽均为灰褐色，头顶至后颈栗色，颏喉部及前颈白色。

【生态习性】常栖息于湖泊、河流等淡水环境。飞行迅速、灵敏，善潜泳。主要食鱼、昆虫、螺类等。繁殖期5~7月。营巢于靠近水的树洞或其他洞穴中。巢用羽毛和苔藓筑成。每窝产卵6~9枚。卵呈卵圆形，大小52mm×37mm。雌性孵卵。雏鸟为早成鸟。

【保护级别】被列为中国国家二级重点保护野生动物。世界自然保护联盟（IUCN）和《中国脊椎动物红色名录》均评估为无危（LC）。

【分布】夏候鸟，旅鸟。在内蒙古繁殖于呼伦贝尔市，迁徙季节途经内蒙古各地。

国内越冬于新疆西部、华北地区、东北南部、长江中下游地区、东南沿海地区以及台湾等地。国外分布于欧亚大陆。

斑头秋沙鸭（雄性非繁殖羽）　杨贵生/摄

斑头秋沙鸭（雄性）　赵国君/摄

斑头秋沙鸭〔雄性（右1、3）和雌性（左1、2、4）〕　赵国君/摄

40. 普通秋沙鸭 *Mergus merganser*
Goosander

【识别特征】体长约61cm。虹膜暗褐色。嘴细而尖，粉红色。脚肉红色。雄性头、上颈及羽冠黑色，具绿色金属光泽，下颈、胸和腹部白色，背部黑色。雌性头、上颈及冠羽棕褐色，下颏和前胸白色，背灰黑色。幼鸟似雌性成鸟，喉部白色延伸至胸部。

【生态习性】栖息于湖泊、池塘、水库等开阔水域。善潜水。飞行迅速。主要食鱼类，也吃其他水生动物、小哺乳动物、鸟类及植物等。繁殖期5～7月。通常营巢于紧靠水边的天然树洞或其他洞穴中，也在岸边岩石缝隙、草丛中营巢。每窝产卵8～13枚。卵乳白色，大小65mm×44mm。雌性孵卵。孵化期32～35天。雏鸟为早成鸟。

【保护级别】被列为中国"三有"保护动物。世界自然保护联盟（IUCN）和《中国脊椎动物红色名录》均评估为无危（LC）。

【分布】夏候鸟，旅鸟。在内蒙古繁殖于呼伦贝尔市、兴安盟，迁徙季节见于赤峰市、锡林郭勒盟、乌兰察布市、包头市、巴彦淖尔市、鄂尔多斯市、乌海市、阿拉善盟。

国内在黑龙江、吉林、新疆、青海、西藏东南部为繁殖鸟或旅鸟。国外繁殖于俄罗斯（西伯利亚地区）、欧洲北部、北美洲北部，在繁殖地以南越冬。

普通秋沙鸭〔雌性（左1、4）和雄性（左2、3）〕　杨贵生/摄

普通秋沙鸭（左雌性，右雄性） 杨贵生 / 摄

普通秋沙鸭（左雄性，右雌性） 杨贵生 / 摄

41. 红胸秋沙鸭　*Mergus serrator*　Red-breasted Merganser

【识别特征】体长约 55cm。虹膜雄性红色，雌性红褐色。嘴红色，嘴峰和嘴甲黑色。脚红色。雄性头、枕冠和上颈暗绿色，有金属光泽，下颈前部和颈侧白色，形成白色半环，下颈及前胸锈红色，后胸及腹部白色，两胁有细密灰色波状纹，背黑色，尾羽灰褐色；外侧肩羽黑色，间有白色斑纹，于颈侧基部形成大型黑白花斑。雌性头棕褐色，上体灰褐色，下体白色，翼镜白色。

【生态习性】喜栖息于水域。善游泳和潜水。主要食小型鱼类、昆虫等水生动物和植物。将头潜入水中获取食物，有时也在水面取食。营巢于草丛、灌丛、树洞和岩石缝隙中，内垫羽毛和绒羽。每窝产卵 5 ~ 11 枚。孵化期 26 ~ 28 天。雏鸟早成性，2 年达性成熟。

【保护级别】被列为中国"三有"保护动物。世界自然保护联盟（IUCN）和《中国脊椎动物红色名录》均评估为无危（LC）。

【分布】夏候鸟，旅鸟。在内蒙古繁殖于呼伦贝尔市，迁徙季节见于兴安盟、锡林郭勒盟、赤峰市、巴彦淖尔市等地。

国内繁殖于黑龙江、吉林，迁徙时经过国内大部分地区，越冬于东部和南部沿海地区。国外繁殖于欧亚大陆和北美洲北部，在丹麦（格陵兰岛南部）及欧亚大陆温带沿海地区越冬。

红胸秋沙鸭（左雄性，右雌性）　赵国君 / 摄

42. 中华秋沙鸭 *Mergus squamatus*
Chinese Merganser

【识别特征】体长约 60cm。虹膜褐色。嘴红色。跗跖红色。雄性头、羽冠和上颈黑色，具绿色金属光泽；冠羽长，末端尖细而彼此分散；上背、内侧肩羽黑色；翅上有一大型白斑，白斑中有 2 条黑纹；翼镜白色；下体白色，两胁具黑灰色双层套叠的鳞状斑。雌性头、羽冠和上颈棕褐色；眼先暗褐色，向后延伸成贯眼纹；羽冠较雄性短；前颈下部污灰色；胸、腹和尾下覆羽白色，两胁和胸侧有黑灰色鳞状斑。

【生态习性】喜栖息于水域。善游泳、潜水和飞行。主要食鱼类和昆虫。主要靠潜水取食。营巢于树洞中。每窝产卵 10 枚左右。卵白色，无斑。雌性孵卵。孵化期约 35 天。雏鸟早成性。

【保护级别】被列为中国国家一级重点保护野生动物。世界自然保护联盟（IUCN）和《中国脊椎动物红色名录》均评估为濒危（EN）。

【分布】夏候鸟，旅鸟。在内蒙古繁殖于呼伦贝尔市，迁徙季节途经赤峰市。

国内繁殖于长白山、小兴安岭和大兴安岭，越冬于贵州、四川、湖南、湖北、安徽、江苏、广东、福建、山东等地和长江流域。国外繁殖于俄罗斯（与中国黑龙江、内蒙古接壤的较小区域内）、朝鲜北部。

中华秋沙鸭（左雌性，右雄性）　何超 / 摄

43. 白头硬尾鸭 *Oxyura leucocephala*
White-headed Duck

【**识别特征**】体长约 43cm。虹膜黄色。雄性嘴蓝灰色，嘴基膨大；雌性嘴蓝褐色，嘴基膨大较小。脚灰色。体肥胖。头大、颈短。尾长，尾羽尖而硬。雄性头白色，头顶和枕部黑褐色，体羽棕褐色，尾部栗褐色。雌性头顶、枕部和后颈灰褐色，上脸黑色，下脸白色，眼下有一白纹延伸至后枕，体羽颜色较雄性暗。

【**生态习性**】栖于海湾、湖泊。繁殖期常栖息于挺水植物丰富的淡水湖泊中。较少飞行。起飞时，须在水面助跑一段距离。善游泳和潜水。游泳时尾常垂直竖起。遇危险时潜水逃离或隐藏于苇丛中。繁殖期 6 ~ 7 月。营巢于芦苇地。每窝产卵 5 ~ 7 枚。

【**保护级别**】被列为中国国家一级重点保护野生动物，被列入《濒危野生动植物种国际贸易公约》（CITES）附录 II。世界自然保护联盟（IUCN）评估为濒危（EN），《中国脊椎动物红色名录》评估为极危（CR）。

【**分布**】旅鸟。在内蒙古迁徙季节途经鄂尔多斯市。

国内繁殖于新疆西北部，在湖北洪湖有记录。国外分布于欧洲东南部、亚洲中部和西部、非洲西北部。

白头硬尾鸭（左、中雄性，右雌性） 乌瑛嘎 / 绘

䴙䴘目
PODICIPEDIFORMES

　　中、小型游禽，生活于淡水环境。嘴尖直，眼先裸露。尾极短，由绒羽构成。体呈流线形，善游泳和潜水，很少上陆。跗跖侧扁，足具瓣蹼，各趾骨均可转动，内侧蹼瓣宽且至边缘渐薄。划水时前三趾由于水的阻力发生转动，成螺旋桨状推动身体前行。主要食鱼、水生无脊椎动物，也食少量水草，大多有食羽毛行为。一雄一雌制，雌雄均有求偶炫耀行为。大多在挺水植物稀疏的小水面营浮巢。每窝产卵 2 ～ 7 枚。孵化期 20 ～ 30 天。亲鸟离巢时将水草或绒羽盖于卵上，以防御天敌和保温。雏鸟早成性。

　　全世界有 1 科 6 属 20 种。中国有 2 属 5 种，内蒙古均有分布。

䴙䴘科 Podicipedidae

1. 小䴙䴘　*Tachybaptus ruficollis*
Little Grebe

【识别特征】体长约 27cm。虹膜黄色。嘴黑色，嘴角具黄斑。脚蓝灰色。繁殖羽颊、耳羽、颈侧至下喉红栗色，上体黑褐色，下体淡褐色。非繁殖羽喉白色，上体灰褐色，下体白色。幼鸟头、颈部为黑、白、红褐色相间的花纹。

【生态习性】栖息于湖泊、池塘和沼泽。善潜水。受惊后，能潜入水中数分钟。主要食鱼、虾、昆虫，也食水草和羽毛。繁殖期 5～7 月。营巢于有水生植物的湖泊。用芦苇、蒲草和水草筑水面浮巢。每窝产卵 4～6 枚。卵绿白色，大小 35mm×25mm。雌雄轮流孵卵。孵化期 19～23 天。雏鸟为早成鸟。

【保护级别】被列为中国"三有"保护动物。世界自然保护联盟（IUCN）和《中国脊椎动物红色名录》均评估为无危（LC）。

【分布】夏候鸟。繁殖于内蒙古各地。

国内繁殖于黑龙江、吉林、辽宁、甘肃、新疆、四川、云南、西藏、广东、海南及台湾等地。国外分布于欧洲、亚洲和非洲。

小䴙䴘（繁殖羽）　杨贵生 / 摄

小鸊鷉（非繁殖羽）　杨贵生 / 摄

小鸊鷉（亚成体）　杨贵生 / 摄

2. 赤颈䴙䴘 *Podiceps grisegena*
Red-necked Grebe

【识别特征】体长约 45cm。虹膜黑褐色。嘴前部黑色，后部黄色。脚黑色。繁殖羽头顶黑色，头顶两侧羽毛延长形成短的黑色羽冠；后颈和背部灰褐色，尾羽黑色；颊和喉灰白色，前颈、颈侧和上胸棕红色，下胸、腹部银灰色。非繁殖羽额和头顶黑色，后颈和上体暗褐色，具灰褐色羽缘；颊部淡灰褐色，头侧和喉白色，前颈和颈侧淡灰色，胸腹部白色。

赤颈䴙䴘（成鸟和幼鸟） 王顺 / 摄

【生态习性】主要栖息于内陆湖泊。善游泳和潜水。受惊时，多潜入水中，能在水中停留几分钟。潜入水中取食。在远离岸边的水中活动或休息，一般不在陆地活动。主要食水栖昆虫及其幼虫、小虾、软体动物、甲壳类、鱼等，也吃一些水生植物。繁殖期 4 ~ 8 月。主要在芦苇、香蒲多的淡水湖泊和草原、沙地中的水泡中营巢。巢由水生植物堆集而成，呈台状，常位于芦苇或蒲草丛间，属水面浮巢。每窝产卵 2 ~ 6 枚。卵蓝绿色，孵化后期变为锈褐色。孵化期 21 ~ 23 天。2 年左右性成熟。

【保护级别】被列为中国国家二级重点保护野生动物。世界自然保护联盟（IUCN）评估为无危（LC），《中国脊椎动物红色名录》评估为近危（NT）。

【分布】夏候鸟，旅鸟。在内蒙古呼伦贝尔市、兴安盟、赤峰市、锡林郭勒盟为夏候鸟，在鄂尔多斯高原为旅鸟。

国内繁殖于黑龙江(齐齐哈尔市)，在河北、福建、广东越冬，迁徙时经过吉林和辽宁。国外分布于欧洲、亚洲西南部和东部、非洲北部海岸和北美洲。

赤颈䴙䴘（繁殖羽） 王顺 / 摄

3. 凤头鹏鹏　*Podiceps cristatus*　Great Crested Grebe

【识别特征】体长约 55cm。虹膜橙黄色。嘴暗褐色。脚石板青色。繁殖羽眼先、颊、眉纹、耳羽、颏和上喉均白色，羽冠黑色，颈上部具皱领，上体背腰部黑褐色，下体大部分银白色。非繁殖羽色较暗，上体暗黑褐色，羽冠不明显，皱领消失。幼鸟头部具黑白相间的条纹，胸腹部白色。

【生态习性】栖息于湖泊、河流、池塘等各种水域中。极善潜水。受惊后多潜水逃遁。主要食水生昆虫、虾、水草等，也捡食羽毛。繁殖期 5 ~ 7月。巢多筑在距明水面 5 ~ 10m 远的蒲丛间。用苇秆、蒲草和水草筑水面浮巢。每窝产卵 3 ~ 5 枚。卵白色，几日后变成枯黄色，大小 55mm×36mm。雌雄轮流孵卵。雏鸟为早成鸟。

【保护级别】被列为中国"三有"保护动物。世界自然保护联盟（IUCN）和《中国脊椎动物红色名录》均评估为无危（LC）。

【分布】夏候鸟。繁殖季节见于内蒙古各地。国内繁殖于河北、东北地区、西北地区、西藏南部，越冬于长江以南地区。国外分布于挪威、瑞典南部、芬兰和俄罗斯等地。

凤头鹏鹏（繁殖羽）　杨贵生 / 摄

背负幼鸟的凤头鹏鹏　杨贵生 / 摄

凤头鹏鹏（非繁殖羽）　杨贵生 / 摄

凤头䴙䴘（孵卵）　杨贵生 / 摄

凤头䴙䴘（求偶）　杨贵生 / 摄

凤头鹏鹏（潜水捕食）　杨贵生 / 摄

凤头鹏鹏（翻卵）　杨贵生 / 摄

凤头鹏鹏（成鸟繁殖羽和幼鸟）　杨贵生 / 摄

4. 角䴙䴘　*Podiceps auritus*
Horned Grebe

【识别特征】体长约 35cm。虹膜红色。嘴黑色，先端黄色。脚黄灰色。繁殖羽头、后颈和背黑色，前颈、上胸和体侧栗红色；眼后有一簇金黄色饰羽，一直伸至头顶，似"角"。非繁殖羽头顶、后颈和背黑褐色，下体白色，眼后无金黄色饰羽。

角䴙䴘（繁殖羽）　赵国君 / 摄

【生态习性】栖息于淡水湖泊、河流、沼泽地。善游泳和潜水。繁殖季节单只或成对活动，非繁殖季节多成小群活动。主要食鱼、节肢动物以及蛙、蝌蚪、软体动物等，也食少量水生植物。繁殖期 4 ~ 7 月。多在富有水生植物的湖泊中营巢。巢多属浮巢，由水生植物堆集成台状。每窝产卵 4 ~ 5 枚。卵长卵圆形，淡白色，孵化后颜色逐渐变深。雌雄共同孵卵，但以雌性为主。孵化期 22 ~ 25 天。雏鸟 50 ~ 60 天后可以飞翔，性成熟大约需 2 年。

【保护级别】被列为中国国家二级重点保护野生动物。世界自然保护联盟（IUCN）评估为易危（VU），《中国脊椎动物红色名录》评估为近危（NT）。

【分布】夏候鸟，旅鸟。在内蒙古繁殖于阿拉善盟，迁徙季节见于呼伦贝尔市、锡林郭勒盟、赤峰市和鄂尔多斯市。

国内繁殖于新疆（天山西部），迁徙季节见于黑龙江、吉林、辽宁、山东、河北、河南等地，在长江下游地区、福建至台湾越冬。国外分布于欧亚大陆中部和北美洲北部。

角䴙䴘（繁殖羽）　赵国君 / 摄

5. 黑颈鹏鹏　*Podiceps nigricollis*　Black-necked Grebe

【识别特征】体长约 30cm。虹膜橙红色。嘴和脚黑色。繁殖羽头、颈和前胸暗黑褐色，眼后头侧具有亮金黄色丛状长羽。非繁殖羽颊和上喉白色，前颈和颈侧淡褐色，下体余部白色。幼鸟颊和喉部白色，前颈、上胸暗灰色。

【生态习性】栖息于湖边沼泽和明水。活动时频繁潜水。主要食昆虫及其幼虫、羽毛、水草等。繁殖期 4 ~ 7 月。巢筑在苇丛间的水面上，由水生植物堆集成水面浮巢。每窝产卵 2 ~ 8 枚，通常 3 ~ 4 枚。卵白色，大小 42mm×29mm。雌雄轮流孵卵。孵化期 19 ~ 21 天。雏鸟为早成鸟。

【保护级别】被列为中国国家二级重点保护野生动物。世界自然保护联盟（IUCN）和《中国脊椎动物红色名录》均评估为无危（LC）。

【分布】夏候鸟。繁殖于内蒙古各地。

国内繁殖于东北地区和新疆西北部，迁徙时途经东北南部、华北、华东及西北地区，越冬于福建、广东及西南地区。国外分布于英国、丹麦、瑞典南部和波罗的海。

黑颈鹏鹏及其水面浮巢　杨贵生 / 摄

黑颈䴙䴘　杨贵生 / 摄

黑颈䴙䴘（非繁殖羽）　杨贵生 / 摄

红鹳目
PHOENICOPTERIFORMES

　　大型涉禽。雌雄羽色相似。颈和脚特长。嘴基高且厚，自中部急剧向下弯曲。嘴缘具栉板，用以滤食藻类。舌为肉质，很发达。趾较短，4趾（仅Phoenicoparrus属后趾退化），向前3趾间具蹼。翅长。尾短，尾羽14枚。栖息于湖泊、沼泽等水域。多集大群活动，常在开阔水域浅水处涉水步行。取食水生植物、鱼、蛙、贝类和藻类等。营巢于水边地上。常集群营巢，且规模甚大。卵苍白色，刚产出的卵有时淡蓝色。每窝产卵1枚。雌雄共同孵卵。孵化期27～31天。雏鸟早成性。

　　全世界共计1科3属6种。分布于除澳大利亚和南极外的世界各地。中国境内记录到1种，内蒙古有分布。

红鹳科 Phoenicopteridae

1. 大红鹳 *Phoenicopterus roseus* Greater Flamingo

【识别特征】体长 120 ~ 140cm。虹膜金黄色。嘴基部粉色，端部黑色。嘴形粗壮，前端下弯。脚粉色。颈长、腿长。体羽白色，飞羽黑色，翼上覆羽粉红色。幼鸟羽毛褐色，下体和尾部沾粉色。

【生态习性】主要栖息于盐水湖泊、盐田、海滩、海岸等浅水湿地。喜集群活动。主要吃小型软体动物、甲壳类、环节动物和昆虫等水生动物。觅食时通常将头和颈频频伸入水中，边走边用嘴在水中左右扫动，以滤食无脊椎动物。一雄一雌制。在浅的咸水湖泊及沼泽岸边泥滩上营群巢。通常每窝产卵 1 枚，偶尔 2 枚。孵化期 27 ~ 31 天。育雏期 65 ~ 90 天。4 ~ 6 年性成熟。

【保护级别】被列为中国"三有"保护动物，被列入内蒙古自治区重点保护陆生野生动物名录，被列入《濒危野生动植物种国际贸易公约》（CITES）附录 II。世界自然保护联盟（IUCN）评估为无危（LC），《中国脊椎动物红色名录》评估为数据缺乏（DD）。

【分布】旅鸟。在内蒙古分布于鄂尔多斯市、巴彦淖尔市和阿拉善盟。

国内分布于新疆、青海、宁夏、河北、北京、江苏、湖南等地。国外分布于欧亚大陆、非洲。

大红鹳　张砾 / 摄

大红鹳　杨贵生 / 摄

大红鹳　孙孟和 / 摄

鹤形目
GRUIFORMES

　　小至大型涉禽。两性相似。一般嘴和腿较长。脚有 4 趾，但后趾退化而且位置较前三趾高，不适于握持；有的 4 趾均长，或具瓣蹼，适于在沼泽和沉水植物上活动。多在地面、沼泽草丛中筑巢。每窝产卵 3 ～ 5 枚。雏鸟早成性。

　　全世界计有 6 科 56 属 189 种。中国有 2 科 13 属 29 种。内蒙古有 2 科 8 属 16 种。

秧鸡科 Rallidae

1. 花田鸡 *Coturnicops exquisitus*
Swinhoe's Rail

【识别特征】体长约 14cm。虹膜褐色。嘴和脚黄褐色。上体褐色，具细窄的白色横斑。前额、头顶、上颈驼色，具细小白色斑点。初级飞羽褐色，次级飞羽白色，飞行时显露出明显的白斑。颏、喉和胸银灰色。腹白色，两胁和尾下覆羽暗褐色，具白色横斑。

【生态习性】常单独活动于沼泽附近草丛中。多在黎明和傍晚活动。主要食水生昆虫、藻类、贝类。繁殖期 5 ~ 7 月。营巢于近水边草丛中。每窝产卵 6 枚。卵粉红黄色，具红棕色和淡紫斑点，大小 28mm×20mm。

【保护级别】被列为中国国家二级重点保护野生动物。世界自然保护联盟（IUCN）和《中国脊椎动物红色名录》均评估为易危（VU）。

【分布】夏候鸟。在内蒙古见于呼伦贝尔市、兴安盟。

国内在黑龙江、吉林为繁殖鸟，在辽宁、河北、山东和长江流域为旅鸟，在福建、广东等地越冬。国外繁殖于俄罗斯（贝加尔湖及远东地区），越冬于朝鲜和日本。

花田鸡　乌瑛嘎 / 绘

2. 西秧鸡 *Rallus aquaticus* Water Rail

【识别特征】体长约 28cm。上嘴黑褐色，下嘴红色。脚褐色。雄性上体羽色较普通秧鸡淡，为棕褐色，羽干纹黑褐色；贯眼纹暗褐色，仅在眼先明显，在眼后模糊；眉纹深灰色，与脸、颈侧、胸腹部的深灰色相连；颏、喉污白色，腹和两胁有黑褐色与白色相间的横斑；尾下覆羽白色。雌性羽色与雄性相似，但羽色暗淡，颏污白色，喉、胸深灰色。

西殃鸡　王志芳 / 摄

【生态习性】栖息于湖泊及水流缓慢的河流岸边、沼泽地的芦苇丛、草丛及稻田。常单独活动，见人迅速逃匿。在晨昏和夜间觅食。主要食昆虫、蜘蛛、软体动物及植物的茎、叶、种子等。繁殖期 5 ～ 6 月。营巢于湖泊、水塘岸边的芦苇丛中，或水边的灌丛下。巢浅杯状，巢材主要是芦苇及其他草的茎叶。每窝产卵 5 ～ 7 枚。卵大小 34mm×26mm。雌雄轮流孵卵。孵化期 19 ～ 21 天。雏鸟早成性，1 年性成熟。

【保护级别】世界自然保护联盟（IUCN）评估为无危（LC）。

【分布】在内蒙古分布于阿拉善盟阿拉善左旗（王志芳，2021）。

国内繁殖于新疆、甘肃西北部、青海东部、四川西南部，偶见于辽宁、天津、北京、山东、江苏、上海、浙江、香港、台湾。国外繁殖于亚洲东南部和中部，越冬于亚洲南部和西南部。

西殃鸡　王志芳 / 摄

3. 普通秧鸡　*Rallus indicus*　Brown-cheeked Rail

【识别特征】体长约 29cm。虹膜红褐色。上嘴黑褐色，下嘴红色。脚褐色。雄性上体背、肩、腰、尾上覆羽橄榄褐色，具有黑色纵斑；眉纹灰白色，贯眼纹灰褐色；颏、喉几为白色；胸灰褐色；腹和两胁有黑褐色与白色相间的横斑；尾下覆羽黑色，具显著白色横斑。雌性羽色与雄性相似，稍显暗淡。

普通秧鸡　王顺 / 摄

【生态习性】多栖息于湖岸边与沼泽湿地的芦苇丛及草丛中，也出现于林缘和疏林沼泽地。常单个或成对活动。不善飞，受惊时多蹲伏或迅速在草丛中穿跑。在晨昏和夜间觅食。主要食昆虫、小鱼、甲壳类、软体动物等，也食植物果实、种子等。繁殖期 5 ~ 7 月。通常营巢于湖泊、水塘或河流的岸边草丛和芦苇丛，也在沼泽地上营巢。巢盘状，由枯草、茎叶筑成。每窝产卵 6 ~ 11 枚。卵大小 35mm×26mm。雌雄轮流孵卵。孵化期 19 ~ 22 天。雏鸟早成性，1 年性成熟。

【保护级别】被列为中国"三有"保护动物。世界自然保护联盟（IUCN）和《中国脊椎动物红色名录》均评估为无危（LC）。

【分布】夏候鸟，旅鸟。在内蒙古呼伦贝尔市、兴安盟、赤峰市、锡林郭勒盟、阿拉善盟为夏候鸟，在包头市、巴彦淖尔市、鄂尔多斯市为旅鸟。

国内在黑龙江、吉林、辽宁及河北为繁殖鸟或旅鸟，在浙江、湖北、福建、广东、台湾等地为冬候鸟。国外繁殖于欧洲、非洲西北部、亚洲，越冬于非洲北部、中南半岛、日本。

普通秧鸡　王顺 / 摄

4. 小田鸡　*Zapornia pusilla*
Baillon's Crake

【识别特征】体长约18cm。虹膜红褐色。嘴绿黑色，脚偏粉色。上体羽橄榄褐色，背、两肩及尾上覆羽具有较宽阔的黑色中央纹并杂有不规则的斑纹。两翅覆羽橄榄褐色。自额基到后颈有一蓝灰色眉纹，贯眼纹棕褐色。颏、喉灰白色，喉两侧、胸蓝灰色。两胁、腹侧、尾下覆羽具白色横斑。

小田鸡　王顺 / 摄

【生态习性】栖息于芦苇丛、近水的草丛及灌丛，有时也出现于水稻田及其附近的草丛中。常单独活动。多隐蔽于芦苇或蒲草丛中而不易见到。主要食昆虫、虾、环节动物、软体动物、小鱼、蜥蜴等，也食植物和种子。繁殖期5~7月。雌雄共同营巢。通常在近水边的草丛或灌丛基部营巢。巢碗状，材料为干芦苇、枯草、水草等。每窝产卵6~9枚。

【保护级别】被列为中国"三有"保护动物。世界自然保护联盟（IUCN）和《中国脊椎动物红色名录》均评估为无危（LC）。

【分布】夏候鸟。在内蒙古繁殖于呼伦贝尔市、赤峰市、锡林郭勒盟、呼和浩特市、包头市、巴彦淖尔市、鄂尔多斯市、阿拉善盟。

国内繁殖于新疆西部、东北地区、陕西、河北、河南，在广东沿海地区越冬。国外在欧洲和亚洲的温带地区为夏候鸟，在非洲南部和澳大利亚、新西兰为留鸟。

小田鸡　王顺 / 摄

5. 红胸田鸡 *Zapornia fusca*
Ruddy-brested Crake

【识别特征】体长约 20cm。虹膜红色。喙褐色。脚红色。头顶后部和上体褐色，头侧和胸部深棕红色，腹部及尾下近黑色并具白色细横纹。幼鸟上体较成鸟褐色更重；头侧、胸和上腹栗红色，沾灰白色；下腹和两胁淡灰褐色，具稀疏的白色斑点。

【生态习性】栖息于湖、河岸边、沼泽和沿海滩涂。主要食水生昆虫、软体动物以及水生植物。常在黎明、黄昏和夜间活动。繁殖期 3 ~ 7 月。营巢于水边草丛和灌丛中地上。每窝产卵 5 ~ 9 枚。卵淡粉色或乳白色，被红褐色斑点，大小 34mm×24mm。雌雄轮流孵卵。

【保护级别】被列为中国"三有"保护动物，被列入内蒙古自治区重点保护陆生野生动物名录。世界自然保护联盟（IUCN）评估为无危（LC），《中国脊椎动物红色名录》评估为近危（NT）。

【分布】夏候鸟。在内蒙古分布于锡林郭勒盟、巴彦淖尔市。
国内见于各省区。国外繁殖于印度次大陆、东亚、大巽他群岛。

红胸田鸡 林清贤 / 摄

6. 斑胁田鸡 *Zapornia paykullii*
Band-bellied Crake

【识别特征】体长约 25cm。虹膜血红色。嘴黑褐色，嘴缘浅黄色。脚和趾暗红色。上体棕褐色，翅上覆羽具白色波浪形横斑。颏喉灰白色，额、头侧、颈侧、前胸栗色，下胸、腹、两胁具黑褐色和白色相间的横斑。

【生态习性】栖息于沼泽湿地和水边草丛。晨昏时活动较为频繁。主要食昆虫、水生动物及水藻等。繁殖期 5 ～ 7 月。在水草丛或近水的草地上营巢。巢浅盘状，内垫草茎和草叶。每窝产卵 5 ～ 9 枚。卵浅黄褐色，具白色斑。

【保护级别】被列为中国国家二级重点保护野生动物。世界自然保护联盟（IUCN）评估为近危（NT），《中国脊椎动物红色名录》评估为易危（VU）。

【分布】旅鸟。在内蒙古见于鄂尔多斯市（伊金霍洛旗）。

国内繁殖于黑龙江、吉林、辽宁、河北及河南北部，迁徙期间途经山东、江苏、湖南、福建、广东、广西和香港。国外繁殖于俄罗斯（西伯利亚东南部）、朝鲜，越冬于马来半岛和印度尼西亚。

斑胁田鸡　林清贤 / 摄

7. 白胸苦恶鸟　*Amaurornis phoenicurus*
White-breasted Waterhen

【识别特征】体长约 30cm。虹膜红色。嘴黄绿色，嘴基红色。脚黄色。头顶、枕、后颈、背、肩石板灰色，腰和尾上覆羽橄榄灰色，两翅和尾黑褐色。前额、两颊、脸、颏、喉、前颈、胸和腹白色，两胁石板灰色，肛周和尾下覆羽棕红色。

【生态习性】栖息于溪流、水塘和湖边沼泽，也出现于水域附近的灌丛、疏林中。常单独或成对活动。多在清晨、黄昏时活动。主要食昆虫、蜘蛛等。繁殖期 4 ~ 7 月。营巢于水边草丛或灌丛中。每窝产卵 4 ~ 8 枚。卵白色或皮黄白色，大小 40mm×30mm。雌雄轮流孵卵。

【保护级别】被列为中国"三有"保护动物。世界自然保护联盟（IUCN）和《中国脊椎动物红色名录》均评估为无危（LC）。

【分布】夏候鸟。在内蒙古分布于赤峰市、锡林郭勒盟、鄂尔多斯市和阿拉善盟。

国内分布于广东、广西、福建、云南、贵州、四川、长江流域，南至香港、台湾、海南（海南岛和西沙群岛），北至陕西和河南南部，偶见于山西、山东、河北。国外分布于印度、缅甸、泰国、印度尼西亚。

白胸苦恶鸟　赵国君 / 摄

8. 董鸡　*Gallicrex cinerea*
Water Cock

【识别特征】体长约 36cm。雄性虹膜红色，雌性淡褐色。嘴黄绿色。脚绿色。雄性繁殖羽具红色尖形角状额甲；体羽暗褐色，具浅褐色羽缘；胸腹部黑褐色，具白色羽缘；尾下覆羽具黄白色横纹。雌性无额甲，体羽黄褐色，具黑褐色斑。

【生态习性】栖息于水域附近芦苇丛、灌木丛、湖边草丛。常成对活动。白天隐匿于灌丛中，清晨和黄昏时出来觅食。主要食小型水生动物和昆虫，也食植物嫩芽、草籽、谷物等。繁殖期 5 ～ 6 月。筑巢于草丛、灌丛。巢材主要是枯草茎、苇叶等。每窝产卵 3 ～ 10 枚，通常 3 ～ 6 枚。卵淡粉红色，缀红褐色或紫色斑，大小 42mm×31mm。

【保护级别】被列为中国"三有"保护动物，被列入内蒙古自治区重点保护陆生野生动物名录。世界自然保护联盟（IUCN）和《中国脊椎动物红色名录》均评估为无危（LC）。

【分布】夏候鸟。在内蒙古分布于鄂尔多斯市乌审旗、伊金霍洛旗。

国内分布于吉林、辽宁、河北，西至陕西南部、四川西南部、贵州和云南，南到福建、广东、广西、海南、香港和台湾。国外分布于印度、缅甸、泰国、日本、朝鲜。

董鸡　李剑志 / 摄

9. 黑水鸡 *Gallinula chloropus* Common Moorhen

【识别特征】体长约33cm。虹膜赤色。嘴黄色，嘴基和额板鲜红色。脚黄绿色。全身黑色。头、颈、胸黑色，略沾紫色。两胁上部具有一白色纵纹。尾下覆羽中央黑色，两侧白色。

【生态习性】栖息于沼泽、湖泊、草甸、水库、溪沟及稻田。善游泳和潜水，能在水下潜游十几米。主要食蠕虫、软体动物、蜘蛛、水生昆虫、水生植物及其种子。4月下旬开始营巢繁殖。巢筑在芦苇丛中，主要用枯芦苇和蒲草筑成。每窝产卵5～8枚。卵污白色，杂有不规则红褐色斑点，钝端斑点稍大而密，大小42mm×30mm。雌雄共同孵卵。孵化期20天左右。雏鸟为早成鸟。

黑水鸡　杨贵生 / 摄

【保护级别】被列为中国"三有"保护动物。世界自然保护联盟（IUCN）和《中国脊椎动物红色名录》均评估为无危（LC）。

【分布】夏候鸟。在内蒙古分布于通辽市、赤峰市、锡林郭勒盟、乌兰察布市、呼和浩特市、包头市、巴彦淖尔市、鄂尔多斯市、乌海市、阿拉善盟。

国内繁殖于新疆、东北东南部，南至长江以北地区；越冬于长江以南地区。国外分布于欧亚大陆、非洲、北美洲及南美洲。

黑水鸡　杨贵生 / 摄

黑水鸡（幼鸟）　杨贵生 / 摄

黑水鸡（幼鸟）　王彤 / 摄

黑水鸡　杨贵生 / 摄

10. 白骨顶　*Fulica atra*
Common Coot

【识别特征】体长约 42cm。虹膜红褐色。嘴和额板白色。脚橄榄绿色。全身近黑色。繁殖羽头、颈部黑色，背、肩部石板黑色，飞羽黑褐色，下体羽浅石板黑色，尾下覆羽黑色。幼鸟头顶黑褐色，杂有白色细纹，上体余部黑色稍沾棕褐色。

【生态习性】栖息于水草丰富的池塘、水库、湖泊等开阔水面。善于游泳和潜水。主要食植物。繁殖期 4 ~ 7 月。巢大多筑在距明水 3 ~ 15m 的苇地或蒲草地边缘，或是苇地里的小水坑中。在苇茬间以苇秆和蒲草为基础，堆些小段芦苇筑成盘状巢，巢内垫有苇叶或蒲叶。每窝产卵 10 ~ 13 枚。卵灰白色或青灰色，具褐色斑点，大小 53mm×36mm。孵化期 21 ~ 23 天。雏鸟为早成鸟。

【保护级别】被列为中国"三有"保护动物。世界自然保护联盟（IUCN）和《中国脊椎动物红色名录》均评估为无危（LC）。

【分布】夏候鸟。分布于内蒙古各地。

国内繁殖于新疆、青海、宁夏、甘肃、陕西、华北和东北地区，南至黄河下游，在长江以南地区为冬候鸟。国外分布于非洲西北部、欧亚大陆至澳大利亚。

白骨顶　杨贵生 / 摄

白骨顶　杨贵生 / 摄

白骨顶　杨贵生 / 摄

白骨顶（幼鸟）　杨贵生 / 摄

白骨顶（成鸟与雏鸟）　杨贵生 / 摄

白骨顶（巢和卵）　杨贵生 / 摄

白骨顶（幼鸟）　杨贵生 / 摄

鹤科 Gruidae

11. 白鹤
Grus leucogeranus
Great White Crane

【识别特征】体长约 135cm。虹膜棕黄色。嘴、脚暗红色。雌雄相似。前额、嘴基及眼周皮肤裸露无羽，鲜红色。体羽白色。初级飞羽黑色，次级飞羽和三级飞羽白色，三级飞羽弯曲下垂覆盖于尾上。

【生态习性】栖息于苔原和大的湖泊岸边及浅水沼泽。冬季也活动于江河附近的浅水区域、人工水域和稻田等环境。常成对，或集成家族群或百只大群在湖边、沼泽地觅食。飞行时常呈"一"字形或"人"字形。主要食根、茎、种子、嫩芽等植物，也食昆虫、鱼、软体动物、甲壳类等动物。一般在水深不超过 30cm 的浅水中涉水取食。采食时常将嘴和头沉浸在水中，慢慢地边走边取食。一雌一雄制。繁殖于苔原带低地和泰加林苔原带。5 月末至 7 月初产卵。常筑巢于水较深处的芦苇丛或蒿草丛中。通常每窝产卵 2 枚。孵化期 29 天。可能 3 年达性成熟。

【保护级别】被列为中国国家一级重点保护野生动物，被列入《濒危野生动植物种国际贸易公约》（CITES）附录 I。世界自然保护联盟（IUCN）和《中国脊椎动物红色名录》均评估为极危种（CR）。

【分布】旅鸟。在内蒙古分布于呼伦贝尔市、兴安盟（科尔沁右翼中旗、扎赉特旗）、通辽市、锡林郭勒盟。

国内分布于黑龙江，在长江中下游越冬。国外繁殖于北极圈西部和俄罗斯西伯利亚地区中东部，越冬于印度和伊朗（里海）。

白鹤　李晓辉 / 摄

12. 白枕鹤　*Grus vipio*
White-naped Crane

【识别特征】体长约 130cm。虹膜暗褐色。嘴黄绿色。脚粉红色。雌雄体色相似。眼周红色，外围有一黑圈。头和后颈白色，前颈、胸腹部黑灰色，背、腰和尾上覆羽石板灰色。

【生态习性】栖息于沼泽地及其附近的草地和农田。主要食植物，也食鱼、蛙及昆虫等。繁殖期 5 ~ 7 月。营巢于沼泽地。巢由枯草堆积而成。每窝产卵 2 枚。孵卵以雌性为主。孵化期 28 ~ 32 天。雏鸟为早成鸟。

【保护级别】被列为中国国家一级重点保护野生动物，被列入《濒危野生动植物种国际贸易公约》（CITES）附录 I。世界自然保护联盟（IUCN）评估为易危（VU），《中国脊椎动物红色名录》评估为濒危（EN）。

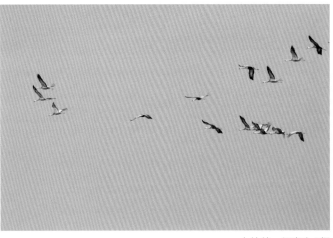

白枕鹤　杨贵生 / 摄

【分布】旅鸟，夏候鸟。在内蒙古繁殖于锡林郭勒盟、赤峰市以东地区，迁徙季节见于乌兰察布市、鄂尔多斯市和乌海市。

国内繁殖于黑龙江、吉林，越冬于江西、江苏、安徽等地。国外分布于亚洲。

白枕鹤　杨贵生 / 摄

13. 蓑羽鹤　*Grus virgo*
Demoiselle Crane

【识别特征】体长 75cm 左右。虹膜红色。嘴黑，前端渐变为棕褐色。脚黑色。体羽蓝灰色，眼先、头侧、喉及前颈黑色，眼后有一簇白色延长的耳簇羽，前颈的黑色尖形长羽垂于胸部。

【生态习性】栖息于草甸草原、典型草原和荒漠草原。常在沼泽地觅食。取食时，缓慢行走。主要食植物的种子、根、茎、叶，也食野鼠、蜥蜴、软体动物和昆虫。营巢于人烟稀少的草地、农田或一些植物的堆积物上。每窝产卵 2 枚。卵淡紫色，具深紫色或褐色不规则斑点，钝端斑点密且较大，大小 85mm×56mm。雌雄轮流孵卵。孵化期 29 ~ 31 天。雏鸟为早成鸟。

蓑羽鹤　杨贵生 / 摄

【保护级别】被列为中国国家二级重点保护野生动物，被列入《濒危野生动植物种国际贸易公约》（CITES）附录 Ⅱ。世界自然保护联盟（IUCN）和《中国脊椎动物红色名录》均评估为无危（LC）。

【分布】夏候鸟。繁殖于内蒙古各地。

国内繁殖于黑龙江、宁夏、新疆，迁徙时途经河北、河南、青海等地，越冬于西藏南部。国外分布于欧亚大陆中部及非洲西北部。

蓑羽鹤（雏鸟）　杨贵生 / 摄

蓑羽鹤　杨贵生 / 摄

蓑羽鹤　杨贵生 / 摄

14. 丹顶鹤 *Grus japonensis*
Red-crowned Crane

【识别特征】体长约 140cm。虹膜褐色。嘴绿灰色。脚黑色。雌雄体色相似，全身大部分为白色，头顶裸露皮肤鲜红色，眼先、前额、喉和颈黑色。自眼后、耳羽至枕部有宽白色带，一直延伸至颈背。次级飞羽和三级飞羽黑色。亚成体头和颈部黄色。

丹顶鹤　杨贵生 / 摄

【生态习性】夏季栖息于芦苇丛深处、苔草沼泽，冬季栖息活动于江河、淡水湿地、沿岸盐性沼泽、泥滩等环境。成对或集成家族群或小群活动。主要食昆虫、水生无脊椎动物、鱼、两栖类、啮齿动物以及芦苇、杂草和其他水生植物。常边走边啄取食物。繁殖期 4 ~ 7 月。一雌一雄制。求偶时雌雄鸟共同鸣叫、起舞。巢多置于芦苇丛或高的水草丛中。每窝通常产卵 2 枚。雌雄轮流孵卵。孵化期 29 ~ 34 天。雏鸟早成性，3 ~ 4 年达性成熟。

【保护级别】被列为中国国家一级重点保护野生动物，被列入《濒危野生动植物种国际贸易公约》（CITES）附录 I。世界自然保护联盟（IUCN）和《中国脊椎动物红色名录》均评估为濒危（EN）。

【分布】夏候鸟。在内蒙古繁殖于呼伦贝尔市、兴安盟、通辽市、赤峰市及锡林郭勒盟。

国内繁殖于东北地区，越冬于江苏沿海滩涂、长江中下游地区、上海（崇明岛）和山东沿海地区等地，偶见于江西和台湾，迁徙季节见于吉林、辽宁、河北、河南、山东等地。国外繁殖于俄罗斯〔斯塔诺夫山脉（外兴安岭）至阿穆尔河（黑龙江）和乌苏里江流域〕、日本（北海道），越冬于朝鲜、日本。

丹顶鹤　杨贵生 / 摄

15. 灰鹤　*Grus grus*
Common Crane

【识别特征】体长约 115cm。虹膜黄褐色。嘴青灰色，先端略淡。脚黑色。雌雄羽色相似。全身羽毛大都灰色，头顶裸出部皮肤鲜红色，颊至颈侧及后颈有 1 条灰白色纵带，喉和前颈灰褐色。

【生态习性】栖息于湖泊、浅水、沼泽、草地以及农田。休息时常单脚站立。非繁殖季节主要食植物的叶、茎、嫩芽、种子等，繁殖季节也食软体动物、昆虫、鱼类等。繁殖期 4～7月。营巢于沼泽草地的干燥地面上，通常靠近树木。巢主要由水生植物的茎、叶及枯枝筑成。每窝产卵 2 枚。雌雄轮流孵卵。孵化期 28～31天。雏鸟为早成鸟。

灰鹤　杨贵生 / 摄

【保护级别】被列为中国国家二级重点保护野生动物，被列入《濒危野生动植物种国际贸易公约》（CITES）附录 II。世界自然保护联盟（IUCN）评估为无危（LC），《中国脊椎动物红色名录》评估为近危（NT）。

【分布】夏候鸟，旅鸟。分布于内蒙古各盟市，在呼伦贝尔市为夏候鸟，其他地区为旅鸟。

国内繁殖于新疆、黑龙江、青海、甘肃、宁夏，越冬于长江中下游以南的华南地区、西南地区，有时越冬地向西北扩展至华北地区和甘肃等地，迁徙时途经华北地区、东北地区、青海等地。国外分布于欧亚大陆、非洲西北部和东北部。

灰鹤　刘松涛 / 摄

灰鹤 孙孟和 / 摄

灰鹤 杨贵生 / 摄

灰鹤 杨贵生 / 摄

16. 白头鹤　*Grus monacha*
Hooded Crane

【识别特征】体长约 100cm。虹膜棕褐色。嘴黄绿色。腿灰黑色。头和颈白色，前额、眼先黑色，头顶裸露皮肤鲜红色，其余部分大都为石板灰色。两翅灰黑色，次级和三级飞羽延长，弯曲成弓形覆盖于尾上。雌雄相似。幼鸟颜色略带褐色，前额、头顶前部灰黑色，无裸露皮肤，颈棕黄色。

【生态习性】繁殖区在沼泽或较高纬度的森林湿地。非繁殖个体栖息、活动于开阔湿地、草原和农田。冬季活动于河岸、湖泊、湿草甸和农田等环境。在繁殖季节主要食水生植物、浆果、昆虫、蛙和蜥蜴等，非繁殖季节主要食植物的根、茎、种子、果实等。

【保护级别】被列为中国国家一级重点保护野生动物，被列入《濒危野生动植物种国际贸易公约》（CITES）附录Ⅰ。世界自然保护联盟（IUCN）评估为易危（VU），《中国脊椎动物红色名录》评估为濒危（EN）。

【分布】旅鸟。在内蒙古分布于呼伦贝尔市、兴安盟、通辽市、赤峰市、锡林郭勒盟。

国内繁殖于黑龙江北部，越冬于上海、江苏、安徽、江西、湖南、湖北、福建、台湾，迁徙季节途经黑龙江、吉林、辽宁、河北、河南、山东等地。国外繁殖于俄罗斯（外贝加尔地区），越冬于朝鲜和日本。

白头鹤　宋丽军 / 摄

鸻形目
CHARADRIIFORMES

　　中、小型涉禽。翼尖形或狭长，第一枚初级飞羽退化，三级飞羽长。适于快速飞行和长距离迁徙。胫下部裸出；后趾型小，位高或退化；前趾细长，具蹼或微蹼。因取食环境、食性及取食方式的不同，嘴形变化很大。栖息于沿海滩涂、河、湖泊、沼泽地。主要食鱼、昆虫和底栖动物。常以长嘴在浅水沼泽、滩涂啄食水生动物；浮鸥类常贴近地面飞捕蝗虫或在水面上低空飞行，发现猎物便急速收翅，"跌落"水中捞鱼。地面营巢。卵椭圆形或梨形，具点状或粗云纹状斑纹。雏鸟早成性。多为迁徙鸟类。

　　鸻形目全世界计有19科88属387种。中国有13科51属135种。内蒙古有10科35属83种。

蛎鹬科 **Haematopodidae**

1. 蛎鹬　*Haematopus ostralegus*　Eurasian Oystercatcher

【识别特征】体长约 44cm。虹膜红色。嘴鲜红色。脚和趾粉红色。头部、颈、肩和上背黑色。下背、腰、尾上覆羽、尾羽基部、下胸、尾下覆羽和两胁白色。尾羽末端黑色。初级飞羽黑褐色，从第 5 枚起外翈基部有白斑；次级飞羽白色，外翈端缘黑褐色。颏、喉和上胸黑色。

【生态习性】栖息于海岸、河口沙滩，冬季见于湖泊、河流、水库、港湾及农田。繁殖季节常单独或成对活动，非繁殖季节集大群活动。主要食软体动物、小鱼、昆虫。繁殖期 5 ~ 7 月。营巢于湖泊、水库边、沼泽地附近的草地上。巢多筑于地面凹处。每窝产卵 3 ~ 4 枚。卵灰黄色或乳白色，缀黑褐色斑点。雌雄轮流孵卵。孵化期 25 天左右。雏鸟早成性。

蛎鹬　王顺 / 摄

【保护级别】被列为中国"三有"保护动物，被列入内蒙古自治区重点保护陆生野生动物名录。世界自然保护联盟（IUCN）评估为近危（NT），《中国脊椎动物红色名录》评估为无危（LC）。

【分布】夏候鸟。在内蒙古分布于呼伦贝尔市、兴安盟（扎赉特旗）和锡林郭勒盟。

国内繁殖于黑龙江、吉林、辽宁、河北、山东，在福建、广东沿海地区越冬，在台湾为稀有旅鸟。国外繁殖于欧亚大陆和新西兰，在非洲、阿拉伯半岛及印度半岛的沿海地区越冬。

蛎鹬　王顺 / 摄

鹮嘴鹬科 Ibidorhynchidae

2. 鹮嘴鹬 *Ibidorhyncha struthersii*
Ibisbill

【识别特征】体长约 40cm。虹膜红色。嘴红色，细长而向下弯曲。脚紫红色，无后趾。繁殖羽头顶、眼先和喉黑色，下胸具黑、白两色胸带。飞翔时，翅上有明显的大白斑，脚不伸出尾端。非繁殖羽似繁殖羽，但脚呈灰粉红色。幼鸟头顶灰色，喉白色，胸无黑色横带或不明显，上体具皮黄色鳞状纹，脚和嘴近粉色。

鹮嘴鹬 周惠卿 / 摄

【生态习性】多栖息于山地河流沿岸。冬季在海拔100m 左右地区活动。主要食昆虫、蠕虫、蜈蚣，也食虾、小鱼等水生动物。经常用长而弯曲的嘴在砾石缝中探觅食物，或将嘴伸入浅水中觅食甲壳类和软体动物。繁殖期 5 ~ 7 月。营巢于河流岸边砾石滩。每窝产卵 3 ~ 4 枚。卵绿灰色或灰色，缀黄褐色斑点，大小49mm×36mm。雌雄共同孵卵。

【保护级别】被列为中国国家二级重点保护野生动物，世界自然保护联盟（IUCN）评估为无危种（LC），《中国脊椎动物红色名录》评估为近危（NT）。

【分布】夏候鸟。在内蒙古赤峰市和锡林郭勒盟曾有分布，近年来在阿拉善盟见到。

国内繁殖于新疆、青海、宁夏、甘肃、陕西、山西、四川、西藏、云南、辽宁、河北、河南。国外繁殖于哈萨克斯坦东南部，向南到克什米尔地区；越冬于尼泊尔、印度（阿萨姆邦）。

鹮嘴鹬 周惠卿 / 摄

反嘴鹬科 Recurvirostridae

3. 黑翅长脚鹬
Himantopus himantopus
Black-winged Stilt

【识别特征】体长约37cm。虹膜红色。嘴直而长，黑色。腿细而特长，橙红色。繁殖羽雄性额白色，头顶至后颈及眼周灰黑色，下背和腰白色，其余上体黑色，闪暗黑绿色金属光泽，下体白色。雌性头颈部白色，背肩部和三级飞羽暗褐色，余部羽色似雄性。幼鸟似成鸟，但上体羽色较成鸟淡。

【生态习性】栖息于湖泊、沼泽湿地。常在浅水中边向前慢步行走，边低头于水中取食。主要食昆虫、蜘蛛、甲壳类、螺、虾和小鱼。繁殖期5～7月。营巢于湖中旱滩草地上，常与燕鸥的巢混杂，但巢距在10 m以上。巢极简陋，多在地面自然凹坑或牛踩下的蹄坑内垫少许枯草茎、小石子筑成。每窝产卵4枚。卵浅黄色，具不规则黑褐色斑，大小45mm×31mm。

【保护级别】被列为中国"三有"保护动物。世界自然保护联盟（IUCN）和《中国脊椎动物红色名录》均评估为无危（LC）。

【分布】夏候鸟。繁殖于内蒙古各地。
国内繁殖于东北地区、新疆、青海，迁徙时途经华北、华中、东南沿海地区，越冬于华南地区。国外分布于欧洲东南部、亚洲、非洲、北美洲南部和南美洲。

黑翅长脚鹬（左雌性，右雄性） 杨贵生/摄

黑翅长脚鹬（雄性） 杨贵生/摄

黑翅长脚鹬（孵卵） 杨贵生/摄

黑翅长脚鹬（亚成体）　杨贵生 / 摄

黑翅长脚鹬（卵）　杨贵生 / 摄

黑翅长脚鹬　杨贵生 / 摄

4. 反嘴鹬 *Recurvirostra avosetta*
Pied Avocet

【识别特征】体长约 43cm。虹膜红褐色到红色。嘴黑色，细长而先端向上弯曲。脚较长，青灰色。额、头顶、眼先至枕部黑色，翼尖、翼上及肩部具黑色带斑，身体其余部分白色。幼鸟似成鸟，但黑色部分为褐色。

【生态习性】栖息于草原及荒漠的湖泊浅水和盐碱沼泽地。常在浅水中涉水觅食，亦能游泳。主要食甲壳类、水生昆虫等，有时也食植物种子。繁殖期 5 ~ 6 月。单独营巢或与其他涉禽营群巢。巢筑于沙滩或盐碱地草丛地面浅的凹坑处，有的内垫细小的叶片和枝条。每窝产卵 3 ~ 4 枚。卵灰黄绿色，缀黑色和暗褐色斑点，大小 50mm×34mm。雌雄共同孵卵。孵化期 24 ~ 25 天。雏鸟为早成鸟。

【保护级别】被列为中国"三有"保护动物。世界自然保护联盟（IUCN）和《中国脊椎动物红色名录》均评估为无危（LC）。

【分布】夏候鸟。繁殖于内蒙古各地。

国内繁殖于新疆、青海、辽宁、吉林等地，迁徙时途经全国各地，部分越冬于江苏、福建等地。国外分布于欧亚大陆和非洲。

反嘴鹬 杨贵生 / 摄

反嘴鹬 杨贵生 / 摄

反嘴鹬 杨贵生 / 摄

反嘴鹬 杨贵生 / 摄

反嘴鹬（雏鸟） 杨贵生 / 摄

鸻科 Charadriidae

5. 凤头麦鸡 *Vanellus vanellus* Northern Lapwing

【识别特征】体长约32cm。虹膜暗褐色。嘴黑色。脚暗栗色。繁殖羽头顶后部具反曲的长形黑色羽冠，上体羽辉绿色，下体、颏喉部和前颈黑色，上胸具黑色带斑，余部白色。非繁殖羽颏喉部和前颈白色。幼鸟与非繁殖羽相似，但肩部无紫色斑。

凤头麦鸡（雄性繁殖羽） 杨贵生/摄

【生态习性】栖息于湖泊、河流等湿地浅水及其附近的沼泽、草地及农田。主要食昆虫等无脊椎动物，也食水草及草籽。营巢于湖中旱地及湖周围的草地上。巢极简陋，多将地面凹陷处扒成浅坑，内垫少许草茎筑成。每窝产卵3～4枚。卵灰绿色，具不规则黑褐色斑，大小43mm×33mm。雌雄共同孵卵，以雌性为主。孵化期24～27天。雏鸟为晚成鸟。

【保护级别】被列为中国"三有"保护动物。世界自然保护联盟（IUCN）评估为无危（LC），《中国脊椎动物红色名录》评估为近危（NT）。

【分布】夏候鸟。繁殖于内蒙古除大兴安岭岭北以外的各地。

国内繁殖于东北地区、甘肃、青海、新疆，越冬于长江以南地区。国外分布于欧亚大陆和非洲北部。

凤头麦鸡（雌性繁殖羽） 杨贵生/摄

凤头麦鸡　杨贵生 / 摄

凤头麦鸡（非繁殖羽）　杨贵生 / 摄

凤头麦鸡　杨贵生 / 摄

6. 灰头麦鸡　*Vanellus cinereus*　Grey-headed Lapwing

【识别特征】体长约 35cm。虹膜红色。嘴黄色，先端黑色。脚黄色。繁殖羽头、颈部灰色，眼先具黄色肉垂，背肩部、腰部茶褐色，胸部下方有黑褐色横带，腹部白色。非繁殖羽头、颈部褐色，喉部白色。幼鸟羽色似非繁殖羽，但胸带不明显。

灰头麦鸡（繁殖羽）　杨贵生 / 摄

【生态习性】栖息于湖泊、河流等湿地浅水及其附近的沼泽、草地及农田。繁殖季节常成对活动，非繁殖季节喜集群活动。主要食昆虫，也食蠕虫、螺类、水蛭及水草。营巢于湿地附近较干燥的稀草丛中。巢甚为简陋，常在地面上的天然凹坑内垫少许草茎或草叶即成。繁殖期 5 ~ 7 月。每窝产卵 3 ~ 4 枚。卵土黄色，杂有灰褐色斑点，大小 42mm×32mm。雌雄轮流孵卵。孵化期 28 ~ 29 天。繁殖季节人靠近巢时，亲鸟会在空中大声鸣叫。雏鸟为早成鸟。

【保护级别】被列为中国"三有"保护动物。世界自然保护联盟（IUCN）和《中国脊椎动物红色名录》均评估为无危（LC）。

【分布】夏候鸟。繁殖于内蒙古各地。

国内繁殖于东北地区、宁夏、江苏，迁徙时途经辽宁及华北、长江中下游、华南、西南地区，越冬于云南、贵州、广东、广西和香港。国外分布于亚洲。

灰头麦鸡　杨贵生 / 摄

灰头麦鸡（巢和卵）　杨贵生 / 摄

灰头麦鸡（繁殖羽）　杨贵生 / 摄

7. 金鸻　*Pluvialis fulva*
Pacific Golden Plover

【识别特征】体长约 25cm。虹膜黑褐色。嘴黑色。脚紫黑色。雄性繁殖羽上体黑色，密布金黄色斑点，下体黑色，自额基向后经眼上、头侧、颈侧、胸侧和腹侧有一长而宽的白色条纹。雌性繁殖羽与雄性同，但颏喉部杂有白色斑点。非繁殖羽体羽黑褐色，上体密布金黄色斑点，额和眉纹污黄白色。幼鸟似非繁殖羽。

【生态习性】栖息于海岸、河边、沼泽以及湿地附近的草地。翼强而有力，飞行迅速。主要食昆虫，也食蠕虫、蜗牛及植物等。繁殖期 6 ～ 7 月。营巢于沼泽附近沙地的低洼处。每窝产卵 4 ～ 5 枚。雌雄轮流孵卵。孵化期约 27 天。雏鸟为早成鸟。

【保护级别】被列为中国"三有"保护动物。世界自然保护联盟（IUCN）和《中国脊椎动物红色名录》均评估为无危（LC）。

【分布】旅鸟。迁徙季节见于内蒙古各地。

迁徙时途经全国各地，在云南、华南地区越冬。国外在欧亚大陆北部繁殖，在亚洲南部至澳大利亚越冬。

金鸻（雄性繁殖羽）　杨贵生 / 摄

金鸻（雌性繁殖羽）　杨贵生/摄

金鸻（非繁殖羽）　杨贵生/摄

金鸻　杨贵生/摄

8. 灰鸻 *Pluvialis squatarola*
Grey Plover

【识别特征】体长约 30cm。虹膜暗褐色。嘴和脚黑色。繁殖羽雄性头顶、后颈至上体有黑白两色斑点，下体从眉纹以下至腹部为黑色，前额经眉纹沿颈侧向下至胸侧有一条白带。雌性上体有时偏褐色，下体黑中带褐色。非繁殖羽上体灰褐色，有黑褐色斑点和灰白色羽缘。幼鸟似非繁殖羽。

【生态习性】栖息于湿地附近的沼泽、草地及农田。主要食昆虫、软体动物、甲壳类等。6～8月在北极苔原繁殖。每窝产卵 3～4 枚。卵橄榄灰色，缀黑褐色斑点。雌雄共同孵卵。孵化期 26～27 天。

灰鸻（非繁殖羽） 赵国君/摄

【保护级别】被列为中国"三有"保护动物。世界自然保护联盟（IUCN）和《中国脊椎动物红色名录》均评估为无危（LC）。

【分布】旅鸟。迁徙季节见于内蒙古呼伦贝尔市、锡林郭勒盟、乌兰察布市、包头市、鄂尔多斯市、巴彦淖尔市和阿拉善盟。

迁徙时途经我国东北、华北、西北地区，越冬于长江下游以南地区。国外分布于欧洲西部、亚洲南部、非洲、北美洲、南美洲沿岸。

灰鸻（非繁殖羽） 杨贵生/摄

灰鸻（繁殖羽） 王志芳/摄

9. 剑鸻　*Charadrius hiaticula*　Ringed Plover

剑鸻（非繁殖羽）　张建平／摄

【识别特征】体长约 19cm。虹膜褐色。繁殖羽额白色，额基部和紧靠白额上部黑色，贯眼纹黑色，眼后眉斑白色。颏、喉白色向后延伸至后颈，形成白环，白环下为黑色颈圈。头和后背灰褐色，胸和腹部白色。嘴橙黄色，尖端黑色，脚橙黄色。非繁殖羽似繁殖羽，但额和眼后白斑变为浅褐色，黑色部分变为黑褐色，嘴仅基部橙黄色。幼鸟似非繁殖羽。

【生态习性】栖息于水域岸边和沙滩、稻田和沼泽。单独或集成小群活动。常边走边觅食，行动迅速、敏捷。主要食蚊、蝇等昆虫及其幼虫，也食螺、蚯蚓、蜘蛛、植物的嫩芽和种子。繁殖期 5 ~ 7 月。在岸边砂石地或河漫滩地面上的凹坑营巢，巢中无内垫物。每窝产卵 3 ~ 4 枚。雌雄共同孵卵。孵化期 21 ~ 27 天。

【保护级别】被列为中国"三有"保护动物。世界自然保护联盟（IUCN）和《中国脊椎动物红色名录》均评估为无危（LC）。

【分布】旅鸟。在内蒙古见于呼伦贝尔市、兴安盟、赤峰市、包头市和阿拉善盟。

国内迁徙季节见于黑龙江、长江以南地区、东南沿海地区、西藏、香港和台湾。国外繁殖于欧亚大陆及北美洲北部，越冬于非洲、阿拉伯半岛、西亚沿海地区及地中海。

剑鸻（非繁殖羽）　杨贵生／摄

10. 长嘴剑鸻 *Charadrius placidus* Long-billed Ringed Plover

【识别特征】体长约 22cm。虹膜褐色。嘴黑色。腿及脚暗黄色。和剑鸻相似，但体型略大，嘴略长且呈黑色，尾亦较长，胸带窄。额至嘴基白色，眼周淡黄色，贯眼纹淡黄褐色，眼后的眉纹上侧有白边。两性相似。非繁殖季节，成鸟头胸淡棕色，眉纹淡褐色。幼鸟与非繁殖羽相似，只是无淡黑色的前顶横纹。

长嘴剑鸻　王顺 / 摄

【生态习性】繁殖季节活动于江河、湖泊等湿地边缘的沙滩及海滨、沙砾石和石质堤岸，非繁殖季节常活动于大的河流的沙砾岸边，泥滩地。主要食蚊、蝇和甲虫。4 月中旬开始进入繁殖期。每窝产卵 4 枚。营巢于河岸沙地的卵石和石块之中。

【保护级别】被列为中国"三有"保护动物。世界自然保护联盟（IUCN）评估为无危（LC），《中国脊椎动物红色名录》评估为近危（NT）。

【分布】夏候鸟。在内蒙古繁殖于呼伦贝尔市、兴安盟、赤峰市、锡林郭勒盟。

国内主要繁殖于东北地区、华北地区、陕西，越冬于长江以南地区。国外繁殖于俄罗斯（远东地区）、朝鲜、日本，在尼泊尔东部、印度东北部至中南半岛北部、朝鲜南部越冬。

长嘴剑鸻（幼鸟）　王顺 / 摄

11. 金眶鸻　*Charadrius dubius*
Little Ringed Plover

【识别特征】体长约 16cm。虹膜暗褐色。嘴黑色，下嘴基部橙黄色。脚橙黄色。繁殖羽眼睑四周金黄色，前额白色，额部具一黑色横带，颊喉部至后颈白色，白色下面为黑色环。背肩部、腰部沙褐色，胸腹部白色。非繁殖羽黑色部分变为褐色。幼鸟脸部和胸部染有黄色。

金眶鸻（繁殖羽）　杨贵生 / 摄

【生态习性】栖息于湖泊、河流的岸边及沼泽。在岸边行走时，边走边鸣叫，常快速向前奔走一会儿，稍停一下，再向前急走。主要食昆虫，也食水草。繁殖期 5 ~ 7 月。营巢于水域附近的地上。利用天然凹坑，内垫一些植物，或无任何内垫物筑巢。每窝产卵 3 ~ 5 枚。卵黄褐色，具暗褐色斑点，大小 30mm×23mm。雌性孵卵。孵化期 20 天左右。雏鸟为早成鸟。

【保护级别】被列为中国"三有"保护动物。世界自然保护联盟（IUCN）和《中国脊椎动物红色名录》均评估为无危（LC）。

【分布】夏候鸟。繁殖于内蒙古各地。

国内繁殖于东北、华北、西北、西南地区，越冬于华南地区、香港等地。国外分布于欧亚大陆、非洲北部及中部。

金眶鸻（繁殖羽）　杨贵生 / 摄

12. 环颈鸻

Charadrius alexandrinus
Kentish Plover

【识别特征】体长约16cm。虹膜暗褐色。嘴黑色。脚橄榄灰黑色。雄性繁殖羽额、眉纹白色，头顶前部、贯眼纹及眼后耳区黑色，头顶和枕部棕黄色，上体灰褐色，下体白色，胸侧有黑色斑块。雌性似雄性，但黑色部分为灰褐色。非繁殖羽上体灰褐色沾棕色，下体纯白色，胸侧斑块与背同色。幼鸟似非繁殖羽。

【生态习性】栖息于湖泊、河流等湿地岸边沙滩、沼泽地。主要食昆虫、蠕虫及水生软体动物，也食植物茎叶和种子。5月初开始营巢繁殖。营巢于近水边的地面或草丛中。巢较简陋，内垫少量的植物茎或羽毛，或无任何内垫物。每窝产卵3～5枚。卵淡褐色，密布灰褐色细点斑，大小33mm×23mm。雌雄共同孵卵。孵化期22天。雏鸟为早成鸟。

【保护级别】被列为中国"三有"保护动物。世界自然保护联盟（IUCN）和《中国脊椎动物红色名录》均评估为无危（LC）。

【分布】夏候鸟。繁殖于内蒙古各地。

国内繁殖于华北、西北、东北地区及长江以南的沿海地区，越冬于东北南部、西藏（横断山脉峡谷）、四川、云南、甘肃、浙江、福建等地。国外分布于欧亚大陆、北非、北美洲和南美洲。

环颈鸻（雏鸟）　杨贵生/摄

环颈鸻（幼鸟）　杨贵生/摄

环颈鸻（繁殖羽）　杨贵生/摄

13. 蒙古沙鸻　*Charadrius mongolus*
Lesser Sand Plover

【识别特征】体长约 19cm。虹膜暗褐色。嘴黑色。脚暗绿色。雌性前额白，杂有沙褐色和棕黄色；头顶、枕、后颈沙褐色；后颈下方具一棕黄色颈环，向下延伸与上胸宽阔的棕黄色横带相连；背、腰沙灰褐色；眼先、耳羽淡褐色；颏、喉、前颈、腹、尾下覆羽白色。雄性前额白色，棕红色前胸前有 1 条黑色横线，其余与雌性相似。雌雄非繁殖羽均似雌性繁殖羽，雄性非繁殖羽胸部的棕红色变为棕黄色。

【生态习性】栖息于湖边、河滩、沼泽，也见于荒漠及半荒漠的草地及离水域较近的草原、田野。多单个或成对活动。主要食软体动物、蠕虫、蝼蛄、蚱蜢。繁殖期 6 ~ 7 月。在高山林线以上的高原或苔原地带的地面和水域岸边营巢，亦在海岛沙滩上营巢。每窝产卵 2 ~ 4 枚。卵赭褐色或皮黄色，缀黑褐色斑点，大小 35mm×26mm。孵化期 22 ~ 24 天。

【保护级别】被列为中国"三有"保护动物。世界自然保护联盟（IUCN）和《中国脊椎动物红色名录》均评估为无危（LC）。

【分布】旅鸟。在内蒙古见于呼伦贝尔市、锡林郭勒盟、赤峰市和阿拉善盟。

国内繁殖于新疆、青海、西藏及甘肃。国外在俄罗斯（堪察加半岛、楚科奇半岛）、帕米尔高原、克什米尔地区等地为夏候鸟，越冬于非洲东部、亚洲南部及澳大利亚等地的沿海地区。

蒙古沙鸻　孙孟和 / 摄

14. 铁嘴沙鸻

Charadrius leschenaultii
Greater Sand Plover

【识别特征】体长约 22cm。虹膜暗褐色。嘴黑色。脚灰黄色。雄性繁殖羽上体灰褐色，下体白色，胸部具锈赤色横斑，额白色，眼先、贯眼纹及耳羽黑色。雌性与雄性相似，但额部横带、眼先及贯眼纹均为褐色，胸部横斑为沙褐色。雄性非繁殖羽似雌性繁殖羽。

【生态习性】栖息于河流、湖泊岸边及附近草地。喜在地上奔跑，常跑跑停停。主要食昆虫、小型甲壳类及软体动物。繁殖期 4 ~ 7 月。营巢于有稀疏植物的沙地或沙石地上。巢简单，在沙地的凹坑内垫少许植物茎叶即成。每窝产卵 3 ~ 4 枚。卵灰褐色，缀大的黑褐色斑点，大小 38mm×28mm。雌雄共同孵卵。孵化期约 24 天。雏鸟为晚成鸟。

【保护级别】被列为中国"三有"保护动物。世界自然保护联盟（IUCN）和《中国脊椎动物红色名录》均评估为无危（LC）。

【分布】夏候鸟。在内蒙古繁殖于呼伦贝尔市、赤峰市、锡林郭勒盟、乌兰察布市、呼和浩特市、包头市、鄂尔多斯市、巴彦淖尔市和阿拉善盟。

国内繁殖于宁夏、甘肃北部、新疆，迁徙时途经东部各省，向西至青海，南至海南（海南岛）。国外分布于非洲南部、亚洲和澳大利亚。

铁嘴沙鸻（雄性繁殖羽） 杨贵生 / 摄

铁嘴沙鸻（雌性繁殖羽） 杨贵生 / 摄

铁嘴沙鸻 杨贵生 / 摄

15. 红胸鸻 *Charadrius asiaticus*
Caspian Plover

【识别特征】体长约 22cm。虹膜暗褐色。嘴黑色。脚褐绿色。雄性繁殖羽上体褐色，羽缘沾赤褐色，额、眉纹、颊、颏喉部白色，胸部栗红色，其后有一黑色胸带。雌性似雄性，但胸部为褐色。雄性非繁殖羽与雌性繁殖羽相似。幼鸟羽色似雌性繁殖羽，但胸部具灰褐色斑点。

【生态习性】栖息于荒漠、半荒漠和开阔草原地带。非繁殖季节常成群活动。主要食昆虫及其幼虫，有时也食小的螺类及草籽。繁殖期 4 ~ 6 月。营巢于生长有低矮、稀疏的灌木丛的沙地上，或盐碱地凹坑内。每窝产卵 3 枚。卵土黄色，缀黑褐色斑点，大小 38mm×28mm。雌雄共同孵卵。雏鸟为晚成鸟。

【保护级别】被列为中国"三有"保护动物。世界自然保护联盟（IUCN）评估为无危（LC），《中国脊椎动物红色名录》评估为数据缺乏（DD）。

【分布】旅鸟。在内蒙古迁徙季节见于乌兰察布市和鄂尔多斯市。

国内繁殖于新疆的天山和准格尔盆地。国外分布于非洲，里海西部、北部及东部。

红胸鸻（左雄性繁殖羽，右雌性繁殖羽）　杨贵生 / 摄

红胸鸻（雄性繁殖羽）　杨贵生 / 摄

红胸鸻（雌性繁殖羽）　杨贵生 / 摄

16. 东方鸻 *Charadrius veredus*
Oriental Plover

【识别特征】体长约24cm。虹膜褐色。嘴黑色。脚橙黄色。繁殖羽眉纹、颏、喉及头两侧白色，贯眼纹褐色，耳羽灰白色，前颈至胸栗色，有一黑色胸带。与红胸鸻相比，脚较长，脸部白色部分较宽，从远处看头部几为白色。非繁殖羽贯眼纹与耳羽沙褐色，无黑色胸带。幼鸟似非繁殖羽。

【生态习性】栖息于湖泊、河流岸边及其附近沼泽及草地。常边走边觅食，奔走速度快，飞行迅速。主要食昆虫及其幼虫。繁殖期4～7月。营巢于湿地附近草地。每窝产卵3枚。雌雄共同孵卵。危险来临时，亲鸟以拟伤吸引天敌，给雏鸟赢得逃生的机会。雏鸟为晚成鸟。

【保护级别】被列为中国"三有"保护动物。世界自然保护联盟（IUCN）和《中国脊椎动物红色名录》均评估为无危（LC）。

【分布】夏候鸟，旅鸟。在内蒙古繁殖于包头市以东地区，迁徙季节见于呼和浩特市、包头市、巴彦淖尔市、鄂尔多斯市、阿拉善盟。

国内繁殖于东北地区，迁徙时途经东部沿海各省及华南地区。国外繁殖于俄罗斯（西伯利亚南部）、蒙古国，在澳大利亚越冬。

东方鸻（雄性繁殖羽）　杨贵生 / 摄

东方鸻（雌性繁殖羽）　杨贵生 / 摄

东方鸻（雏鸟）　杨贵生 / 摄

17. 小嘴鸻　*Eudromias morinellus*　Eurasian Dotterel

【识别特征】体长约 21cm。虹膜深褐色。喙近黑色。脚黄色。雌性繁殖羽额、头顶和枕部黑色；眉纹白色，延伸至后颈；贯眼纹黑灰色，与灰色的胸和后颈连在一起；颏、喉白色；腹前部栗色，后部黑色；灰色的胸与栗色的腹部之间有黑、白 2 条胸带。雄性羽色较雌性稍暗淡，颈部灰褐色，胸腹间黑白带不太分明。非繁殖羽头顶褐色，带皮黄色条纹；其余上体暗褐色，具浅栗色羽缘；前颈和胸灰褐色，有黑褐色细纵斑，仅有 1 条灰白色胸带。

【生态习性】栖息于高山苔原和苔原带，也见于盐碱地、草原和农田附近。主要食昆虫和软体动物。繁殖期 6 ~ 7 月。营巢于地面凹坑内，内垫草叶、苔藓等物。配偶关系复杂，有一雌一雄制、一雌多雄制和一雄多雌制等类型。一雌多雄制中的雌性可产 2 ~ 3 窝卵，每窝产卵 2 ~ 4 枚。雄性孵卵。孵化期 23 ~ 29 天。2 年可参与繁殖。

【保护级别】被列为中国"三有"保护动物。世界自然保护联盟（IUCN）评估为无危（LC），《中国脊椎动物红色名录》评估为数据缺乏（DD）。

【分布】旅鸟。在内蒙古见于呼伦贝尔市额尔古纳河和呼伦湖。

国内分布于新疆。国外繁殖于欧洲和亚洲；在非洲北部和中部，向东至伊朗西部越冬。

小嘴鸻（左雌性繁殖羽，右、上非繁殖羽）　乌瑛嘎 / 绘

彩鹬科 Rostratulidae

18. 彩鹬 *Rostratula benghalensis*
Painted Snipe

【识别特征】体长约 25cm。虹膜暗褐色。嘴黄褐色。脚灰绿色。嘴细长，尖端向下弯曲。雄性头具淡黄色中央纹；眼周黄色，并向后延伸成一柄状带；背具白色横斑，两侧具黄色纵带，胸侧至背部有一白色宽带。雌性喉和前颈栗色，眼周和向后延伸的柄白色。幼鸟与雄性相似。

【生态习性】栖息于湖边、池塘边、沼泽地、稻田及退潮后的滩涂。单独或集成小群活动。多在夜间和晨昏活动、觅食。飞行时双脚下垂。白天常隐藏在草丛中。主要食蚯蚓、虾、蟹、螺、昆虫，也食植物叶、种子。繁殖期 5 ~ 7 月。营巢于芦苇丛、水草丛或草堆上。巢材主要是草茎和草叶。一雌多雄制。雌性 1 年可以产 4 窝卵，由雄性孵卵。每窝产卵 4 ~ 6 枚。卵棕黄色，缀红褐色或黑褐色斑点。孵化期 19 天左右。雄性 1 年性成熟，雌性约需 2 年。

【保护级别】被列为中国"三有"保护动物，被列入内蒙古自治区重点保护陆生野生动物名录。世界自然保护联盟（IUCN）和《中国脊椎动物红色名录》均评估为无危（LC）。

【分布】夏候鸟。在内蒙古分布于锡林郭勒盟、包头市、巴彦淖尔市（乌梁素海）及阿拉善盟。

国内在云南西部、西藏南部、四川中部，向东到长江下游地区、台湾，南至海南（海南岛）为留鸟；华北东部各省，陕西南部，向北到东北南部为夏候鸟。国外分布于非洲、亚洲南部和澳大利亚。

彩鹬（雌性）　杨贵生 / 摄

彩鹬（雄性）　杨贵生 / 摄

彩鹬（左雄性，右雌性）　杨贵生 / 摄

水雉科 Jacanidae

19. 水雉 *Hydrophasianus chirurgus*
Pheasant-tailed Jacana

【识别特征】体长约 56cm。虹膜暗褐色。嘴灰蓝色（繁殖羽）或暗绿色（非繁殖羽）。脚青灰色或暗绿色。繁殖羽头、颏、喉至上胸白色，枕部黑色，后颈鲜黄色，胸以下黑色，翅角上有一弯曲的距，尾羽黑色，中央尾羽特别延长，趾和爪细长。非繁殖羽尾羽较短，上体绿褐至灰褐色，下体白色。

【生态习性】栖息于淡水湖泊、池塘、浅水沼泽水田。在漂浮的水草上行走自如，善于游泳和潜水，有时沿水面飞行。单独或集成小群活动，非繁殖季节有时集成大群。主要食昆虫、软体动物、植物种子和嫩叶。繁殖期 4 ~ 9 月。一雌多雄制。营巢于莲叶、水仙花叶及大型浮草上。巢盘状，巢材主要是干草叶和草茎。每窝产卵 4 枚。卵梨形，绿褐色、黄铜色、深紫栗色等。雄性孵卵。孵化期约 26 天。

【保护级别】被列为中国国家二级重点保护野生动物。世界自然保护联盟（IUCN）评估为无危（LC），《中国脊椎动物红色名录》评估为近危（NT）。

【分布】夏候鸟。在内蒙古分布于巴彦淖尔市乌梁素海。

国内繁殖于华北以南地区，有时扩展至北京、天津、河北、山西、陕西、山东、河南等地。国外分布于印度至东南亚，向西分布到也门和阿曼，向北偶然出现在日本。

水雉（繁殖羽） 林清贤 / 摄

鹬科 Scolopacidae

20. 丘鹬
Scolopax rusticola
Eurasian Woodcock

【识别特征】体长约34cm。虹膜暗褐色。嘴黄褐色，先端黑褐色。脚灰黄色。雌雄相似。头顶、枕部黑褐色，中央具4条灰褐色横斑。眼先黑褐色，颊部淡灰褐色。上体锈红色，缀以黑褐色和棕灰色斑块和横纹，上背和肩部具有较大型黑色横斑。下体颏、喉部灰棕色，余部灰白色，具有较细的黑褐色横斑。

【生态习性】栖息于河湖附近沼泽、丘陵地带的低洼沼泽及林地。多单独活动。受惊迅速飞起，只飞很短的距离，立即直线下降，潜伏于林中草地。常将嘴插入土中搜索昆虫及其幼虫、蚯蚓和软体动物。巢一般筑在密林深处小灌木丛下或枯枝落叶中。巢呈浅坑状，巢材主要是干草叶及枯树枝。5月中下旬产卵。每窝产卵3～4枚。卵大小42mm×33.5mm。孵化期22～24天。

【保护级别】被列为中国"三有"保护动物。世界自然保护联盟（IUCN）和《中国脊椎动物红色名录》均评估为无危（LC）。

【分布】夏候鸟，旅鸟。在内蒙古呼伦贝尔市为夏候鸟，在锡林郭勒盟、呼和浩特市、包头市、巴彦淖尔市、鄂尔多斯市、乌海市和阿拉善盟为旅鸟。

国内繁殖于新疆（天山）、东北北部、河北、甘肃西北部；迁徙季节见于东北南部、华北地区、西北地区，向南至长江流域；越冬于西藏南部、贵州、云南、四川及长江以南地区。国外繁殖于欧亚大陆，越冬于非洲北部、印度、中南半岛和日本。

丘鹬　王顺／摄

21. 姬鹬 *Lymnocryptes minimus*
Jack Snipe

【识别特征】体长约19cm。虹膜暗褐色。嘴暗粉红褐色，尖端黑色。脚黄绿色。头顶黑褐色，眉纹黄白色，中央有一黑线将眉纹分隔成两部分。贯眼纹黑褐色。背金属绿色。背肩部具4条显著的黄白色纵带。下体白色，前颈、胸、两胁具褐色纵纹。尾羽黑褐色，尾呈楔形。

【生态习性】繁殖季节栖息于森林地带的河流和湖泊岸边及沼泽地，非繁殖季节多栖息于水边沼泽地和沙滩。常单独活动。多在黄昏和夜间觅食，白天隐藏在灌木丛或草丛中。见到人时常蹲伏于草丛中一动不动，当人走到跟前，才突然飞起，飞不多远又落入草丛中。主要食昆虫及其幼虫、蠕虫和小的软体动物，也吃种子。繁殖期5～8月。在沼泽地、灌丛间较干的地上筑巢。每窝产卵3～4枚。卵橄榄褐色，缀锈色斑点。雌性孵卵。孵化期21～24天。

【保护级别】被列为中国"三有"保护动物。世界自然保护联盟（IUCN）和《中国脊椎动物红色名录》均评估为无危（LC）。

【分布】旅鸟。在内蒙古迁徙季节见于呼伦贝尔市（哈拉哈河、呼伦湖）、包头市（南海子湿地）。

国内迁徙季节见于河北、新疆、江苏、福建，冬季见于广东、台湾、香港和新疆。国外繁殖于欧亚大陆北部，在欧洲西部和南部、非洲北部和中部、中亚、印度、中南半岛越冬。

姬鹬　乌瑛嘎 / 绘

22. 孤沙锥　*Gallinago solitaria*　Solitary Snipe

【识别特征】体长约30cm。虹膜黑褐色。嘴铅绿色，尖端黑色。脚和趾黄绿色。头顶黑褐色，中央冠纹白色，贯眼纹褐色，眉纹白色沾淡褐色。背棕褐色，具4条白色纵带。中央3对尾羽黑色，具棕红色次端斑和皮黄白色端斑。喉部白色沾淡褐色，两胁及腹侧具黑褐色横斑。

孤沙锥　宋丽军 / 摄

【生态习性】栖息于山地森林中的湿地。通常单独活动。受惊时常蹲伏于草丛中，人走到跟前，才突然飞走。多在黄昏和夜间活动。主要食甲虫及其幼虫、软体动物、甲壳类、蠕虫，也食植物种子和芽。繁殖期6~8月。繁殖于山地附近的沼泽地和湖泊、溪流岸边。在小灌木下或草丛间地上筑巢。巢为地面上的凹坑，无内垫物。每窝产卵4枚。卵黄褐色，缀较大的褐色斑点。

【保护级别】被列为中国"三有"保护动物。世界自然保护联盟（IUCN）和《中国脊椎动物红色名录》均评估为无危（LC）。

【分布】夏候鸟，旅鸟。在内蒙古呼伦贝尔市为夏候鸟，在兴安盟（扎赉特旗）、赤峰市、锡林郭勒盟、包头市、阿拉善盟为旅鸟。

国内繁殖于东北地区、甘肃、青海和新疆，迁徙季节见于山东、河北、山西、陕西、四川、西藏南部、云南、江苏、广东和香港。国外繁殖于中亚、俄罗斯（东西伯利亚地区）等地，迁徙季节见于伊朗、印度、缅甸和日本。

孤沙锥　赵国君 / 摄

23. 针尾沙锥 *Gallinago stenura* Pintail Snipe

【识别特征】体长约 26cm。虹膜黑褐色。嘴长，约 60mm，嘴基部角黄色，端部黑色。眉纹乳黄色。脚黄绿色。头顶黑色，中央具 1 条宽阔的黄棕白色纵纹。喉和胸部棕黄白色，杂有黑褐色斑纹。上体绒黑色，杂有棕红色和棕黄色斑纹。颏和腹部灰白色。肩部具有 2 条棕白色纵纹。

针尾沙锥（繁殖羽）　杨贵生 / 摄

【生态习性】栖息于湖泊、河流、水库及草原上的湖泊及沼泽地。常在沼泽地、湖边、稻田、湿草地中觅食。主要食软体动物、昆虫、昆虫幼虫、环节动物、甲壳类，偶尔也食植物及其种子。繁殖期 5 月下旬至 7 月中旬。主要在苔原和沼泽地较干燥地带的草丛中营巢。巢甚为简陋，常在地面上的自然凹坑或刨一浅坑，内垫枯草即成。每窝产卵 3 ～ 4 枚。卵灰黄色，具褐色、紫色斑点，大小 40mm×28mm。孵化期 20 天。

【保护级别】被列为中国"三有"保护动物。世界自然保护联盟（IUCN）和《中国脊椎动物红色名录》均评估为无危（LC）。

【分布】旅鸟。迁徙季节途经内蒙古各地。

国内迁徙季节途经全国各地，越冬于云南、广东、福建等地。国外分布于欧亚大陆及非洲。

针尾沙锥（繁殖羽）　杨贵生 / 摄

24. 大沙锥　　*Gallinago megala*
Swinhoe's Snipe

【识别特征】体长约 27cm。虹膜暗褐色。嘴长，约 66mm，黑褐色，上嘴基部角黄色。脚深橄榄绿色。头顶中央和眼上各有 1 条淡棕黄色条带。贯眼纹棕褐色。颊部棕黄色。喉和胸部棕黄白色，杂有黑褐色斑纹。颏和腹部白色。肩部纵纹棕黄色。

大沙锥　杨贵生 / 摄

【生态习性】栖息于河湖岸边、沼泽地及湿草地。在黄昏和黎明时活动、觅食。常将长嘴插入泥中搜寻食物。主要食环节动物、甲壳类及昆虫。繁殖期 5 ~ 7 月。一雄一雌制。营巢于林中草地、沼泽地的草丛或灌丛下。巢极简陋，大多在地上一浅坑内垫以植物茎叶即成。每窝产卵 2 ~ 5 枚。卵乳黄色或淡绿色，缀褐色斑点，大小 42mm×30 mm。雌性孵卵。

【保护级别】被列为中国"三有"保护动物。世界自然保护联盟（IUCN）和《中国脊椎动物红色名录》均评估为无危（LC）。

【分布】旅鸟。迁徙季节途经内蒙古各地。

国内迁徙时途经东北、华北、长江中下游以南地区，部分越冬于华南地区。国外分布于欧亚大陆及澳大利亚北部。

大沙锥（繁殖羽）　杨贵生 / 摄

25. 扇尾沙锥　*Gallinago gallinago*
Common Snipe

【识别特征】体长约 27cm。虹膜黑褐色。嘴长约 65mm，黑色，嘴基黄褐色。脚深橄榄绿色。头顶中央具黄白色纵纹。两侧眼上亦有淡黄白色眉纹。颏和上喉灰白色沾棕色。前颈和上胸灰棕黄色，有黑褐斑纹。上背、肩羽和三级飞羽外翈羽缘淡黄色，形成 2 条明显的纵纹。下胸、腹部及两胁白色。

扇尾沙锥（繁殖羽）　杨贵生/摄

【生态习性】非繁殖季节栖息于海岸、河边、沼泽地等湿地环境，繁殖季节栖息于苔原和开阔平原上富有植物和灌丛的湿地。主要食昆虫、蠕虫、蜘蛛、软体动物等，也食小鱼、植物的茎叶和种子。繁殖期 4 ~ 7 月。营巢于河流岸边、湖岸及其附近的沼泽地。巢筑在草丛地面上的凹坑中，内垫枯草茎叶。每窝产卵 2 ~ 5 枚。卵绿黄色或橄榄褐色，具深褐色斑，大小 39mm×29mm。雌性孵卵。孵化期 17 ~ 20 天。雏鸟为早成鸟。

【保护级别】被列为中国"三有"保护动物。世界自然保护联盟（IUCN）和《中国脊椎动物红色名录》均评估为无危（LC）。

【分布】夏候鸟，旅鸟。在内蒙古繁殖于呼伦贝尔市、兴安盟及巴彦淖尔市，迁徙季节途经内蒙古各地。

国内繁殖于新疆、黑龙江、吉林等地，迁徙时途经西北、华北及华东地区，越冬于我国南部地区。国外分布于欧洲、亚洲北部、非洲及北美洲。

扇尾沙锥（繁殖羽）　杨贵生/摄

26. 半蹼鹬 *Limnodromus semipalmatus*
Asian Dowitcher

【识别特征】体长约 35cm。虹膜黑褐色。嘴黑色。脚和趾黑褐色。繁殖羽贯眼纹黑色；头、颈、胸部棕红色；上背和两肩棕红色，具黑色菱形羽干纹；下背和腰白色，具黑褐色斑；尾羽白色，具黑褐色横斑；腹部白色，两胁微具黑色横斑。非繁殖羽上体淡黄褐色，具黑褐色斑；下体白色；颈侧和胸部淡褐色。

半蹼鹬（繁殖羽）　杨贵生/摄

【生态习性】主要栖息于湖泊、河流沿岸及附近沼泽地。冬季在河口沙洲和海岸潮间带活动。主要食小鱼、软体动物、昆虫幼虫、蠕虫。繁殖期 5 ~ 7 月。小群营巢，常和白翅浮鸥的巢混在一起。巢多位于长有稀疏植物的水边草丛中。巢浅坑状，多为在地面凹坑内垫少量植物茎叶筑成。每窝产卵 2 ~ 3 枚。卵呈梨形，沙黄色、沙褐色或棕色，缀红褐色点斑。雌雄轮流孵卵。孵化期 22 天。

【保护级别】被列为中国国家二级重点保护野生动物。世界自然保护联盟（IUCN）和《中国脊椎动物红色名录》均评估为近危（NT）。

半蹼鹬（繁殖羽）　杨贵生/摄

【分布】夏候鸟，旅鸟。在内蒙古呼伦贝尔市为繁殖鸟，繁殖季节也见于锡林郭勒盟，迁徙季节见于赤峰市、巴彦淖尔市、鄂尔多斯市和阿拉善盟。

国内繁殖于东北北部，迁徙季节见于吉林、河北、湖北、上海、福建、广东、香港、台湾。国外繁殖于俄罗斯、蒙古国，越冬于亚洲南部。

半蹼鹬　杨贵生/摄

27. 黑尾塍鹬　*Limosa limosa*
Black-tailed Godwit

【识别特征】体长约39cm。虹膜暗褐色。嘴长而直，基部在繁殖期橙黄色，非繁殖期粉红肉色，尖端黑色。脚黑色。眉纹白色。繁殖羽额、头顶及枕部沙棕色，眉纹淡黄色沾棕色，颈部棕色，上背铁锈色，背余部和腰黑色，前胸锈红色，后胸、腹部及两胁逐渐转为白色，具黑色横斑，尾羽端部褐色。非繁殖羽头的上部、后颈淡褐色，颈侧、前颈及胸部浅灰棕色，下体余部白色。

【生态习性】栖息于海滨、湖边及沼泽地。主要食小鱼、蟹、甲虫、水草及其草籽。繁殖期5～7月。常集成小群营巢于水域附近的稀疏草地上。巢极简陋，大都在地上的一浅凹坑内垫以粗糙的枯草茎即成。每窝产卵3～5枚。卵淡蓝绿色、淡橄榄绿色或淡褐色，大小51mm×36mm。雌雄共同孵卵。孵化期22～24天。

【保护级别】被列为中国"三有"保护动物。世界自然保护联盟（IUCN）评估为近危种（NT），《中国脊椎动物红色名录》评估为无危（LC）。

【分布】夏候鸟，旅鸟。在内蒙古繁殖季节见于呼伦贝尔市、兴安盟、锡林郭勒盟东部、赤峰市，迁徙季节途经内蒙古各地。

国内繁殖于新疆、吉林，迁徙时途经东北地区、青海、甘肃和华南地区，部分越冬于云南、海南、香港及台湾。国外分布于欧亚大陆、非洲和澳大利亚。

黑尾塍鹬（繁殖羽）　杨贵生/摄

黑尾塍鹬（繁殖羽）　杨贵生 / 摄

黑尾塍鹬（非繁殖羽）　杨贵生 / 摄

黑尾塍鹬　杨贵生 / 摄

28. 斑尾塍鹬 *Limosa lapponica* Bar-tailed Godwit

【识别特征】体长约41cm。虹膜暗褐色。嘴微向上翘,嘴基部肉黄色或肉粉红色,先端黑褐色。脚、趾、爪黑色。繁殖羽眉纹灰白色,杂有灰褐色细纹;颊、颏灰白色沾棕色;头顶棕黄色,具黑褐色纵纹;后颈棕栗色,具褐色纵纹;喉、颈侧、胸、腹和两胁栗棕色;上背、肩部的羽毛黑褐色,具宽阔的暗栗红色羽缘;翅上有大块浅色斑;尾羽具黑色横斑。非繁殖羽淡灰褐色。

【生态习性】繁殖季节主要栖息于北极苔原沼泽地、灌丛低地及湿地附近的落叶松林,非繁殖季节栖息于沿海沙滩、河口、内陆湿地。主要食昆虫及其幼虫、环节动物、软体动物、甲壳类,有时也吃小鱼和蝌蚪。

斑尾塍鹬(非繁殖羽) 杨贵生/摄

常将嘴插入浅水滩中探觅甲壳类和其他小型动物。繁殖期5～6月。营巢于湖泊和河流岸边,巢的位置大多筑在较高的干燥地上。巢非常简陋,多数是在苔原地上的一个浅坑内垫少许苔藓或枯草即成。每窝产卵2～4枚。卵淡绿色或橄榄绿色,缀褐色或暗橄榄褐色斑点,大小53mm×37mm。雌雄轮流孵卵。孵化期20～21天。

【保护级别】被列为中国"三有"保护动物。世界自然保护联盟(IUCN)和《中国脊椎动物红色名录》均评估为近危(NT)。

【分布】旅鸟。在内蒙古迁徙季节见于呼伦贝尔市、锡林郭勒盟、赤峰市和包头市。

国内迁徙季节见于新疆、东北地区,向南到长江下游地区,在福建、广东、海南和台湾为旅鸟和冬候鸟。国外繁殖于北美洲西北部和欧亚大陆北部,越冬于欧洲西部、非洲、东南亚、印度西部、澳大利亚和新西兰。

斑尾塍鹬(非繁殖羽) 杨贵生/摄

29. 小杓鹬 *Numenius minutus*
Little Curlew

【识别特征】体长约 31cm。虹膜褐色。喙褐色而基部粉红色。脚蓝灰色。头顶具明显的冠纹，中央冠纹浅肤色，两侧冠纹黑色。贯眼纹深褐色。上体淡黄褐色，具黑色锯齿状斑纹。头侧颜面部、颈、胸及胁浅褐色，具细的黑褐色斑纹。尾羽浅褐色，具细的黑褐色横纹。腹部及尾下覆羽白色。

【生态习性】栖息于沼泽、水田及河流岸边。迁徙时可集成四五百只的大群。繁殖于俄罗斯西伯利亚高山森林地带。多营群巢，筑巢于林缘或过火后的开阔森林中的凹坑、树旁及芦苇沼泽。以枯草为主要巢材。每窝产卵 3～4 枚。卵绿色或橄榄绿色，具褐色斑，大小 35mm×50mm。孵化期 22～23 天。

【保护级别】被列为中国国家二级重点保护野生动物。世界自然保护联盟（IUCN）评估为无危（LC），《中国脊椎动物红色名录》评估为近危（NT）。

【分布】旅鸟。在内蒙古分布于呼伦贝尔市、赤峰市、包头市、巴彦淖尔市和阿拉善盟。

国内迁徙季节见于东部地区，从东北地区至福州、广东沿海、台湾。国外分布于俄罗斯（西伯利亚北部至北极地带）、东南亚、蒙古国东部、日本、朝鲜、韩国及澳大利亚等。

小杓鹬　宋丽军 / 摄

30. 中杓鹬　*Numenius phaeopus*　Whimbrel

【识别特征】体长约 41cm。虹膜褐色。嘴长而向下弯曲，褐色，下嘴基部肉红色。胫裸出部与脚草灰绿色，爪暗红棕色。中央冠纹白色，两侧冠纹黑褐色。贯眼纹黑褐色。颈与胸部白色，具黑褐色纵纹。下背及腰白色。尾羽褐色，有黑褐色横斑。腹、胁、尾下覆羽布有褐色横斑。

【生态习性】栖息于海滨浅滩、内陆沼泽草地。常集成小群或上百只的大群活动。行走缓慢，在地上停息时颈常呈"S"形。主要食软体动物、甲壳类、环节动物、昆虫及小鱼。营地面巢，以苔藓、地衣等为铺垫物。每窝产卵 3 ~ 5 枚。卵浅绿色，具褐色斑点，大小 59mm×39mm。雌雄共同孵卵。孵化期 21 ~ 25 天。2 年性成熟。

【保护级别】被列为中国"三有"保护动物。世界自然保护联盟（IUCN）和《中国脊椎动物红色名录》均评估为无危（LC）。

【分布】旅鸟。在内蒙古分布于呼伦贝尔市、赤峰市、锡林郭勒盟、呼和浩特市、包头市、鄂尔多斯市、巴彦淖尔市、阿拉善盟。

国内分布于黑龙江、吉林、辽宁及沿海各省，西至四川，南至海南、台湾。国外主要繁殖于欧亚大陆及北美洲的森林地带，越冬于各大洲的沿海地区。

中杓鹬　李晓辉 / 摄

中杓鹬　孙孟和 / 摄

中杓鹬　孙孟和 / 摄

31. 白腰杓鹬 *Numenius arquata*
Eurasian Curlew

【识别特征】体长约58cm。虹膜暗褐色。嘴长而向下弯曲，黑褐色。脚银灰色。体棕褐色，有黑褐色纵斑。腰及尾上和尾下覆羽白色，尾羽白色，具棕褐色横斑，飞行时腰部白斑明显。

【生态习性】栖息于河岸、湖边沼泽地及附近草地。主要食昆虫、软体动物等。繁殖期4～7月。营巢于水域附近的草地上的凹坑内。巢用枯草茎叶铺垫。每窝产卵3～4枚。卵淡绿色、灰绿色或橄榄黄色，常缀褐色斑，大小70mm×48mm。雌雄共同孵卵。孵化期27～29天。

白腰杓鹬　杨贵生 / 摄

【保护级别】被列为中国国家二级重点保护野生动物。世界自然保护联盟（IUCN）和《中国脊椎动物红色名录》均评估为近危（NT）。

【分布】夏候鸟，旅鸟。在内蒙古繁殖于呼伦贝尔市、兴安盟、锡林郭勒盟、赤峰市，迁徙季节见于呼和浩特市、包头市、巴彦淖尔市、鄂尔多斯市、乌海市和阿拉善盟。

国内繁殖于黑龙江、吉林，迁徙季节途经辽宁、华北地区、西北地区等地，越冬于西藏南部、华中地区和华南地区。国外繁殖于欧亚大陆北部，越冬于欧洲南部、非洲和亚洲南部。

白腰杓鹬　杨贵生 / 摄

白腰杓鹬　杨贵生 / 摄

白腰杓鹬　杨贵生 / 摄

32. 大杓鹬 *Numenius madagascariensis* Far Eastern Curlew

【识别特征】体长约63cm。虹膜暗褐色。嘴长而向下弯曲，黑褐色，下嘴基部角黄色，上嘴基部褐色。脚银灰色。眉纹白色。体羽黄褐色，具黑褐色纵斑。颏部白色。与白腰杓鹬的主要区别是腰及尾上和尾下覆羽不为白色。

大杓鹬　杨贵生 / 摄

【生态习性】栖息于河流和湖泊沿岸、沼泽及附近草地。主要食植物种子、藻类、螺、蜗牛、昆虫、鱼、蛙等。繁殖期5～7月。筑巢于河畔、沼泽附近的塔头草甸的草丛中。每窝产卵3～4枚。卵橄榄色，缀褐斑，大小69mm×48mm。雌雄共同孵卵。孵化期23～25天。

【保护级别】被列为中国国家二级重点保护野生动物。世界自然保护联盟（IUCN）评估为濒危（EN），《中国脊椎动物红色名录》评估为易危（VU）。

【分布】夏候鸟，旅鸟。在内蒙古大兴安岭北部为夏候鸟，迁徙季节见于巴彦淖尔市至鄂尔多斯市一线以东地区。

国内繁殖于黑龙江、吉林，迁徙时途经辽宁、河北、甘肃及东南沿海各省区，越冬于江西和台湾。国外分布于亚洲及澳大利亚。

大杓鹬　杨贵生 / 摄

33. 鹤鹬 *Tringa erythropus*
Spotted Redshank

【识别特征】体长约 32cm。虹膜暗褐色。嘴黑色，下嘴基部红色。脚橙红色。繁殖羽头和颈黑色；上体余部亦黑色，具有明显的白色斑点；下体黑色，胸侧和两胁有白色细横纹。非繁殖羽上体大都灰褐色，但下背、腰白色；尾上覆羽白色，具有较密的黑褐色横斑；下体大都白色，两胁具灰褐色横纹。幼鸟体色与非繁殖羽相似，下体具灰色细横斑。

【生态习性】栖息于海边沙滩、河流沿岸、湖边、沼泽地。多在浅水中边走边啄食。主要食水生昆虫、蠕虫、小型甲壳类、软体动物、小鱼等，也食植物茎叶。繁殖期 5 月中旬至 6 月末。主要繁殖于北极苔原地带。营巢于水边草地或土丘上。巢极简陋，大都为地上的凹坑，内垫植物茎。每窝产卵 3 ~ 5 枚。卵淡绿色或黄绿色，缀红褐色或黑褐色点斑，大小 47mm×32mm。雌雄轮流孵卵，但以雄性为主。

【保护级别】被列为中国"三有"保护动物。世界自然保护联盟（IUCN）和《中国脊椎动物红色名录》均评估为无危（LC）。

【分布】旅鸟。迁徙季节途经内蒙古各地。

国内繁殖于新疆天山，迁徙时途经我国东部地区，越冬于贵州、福建、海南、台湾和香港。国外分布于欧亚大陆及非洲。

鹤鹬（繁殖羽） 杨贵生 / 摄

鹤鹬（非繁殖羽） 杨贵生 / 摄

鹤鹬 杨贵生 / 摄

鹤鹬（左非繁殖羽，右亚成体） 杨贵生 / 摄

34. 红脚鹬　*Tringa totanus*　Common Redshank

【识别特征】体长约 27cm。虹膜暗褐色。嘴黑色，基部红褐色。脚橙红色。繁殖羽额、头顶、后颈及上背浅棕褐色，具黑褐色纵斑；颏、喉部白色，下颈、胸腹部有黑褐色纵斑，下体余部白色。非繁殖羽头和上体灰褐色，具棕色横斑，头侧、颈侧及胸侧羽干纹淡褐色，喉污白色，前颈和胸部灰白色并具黑色纵纹。幼鸟似非繁殖羽。

【生态习性】栖息于河滩、湖边浅水、沼泽地、草原中的湖泊及附近的草地。主要食昆虫、螺、甲壳类、环节动物等，也吃水草。繁殖期 5～7 月。单独或集成松散的小群营巢于海岸、湖边、湖中旱地、河岸及沼泽地。巢很浅，多位于草丛中地面上的凹坑中。每窝产卵 3～5 枚。卵淡绿色或沙黄色，布褐色斑，大小 45mm×30mm。雌雄共同孵卵。孵化期 23～25 天。

【保护级别】被列为中国"三有"保护动物。世界自然保护联盟（IUCN）和《中国脊椎动物红色名录》均评估为无危（LC）。

【分布】夏候鸟。繁殖于内蒙古各地。

国内繁殖于新疆、青藏高原、甘肃、东北地区、河北，迁徙时途经东北南部以南的大部地区，越冬于长江以南地区。国外分布于欧亚大陆及非洲。

红脚鹬（繁殖羽）　杨贵生 / 摄

红脚鹬　杨贵生 / 摄

红脚鹬（雏鸟）　杨贵生 / 摄

红脚鹬（非繁殖羽）　杨贵生 / 摄

35. 泽鹬　*Tringa stagnatilis*
Marsh Sandpiper

【识别特征】体长约24cm。虹膜暗褐色。嘴细长，黑绿色。脚黄绿色，非繁殖季节橄榄绿色。繁殖羽头和颈部灰白色，具黑褐色纵纹；背淡褐色，具黑色斑点；下背和腰白色，尾上覆羽白色有黑褐色横斑；下体羽白色，前颈和胸中部具纵纹。非繁殖羽上体浅褐灰色，具苍白色羽缘，下体白色，前颈和胸中部无斑纹。

【生态习性】栖息于河口、湖泊、河流、沼泽地及稻田。常边走边取食。主要食昆虫幼虫、水生昆虫、甲壳类、软体动物、蠕虫及小鱼。

泽鹬（繁殖羽）　刘松涛 / 摄

繁殖期4月下旬至7月。营巢于草原上的湖泊、河流、沼泽地附近的草地上。巢极简陋，多在地面上的一浅坑内垫枯草即成。每窝产卵3～5枚。卵淡黄色和绿色，缀红褐色斑点，大小38mm×27mm。雌雄两性孵卵。

【保护级别】被列为中国"三有"保护动物。世界自然保护联盟（IUCN）和《中国脊椎动物红色名录》均评估为无危（LC）。

【分布】夏候鸟，旅鸟。在内蒙古繁殖于呼伦贝尔市、赤峰市，迁徙季节途经内蒙古各地。

国内繁殖于黑龙江、吉林、辽宁，迁徙时途经我国中东部地区，部分在西藏南部、海南、台湾越冬。国外分布于非洲、欧亚大陆至澳大利亚。

泽鹬（非繁殖羽）　杨贵生 / 摄

36. 青脚鹬 *Tringa nebularia* Common Greenshank

【识别特征】体长约 33cm。嘴黑色，稍上翘。脚黄绿色、橄榄色或青绿色。繁殖羽头顶黑褐色，具浅灰纵纹；上体浅灰色，有黑褐色轴斑；前颈、胸白色，有褐色纵纹；腹部白色；尾羽白色，有黑褐色横斑。非繁殖羽背部羽色较暗，呈深灰色，颈、胸部没有褐色纵纹。

【生态习性】栖息于湖泊、河流和沼泽地。在浅水沼泽中觅食。主要食小鱼、虾、昆虫等。繁殖期 5 ~ 7 月。营巢于林缘地带的湖泊、溪流岸边和沼泽地上。每窝产卵 3 ~ 5 枚。卵灰色、淡皮黄色或红棕色，大小 50mm×34mm。雌雄轮流孵卵。孵化期 24 ~ 25 天。雏鸟为早成鸟。

【保护级别】被列为中国"三有"保护动物。世界自然保护联盟（IUCN）和《中国脊椎动物红色名录》均评估为无危（LC）。

【分布】旅鸟。迁徙季节途经内蒙古各地。

国内迁徙季节途经华北、华中等地区，越冬于长江以南地区。国外分布于欧亚大陆和非洲。

青脚鹬（繁殖羽）　杨贵生 / 摄

37. 小青脚鹬
Tringa guttifer
Spotted Greenshank

【识别特征】体长约31cm。虹膜暗褐色。嘴微向上翘，基部黄色，端部黑色。脚黄色或黄褐色，三趾间部分具蹼。繁殖羽上体黑褐色，羽缘白色，在背肩部形成白色斑点，腰和尾白色，下体白色，前颈、胸和两胁具黑色斑点。非繁殖羽前额和眉纹白色，下体白色，胸部具淡灰色纵纹。幼鸟羽色似非繁殖羽，但上体羽色较深，背部羽毛具皮黄白色羽缘。

【生态习性】繁殖季节栖息于疏林中的水塘及沼泽，非繁殖季节见于湖泊、河流附近的沼泽、河口、海边沙滩及沿海沼泽。常单独活动。繁殖季节主要食小鱼，也食多毛纲环节动物、小甲壳类和昆虫；非繁殖季节食蟹、软体动物、水生无脊椎动物、昆虫幼虫和小鱼。一雄一雌制。6月份产卵。繁殖于落叶松疏林沼泽地。巢多筑于落叶松树上。巢材主要是树枝、苔藓和地衣。雌雄共同筑巢。每窝产卵4枚。雌雄轮流孵卵。

【保护级别】被列为中国国家一级重点保护野生动物，被列入《濒危野生动植物种国际贸易公约》（CITES）附录I。世界自然保护联盟（IUCN）和《中国脊椎动物红色名录》均评估为濒危（EN）。

【分布】旅鸟。在内蒙古分布于呼伦贝尔市、锡林郭勒盟、包头市和阿拉善盟。

国内迁徙季节见于江苏、上海、福建（福州市）、海南、广东沿海地区、台湾。国外繁殖于俄罗斯（萨哈林岛），在印度东北部、马来半岛、印度尼西亚、澳大利亚越冬。

小青脚鹬（繁殖羽）　李晓辉／摄

38. 白腰草鹬　*Tringa ochropus*　Green Sandpiper

【识别特征】体长约 23cm。虹膜暗褐色。嘴暗绿色或灰褐色，先端黑色。脚暗绿色。眼先黑褐色，眼圈白色，眼前有一白色眉斑与白色眼圈相连。繁殖羽额至后颈及背黑褐色，具细小白色斑点；下体白色，胸侧和两胁具黑色斑点。非繁殖季节上体羽色较暗，胸部纵纹不明显，为淡褐色。

【生态习性】栖息于河流沿岸、湖边、沼泽地。主要食昆虫、蠕虫、田螺、蜘蛛、甲壳类，偶尔也食小鱼和水草。繁殖期 4 ~ 7 月。一雄一雌制。营巢于林中或林缘。每窝产卵 3 ~ 4 枚。卵灰绿色或灰色，缀红褐色斑点，大小 39mm×28mm。雌雄轮流孵卵，但以雌性为主。孵化期 20 ~ 23 天。

【保护级别】被列为中国"三有"保护动物。世界自然保护联盟（IUCN）和《中国脊椎动物红色名录》均评估为无危（LC）。

【分布】夏候鸟，旅鸟。在内蒙古繁殖于呼伦贝尔市牙克石市以北的大兴安岭山区，迁徙季节途经内蒙古大部分地区。

国内繁殖于新疆和东北地区等地，迁徙时途经华北、西北、长江流域等地区，越冬于西藏南部、云贵高原、四川等长江以南地区。国外分布于欧亚大陆和非洲。

白腰草鹬（繁殖羽）　杨贵生 / 摄

白腰草鹬（非繁殖羽） 杨贵生 / 摄

白腰草鹬（繁殖羽） 杨贵生 / 摄

39. 林鹬 *Tringa glareola*
Wood Sandpiper

【识别特征】体长约 21cm。虹膜暗褐色。嘴黑色。脚淡黄色，非繁殖期橄榄绿色。繁殖羽眉纹白色，伸至眼后；头和后颈褐色，具黑褐色纵纹和点斑；背和肩部黑褐色，具白色斑点；下体羽白色，胸具黑褐色纵纹；腰及尾上覆羽白色，飞行时尾部的横斑、白色的腰部很明显，脚远伸于尾后。非繁殖羽胸部纵纹不明显。

【生态习性】栖息于林中、林缘湿地及湖泊、河流、沼泽地。主要食昆虫及其幼虫，也吃蠕虫、蜘蛛、甲壳类、软体动物和小鱼，有时也吃植物种子。繁殖期 5 ~ 7 月。巢多筑于湖泊周围、河流两岸、沼泽地附近的草丛或灌木丛地上。巢大都为地上的小浅坑，内垫苔藓、植物茎和叶，也常在树上营巢，有时也利用其他鸟类的旧巢。每窝产卵 3 ~ 4 枚。卵淡绿色或皮黄色，缀褐色或红褐色斑点，大小 40mm×27mm。雌雄共同孵卵。孵化期 22 ~ 23 天。

【保护级别】被列为中国"三有"保护动物。世界自然保护联盟（IUCN）和《中国脊椎动物红色名录》均评估为无危（LC）。

【分布】夏候鸟，旅鸟。繁殖于内蒙古东北部，迁徙季节途经内蒙古各地。

国内繁殖于黑龙江、吉林，迁徙时途经我国大部分地区，部分在广东、台湾和海南越冬。国外分布于非洲、欧亚大陆至澳大利亚。

林鹬（繁殖羽）　杨贵生 / 摄

林鹬（繁殖羽）　杨贵生 / 摄

林鹬（繁殖羽）　杨贵生 / 摄

林鹬　杨贵生 / 摄

40. 灰尾漂鹬　*Tringa brevipes*
Grey-tailed Tattler

【识别特征】体长约 25cm。虹膜暗褐色。嘴直，蓝灰色，下嘴基部黄色。脚黄色。繁殖羽上体，包括翅和尾灰色，下体白色，喉、胸及两胁具细而密的灰褐色横斑，眉纹白色，贯眼纹黑灰色。非繁殖羽上体灰色，下体淡灰白色，胸腹部及两胁无横斑。亚成体下体羽与成体非繁殖羽相似，但胸部和两胁深灰色，肩羽和翅覆羽缀白色斑点。

【生态习性】栖息于海滨沙滩、河口沙洲、湖泊和水塘岸边。单独或成小群沿水边觅食，有时也涉入浅水中觅食。主要食昆虫及其幼虫、甲壳类、软体动物，有时也吃小鱼。繁殖期 5 ~ 7 月。繁殖于俄罗斯东西伯利亚地区的河流两岸。在河边石块间地的凹坑中筑巢。每窝产卵 3 ~ 4 枚。卵淡蓝色，缀黑色斑点，大小 44mm×32mm。雌雄轮流孵卵。

【保护级别】被列为中国"三有"保护动物。世界自然保护联盟（IUCN）评估为近危（NT），《中国脊椎动物红色名录》评估为无危（LC）。

【分布】旅鸟。在内蒙古迁徙季节见于呼伦贝尔市、赤峰市、锡林郭勒盟、乌兰察布市、包头市、鄂尔多斯市、巴彦淖尔市。

国内迁徙季节途经东北地区，西至青海，南至广东沿海地区；在海南、台湾为旅鸟和冬候鸟。国外繁殖于俄罗斯（东西伯利亚地区至萨哈林岛），南到蒙古国；在印度尼西亚、马来西亚、菲律宾、澳大利亚、新西兰越冬。

灰尾漂鹬（繁殖羽）　王顺 / 摄

41. 翘嘴鹬 *Xenus cinereus*
Terek Sandpiper

【识别特征】体长约23cm。虹膜褐色。嘴细长，向上翘，橙黄色，先端黑色。脚橙黄色。繁殖羽上体灰褐色，具细长的黑色羽干纹；肩部的黑色羽干纹加宽，形成一条显著的黑色纵带；眉纹白色，贯眼纹黑色；下体灰白色，胸及胸侧具细的褐色纵纹。非繁殖羽肩部的黑色纵带、胸及胸侧的褐色纵纹不明显。雌性与雄性羽色相似。

【生态习性】栖息于北极苔原和苔原森林地带的湖泊、河流和水塘岸边。非繁殖期栖息于海岸、岛屿、河口沙滩。迁徙途中常活动于内陆湖泊、沼泽水域、大小河流。常单独或成小群活动。主要取食水面和地上的动

翘嘴鹬（繁殖羽）　赵国君 / 摄

物，也将嘴伸入水中，来回扫动探觅食物。主要食甲壳类、软体动物、蠕虫、昆虫等小型无脊椎动物。繁殖期5～7月。繁殖于欧亚大陆北部苔原及苔原森林地带。营巢于林中河流两岸、水塘岸边以及湖滨沙滩。巢为小浅坑，内垫枯草、松针及树皮。每窝产卵3～5枚。卵灰色或桂黄色，缀黑褐色斑点，大小38mm×26mm。孵化期23～24天。

【保护级别】被列为中国"三有"保护动物。世界自然保护联盟（IUCN）和《中国脊椎动物红色名录》均评估为无危（LC）。

【分布】旅鸟。在内蒙古见于呼伦贝尔市、赤峰市、锡林郭勒盟、包头市、鄂尔多斯市、巴彦淖尔市、阿拉善盟。

国内在吉林、辽宁、河北、山东、新疆、海南为旅鸟，在台湾为冬候鸟。国外繁殖于欧亚大陆北部，越冬于东非、波斯湾、东南亚、澳大利亚、新西兰。

翘嘴鹬（繁殖羽）　王志芳 / 摄

翘嘴鹬（繁殖羽）　赵国君 / 摄

翘嘴鹬（繁殖羽）　赵国君 / 摄

42. 矶鹬
Actitis hypoleucos
Common Sandpiper

【识别特征】体长约 20cm。虹膜褐色。嘴铅灰褐色，下嘴基部淡紫黄色。脚淡黄褐色。繁殖羽头的上部、背、肩及腰部橄榄绿褐色，闪古铜色光泽；眼先黑褐色，眉纹白色；颊、耳羽、颈侧及上胸灰褐色，具褐色纵纹和灰白色羽端；下体余部白色，胸部白色部分深入翼角前方形成白色带斑。非繁殖羽胸部纵纹不明显，其余体色似繁殖羽。幼鸟似繁殖羽，但上体深灰褐色。

【生态习性】栖息于河岸、湖边、溪流岸旁、沼泽地。常在河边浅水处及草地上觅食。主要食昆虫、蠕虫、虾、小鱼及蝌蚪等。繁殖期 5 ~ 7 月。营巢于湖岸边、湖心岛、河漫滩的草丛或灌丛间地上。巢甚简陋，常利用天然凹坑，内垫少许草叶筑成。每窝产卵 2 ~ 5 枚。卵灰黄色，缀暗红褐色斑点，大小 35mm×27mm。孵化期 21 ~ 22 天。雏鸟为早成鸟。

【保护级别】被列为中国"三有"保护动物。世界自然保护联盟（IUCN）和《中国脊椎动物红色名录》均评估为无危（LC）。

【分布】夏候鸟。繁殖于内蒙古各地。

国内繁殖于东北地区、西北地区、河北等地，迁徙时途经东北南部和长江以北广大地区，越冬于长江以南地区。国外分布于非洲、欧亚大陆至澳大利亚。

矶鹬（繁殖羽） 杨贵生 / 摄

矶鹬（繁殖羽）　杨贵生／摄

矶鹬（繁殖羽）　杨贵生／摄

43. 翻石鹬　*Arenaria interpres*
Ruddy Turnstone

【识别特征】体长约 22cm。虹膜暗褐色。嘴较短，黑色，基部较淡。脚橙黄色。繁殖羽背部红棕色，有白色羽缘；头白色，头顶具黑色纵纹；前颈和胸黑色，下体余部白色。非繁殖羽背为暗褐色，其余与繁殖羽相似。幼鸟似非繁殖羽，但上体黑褐色。

翻石鹬（繁殖羽）　杨贵生/摄

【生态习性】栖息于海岸、湖泊及沼泽地。觅食时嘴常微微上翘翻动小石，寻找下面隐藏的食物。繁殖期 5 ~ 7 月。通常小群营巢于水域附近的草丛。巢多为地面凹坑，内垫草茎、叶。每窝产卵 3 枚。卵沙黄色、橄榄色或棕色，具褐色或栗色斑，大小 48mm×32mm。雌雄轮流孵卵。孵化期 19 ~ 24 天。

【保护级别】被列为中国国家二级重点保护野生动物。世界自然保护联盟（IUCN）和《中国脊椎动物红色名录》评估为无危（LC）。

【分布】旅鸟。在内蒙古分布于呼伦贝尔市、赤峰市、锡林郭勒盟、乌兰察布市、包头市、鄂尔多斯市、巴彦淖尔市、阿拉善盟。

国内迁徙时途经东北、华北、西北、华南等地区，越冬于广东、福建和台湾。国外繁殖于欧亚大陆北部苔原带，越冬于非洲、东南亚和澳大利亚。

翻石鹬（非繁殖羽）　杨贵生/摄

44. 大滨鹬 *Calidris tenuirostris* Great Knot

【识别特征】体长约 29cm。小型涉禽。为滨鹬属内体型较大者。虹膜暗褐色。嘴黑色，端部微向下曲。腿灰绿色。繁殖羽上体灰褐色，头、颈密布黑褐色细条纹，肩羽棕色具黑色斑和白色羽缘，飞羽黑褐色，腰和尾上覆羽白色，尾羽暗灰色，颏、喉白色，颈、胸密布黑褐色斑，两胁也有黑斑。非繁殖羽上体灰色，具暗色羽干纹；头、颈、胸密布纤细的黑褐色纵纹，两胁具黑褐色斑点。亚成体上体黑褐色，羽缘淡色，下体白色，胸褐色，具黑褐色斑点。

【生态习性】栖息于海岸、河口沙洲以及附近沼泽地。迁徙季节见于开阔的河流与湖泊沿岸地带。常在河口沙滩、海岸潮涧带成群活动。主要食软体动物、甲壳类、昆虫及其幼虫。繁殖期 6 ~ 8 月。营巢于多苔藓和植物的苔原高原和岩石地带。通常在水域附近草丛或柳树、

大滨鹬　林清贤/摄

灌丛下营巢。巢为地面凹坑，内垫枯草和苔藓。每窝产卵 4 枚。卵灰黄色，缀红褐色与青灰色细小斑点，钝端有暗褐色线状纹，大小 41 ~ 45mm×30 ~ 32mm。

【保护级别】被列为中国国家二级重点保护野生动物。世界自然保护联盟（IUCN）评估为濒危（EN），《中国脊椎动物红色名录》评估为易危（VU）。

【分布】旅鸟。在内蒙古分布于呼伦贝尔市（呼伦湖）。

国内分布于天津、河北、辽宁、吉林、上海、江苏、广东、广西、浙江等地，在海南、台湾、香港为冬候鸟。国外繁殖于亚洲北部苔原地区，在亚洲南部和大洋洲越冬。

大滨鹬　林清贤/摄

45. 红腹滨鹬　*Calidris canutus*
Red Knot

【识别特征】体长约 25cm。虹膜深褐色。嘴黑色。脚黄绿色。繁殖羽上体灰褐色，具黑色中央纹，背具棕栗色和白色斑纹及羽缘，头侧和下体栗红色。非繁殖羽棕栗色消失，上体灰色，头具较细的黑色纵纹，背具细的黑色羽干纹和白色羽缘，下体白色，颊至胸具灰褐色纵纹。

【生态习性】繁殖期栖息于环北极海岸和沿海岛屿及其苔原地带的山地、丘陵和苔原草甸。常单独或成小群活动。主要食软体动物、甲壳类、昆虫及其幼虫等小型无脊椎动物，也食部分植物嫩芽、种子与果实。繁殖期 6 ~ 8 月。巢多位于有苔藓和草的岩石地区。每窝产卵 3 ~ 5 枚。卵橄榄绿色或橄榄皮黄色，缀褐色或黑褐色斑点。雌雄轮流孵卵。

【保护级别】被列为中国"三有"保护动物。世界自然保护联盟（IUCN）评估为近危（NT），《中国脊椎动物红色名录》评估为易危（VU）。

【分布】旅鸟。在内蒙古迁徙季节见于呼伦贝尔市、锡林郭勒盟和赤峰市。

国内迁徙期间途经辽宁、河北、山东、青海、江苏、福建、广东、海南（海南岛）、香港和台湾。国外繁殖于北极和近北极地区，越冬于北海、西非、印度尼西亚、澳大利亚和南美洲。

红腹滨鹬（繁殖羽）　王顺 / 摄

46. 三趾滨鹬　*Calidris alba*　Sanderling

【识别特征】体长约 20cm。虹膜暗褐色。嘴黑色。跗跖、趾黑褐色，仅有 3 趾。繁殖羽额基部、颏、喉、下胸、腹部白色；头、颈、上胸深栗红色，具有黑褐色纵纹；背深栗红色，腰白色。非繁殖羽前额、眼先、颊、颏喉、胸腹部白色，胸侧沾灰色，头顶、后头、颈侧、肩部淡灰白色；翅上小覆羽黑色，形成明显的黑色翼角。幼鸟头顶黑褐色，羽缘皮黄色，眼先和耳羽具黑褐色斑，下体白色，上胸沾皮黄色。

【生态习性】栖息于海岸、湖边、沼泽等湿地。单独或成群活动。喜欢在海边潮间带取食，紧跟后退潮水，快速啄食潮后露在沙滩的小型甲壳类。繁殖季节主要食昆虫及其幼虫，也食蜘蛛、甲壳类及少量植物，非繁殖季节主要食小软体动物、甲壳类、蠕虫、昆虫。繁殖期 6 ~ 7 月。一雄一雌制，偶尔一雄多雌制。繁殖于北极苔原地带。在湖泊沼泽和海岸边营巢。每窝产卵 3 ~ 4 枚。卵黄褐色或橄榄黄色，缀黑褐色斑点。雌雄共同孵卵，雌性通常产 2 窝卵，雌雄各孵 1 窝。孵化期 24 ~ 32 天。雏鸟早成性。

【保护级别】被列为中国"三有"保护动物。世界自然保护联盟（IUCN）和《中国脊椎动物红色名录》均评估为无危（LC）。

【分布】旅鸟。在内蒙古迁徙季节见于呼伦贝尔市（呼伦湖）、赤峰市（喀喇沁旗）、锡林郭勒盟、巴彦淖尔市（乌梁素海）、阿拉善盟（阿拉善左旗）。

国内迁徙季节途经辽宁、河北、山东、新疆、福建、广东、海南、香港、台湾，少数在福建、广东南部、海南、台湾为冬候鸟。国外繁殖于北极地区，在美洲中部和南部、欧洲西部和南部、非洲、亚洲南部越冬。

三趾滨鹬（非繁殖羽）　杨贵生 / 摄

三趾滨鹬（非繁殖羽）　杨贵生／摄

三趾滨鹬（非繁殖羽）　杨贵生／摄

47. 红颈滨鹬 *Calidris ruficollis*
Red-necked Stint

【识别特征】体长约 15cm。虹膜褐色。嘴黑色。脚黑褐色。繁殖羽颏白色,头、颈、上胸红褐色,背具黑褐色中央斑和白色羽缘,下胸至尾下覆羽白色,胸侧缀少许褐色斑,覆羽和三级飞羽边缘灰褐色。非繁殖羽眉纹白色,上体灰褐色,具黑褐色细轴纹,下体白色。幼鸟似非繁殖羽。

【生态习性】栖息于沿海地带、内陆浅水沼泽或积水草甸。主要食水生昆虫、蠕虫、甲壳类和软体动物。繁殖期 6 ~ 8 月。繁殖于苔原。每窝产卵 4 枚。卵黄褐色,缀砖红色斑点,大小 28mm×20mm。

【保护级别】被列为中国"三有"保护动物。世界自然保护联盟(IUCN)评估为近危(NT),《中国脊椎动物红色名录》评估为无危(LC)。

【分布】旅鸟。在内蒙古迁徙季节途经呼伦贝尔市、兴安盟、锡林郭勒盟东部、赤峰市、乌兰察布市、包头市、鄂尔多斯市、阿拉善盟。

国内迁徙季节途经吉林、辽宁、青海及华南地区。国外分布于亚洲、澳大利亚。

红颈滨鹬(繁殖羽) 杨贵生 / 摄

红颈滨鹬(繁殖羽) 杨贵生 / 摄

红颈滨鹬(繁殖羽) 杨贵生 / 摄

48. 小滨鹬 *Calidris minuta* Little Stint

【识别特征】体长约14cm。虹膜暗褐色。嘴和脚黑色。繁殖羽上体棕红色，羽缘白色；胸侧棕红色，具黑色斑点；下体白色。与红颈滨鹬相比，腿较长，喉部较白，覆羽和三级飞羽边缘为棕色。非繁殖羽前额和眉纹白色，上体褐灰色，下体胸前部褐灰色，颏喉部白色。幼鸟头顶淡栗色，具褐色纵纹。

【生态习性】栖息于沿海岸边及内陆湖泊、河流岸边及其附近沼泽地。繁殖季节嗜食昆虫及其幼虫，非繁殖季节食环节动物、软体动物、甲壳类、水生昆虫及其幼虫。6～7月于北极苔原地带繁殖。在河流、湖泊岸边及其附近的沼泽地上营巢。每窝产卵3～4枚。卵橄榄绿色，缀红褐色斑点，大小29mm×21mm。雌雄共同孵卵，但在一雄多雌和一雌多雄情况下由雄性或雌性单独孵卵。孵化期20～21天。

【保护级别】被列为中国"三有"保护动物。世界自然保护联盟（IUCN）评估为无危（LC），《中国脊椎动物红色名录》评估为数据缺乏（DD）。

【分布】旅鸟。在内蒙古迁徙季节途经阿拉善盟、乌兰察布市、赤峰市、锡林郭勒盟。
国内迁徙时途经河北、青海、广东、香港和台湾。国外分布于欧亚大陆及非洲。

小滨鹬（繁殖羽） 杨贵生/摄

小滨鹬（繁殖羽）　杨贵生／摄

小滨鹬　杨贵生／摄

49. 青脚滨鹬 *Calidris temminckii*
Temminck's Stint

【识别特征】体长约 15cm。虹膜暗褐色。嘴黑色，下端基部褐色或绿灰色。跗跖、趾、爪橄榄铅黑色。繁殖羽头的上部、后颈、上背及两肩灰褐色，具黑褐色纵纹；背和两肩具黑褐色羽轴斑和棕色羽缘。非繁殖羽上体灰褐色，羽缘灰色；眼先和颊灰白色，具褐色纵纹；颈侧、前颈和上胸灰褐色，下胸和腹部白色。幼鸟羽色与非繁殖羽相似，但呈暗褐色。

【生态习性】栖息于海边、湖边、河滩、沼泽地。在繁殖地和内陆，主要食鞘翅目、双翅目昆虫及其幼虫，也食植物；在沿海地区，主要食环节动物、甲壳类及小的软体动物。常边走边觅食。繁殖期 5 月下旬至 7 月初。每年产 2 窝，偶尔 3 窝。在水域附近的地上营巢。巢为地面上的小凹坑，内垫植物的茎和叶。每窝产卵 2 ~ 4 枚。卵黄褐色或绿灰色，缀暗褐色斑纹及蓝灰色斑点，大小 28mm×20mm。

【保护级别】被列为中国"三有"保护动物。世界自然保护联盟（IUCN）和《中国脊椎动物红色名录》均评估为无危（LC）。

【分布】旅鸟。迁徙季节见于内蒙古各地。

国内迁徙季节途经全国各地，在云南、广东、福建、海南、香港、台湾越冬。国外繁殖于欧洲和亚洲北部，迁徙时途经欧洲和亚洲，越冬于地中海、非洲中部、亚洲南部。

青脚滨鹬（繁殖羽）　杨贵生 / 摄

青脚滨鹬　杨贵生 / 摄

青脚滨鹬（繁殖羽）　孙孟和 / 摄

50. 长趾滨鹬　*Calidris subminuta*
Long-toed Stint

【识别特征】体长约 15cm。虹膜暗褐色。嘴黑色，下嘴基部通常沾褐色或草灰绿色。脚和趾褐黄色、草黄色、绿色，有时浅黄褐色；趾明显较其他滨鹬长，中趾的长度明显超过嘴峰。繁殖羽上体棕褐色；前额、头顶至后颈棕色，具黑色细纵纹；背具粗著的黑褐色斑和棕色及白色羽缘；下体白色，颈侧、胸侧驼色，具黑色纵纹；飞翔时背上的"V"形白斑非常明显。非繁殖羽上体较浅淡，胸侧和两胁淡棕褐色消失。

长趾滨鹬（繁殖羽）　杨贵生 / 摄

【生态习性】栖息于盐水湖泊、河流、水库和沼泽地带。夏季也常到离水域较远的山地苔原地带。常单独或成小群活动。喜欢在富有植物的水边泥地、沙滩以及浅水处活动和觅食。主要食昆虫及其幼虫、软体动物等，有时也食小鱼和植物种子。繁殖期 6 ～ 8 月。营巢于水域附近的植物丛中，或沼泽地中较高的干燥地上。巢多置于地面凹坑内。每窝产卵 4 枚。

【保护级别】被列为中国"三有"保护动物。世界自然保护联盟（IUCN）和《中国脊椎动物红色名录》均评估为无危（LC）。

【分布】旅鸟。在内蒙古见于呼伦贝尔市、锡林郭勒盟、赤峰市、呼和浩特市、包头市、巴彦淖尔市、鄂尔多斯市和阿拉善盟。

国内迁徙季节经过东北地区、华北地区、甘肃、青海、黄河流域和长江流域及长江以南地区，部分在香港、广东、海南和台湾越冬。国外繁殖于俄罗斯西伯利亚东北部，东至到楚科奇半岛；越冬于印度及菲律宾等东南亚国家。

长趾滨鹬（繁殖羽）　赵国君 / 摄

51. 斑胸滨鹬　*Calidris melanotos*
Pectoral Sandpiper

【识别特征】体长约 22cm。虹膜暗褐色。嘴黑褐色，基部淡黄褐色。脚黄绿色。繁殖羽上体黑褐色，背肩部有白色羽缘形成的"V"形斑。雄性前颈、颈侧和胸部黑褐色，具白色斑点；雌性前颈、颈侧和胸部黄褐色，具黑褐色纵纹。非繁殖羽羽色较淡，上体淡灰褐色，前颈、颈侧和胸部灰色，具黑褐色纵纹，腹部白色。幼鸟似繁殖羽。

【生态习性】主要栖息于湖泊和河流岸边及其附近的沼泽地。主要食昆虫及其幼虫和蜘蛛，迁徙季节也食蟋蟀、环节动物、软体动物、甲壳类及植物种子。繁殖期 6 ~ 7 月。主要在北极苔原地带繁殖。巢筑于沼泽地边缘草丛或灌木丛下。每窝产卵 4 枚。卵淡黄色或灰绿色，缀褐色斑，大小 37mm×25mm。孵化期 21 ~ 23 天。雏鸟为早成鸟。

【保护级别】被列为中国"三有"保护动物。世界自然保护联盟（IUCN）评估为无危（LC），《中国脊椎动物红色名录》评估为数据缺乏（DD）。

【分布】旅鸟。在内蒙古迁徙季节途经赤峰市、乌兰察布市。

国内迁徙时途经河北、上海和台湾。国外分布于亚洲北部和南美洲。

斑胸滨鹬（非繁殖羽）　杨贵生 / 摄

斑胸滨鹬（非繁殖羽） 杨贵生/摄

斑胸滨鹬（非繁殖羽） 杨贵生/摄

52. 黄胸滨鹬　*Calidris subruficollis*
Buff-breasted Sandpiper

【识别特征】体长约 20cm。虹膜褐色。嘴短，黑色。脚橙黄色。繁殖羽上体黑褐色，具白色羽缘；飞羽具皮黄白色羽缘。非繁殖羽与繁殖羽类似，但上体皮黄色羽缘较宽。幼鸟头和下体似成鸟，但白色和皮黄色羽缘较宽，翅上覆羽具亚端中央斑。

【生态习性】栖息于排水良好的苔原，或有稀少植被的潮湿草地。常单独活动。喜欢在地上行走，受到干扰也很少起飞。一旦飞起来，亦能随时改变方向。主要食昆虫及其幼虫，也食植物种子。营巢于山地草丛中。每窝产卵 4 ~ 5 枚。

【保护级别】世界自然保护联盟（IUCN）评估为近危（NT），《中国脊椎动物红色名录》评估为数据缺乏（DD）。

【分布】旅鸟。在内蒙古迁徙季节见于呼伦贝尔市（呼伦湖）。

国内见于台湾。国外繁殖于美国（阿拉斯加州）和加拿大北部，迁徙季节偶见日本，在南美洲越冬。

黄胸滨鹬　乌瑛嘎 / 绘

53. 尖尾滨鹬　*Calidris acuminata*
Sharp-tailed Sandpiper

【识别特征】体长约 20cm。虹膜暗褐色。嘴微向下弯，黑褐色，基部褐色。脚绿黄色。眉纹黄白色。繁殖羽额、头顶、枕淡栗色，具黑色羽干纹；上体多赤栗色，并具黑色羽干纹；下背、腰和中央尾上覆羽黑褐色，具棕红色羽缘；颊部、胸淡红褐色，具黑色斑点；腹部白色，两胁具"V"字形黑色斑。非繁殖羽头和上体颜色变淡，下体黑斑不明显。

尖尾滨鹬（繁殖羽）　赵国君 / 摄

【生态习性】栖息于海滨沙滩、浅水沼泽、积水草甸。常在浅滩、水坑边或草丛下觅食。主要食螺、蚌等软体动物及水生昆虫、甲壳类、植物种子等。繁殖季节的食物几乎全部为昆虫幼虫。迁徙时集小群。繁殖于俄罗斯西伯利亚地区苔原带。繁殖期 5 ~ 7 月。营巢于富有苔藓和草本植物的湿地和长有小柳树的灌丛地区。筑巢于草丛下的地面凹坑。每窝产卵 4 枚。卵橄榄褐色或橄榄绿色，缀褐色斑点，大小 36mm×27mm。

【保护级别】被列为中国"三有"保护动物。世界自然保护联盟（IUCN）和《中国脊椎动物红色名录》均评估为无危（LC）。

【分布】旅鸟。在内蒙古见于呼伦贝尔市、锡林郭勒盟、赤峰市、呼和浩特市、巴彦淖尔市、鄂尔多斯市和阿拉善盟。

国内迁徙季节见于东北地区、河北、甘肃，南至广东、福建、海南、台湾，部分在海南和台湾越冬。国外繁殖于俄罗斯（西伯利亚东北部）和美国（阿拉斯加州），越冬于马来半岛、印度尼西亚、澳大利亚和新西兰。

尖尾滨鹬（繁殖羽）　赵国君 / 摄

54. 阔嘴鹬 *Calidris falcinellus*
Broad-billed Sandpiper

【识别特征】体长约17cm。虹膜褐色。嘴黑色，基部宽扁，先端略向下弯。脚灰黑色。繁殖羽头顶、枕及后颈黑色，羽缘赤褐色，具白色眉纹与侧冠纹；上体及尾上覆羽黑褐色，具赤褐色羽缘及白色羽斑；背肩部有一白色"V"形斑；下体白色，具黑褐色点状斑。非繁殖羽上体灰褐色，具白色羽缘；下体白色，暗色斑纹少而不明显；翼角羽色较黑。幼鸟羽色似繁殖羽，但颊、颈侧沾棕色。

阔嘴鹬（繁殖羽）　赵国君／摄

【生态习性】繁殖期栖息于苔原和苔原森林地带中的湖泊、河流、水塘、芦苇沼泽岸边和草地上，非繁殖期栖息于海岸、河口及其附近的沼泽和湿地。喜集群。主要食水生昆虫、软体动物、环节动物、甲壳类、植物种子等，翻找食物时嘴垂直向下。繁殖期6～7月。每窝产卵4枚。卵淡褐色或黄灰色，具赤褐色斑点，大小32mm×23mm。雌雄轮流孵卵。

【保护级别】被列为中国国家二级重点保护野生动物。世界自然保护联盟（IUCN）和《中国脊椎动物红色名录》均评估为无危（LC）。

【分布】旅鸟。在内蒙古见于呼伦贝尔市、锡林郭勒盟、赤峰市和包头市。

在国内大部地区为旅鸟，在台湾、海南等地为冬候鸟。国外繁殖于欧亚大陆北部，越冬于地中海、红海、印度、中南半岛和澳大利亚。

阔嘴鹬（非繁殖羽）　王顺／摄

55. 流苏鹬
Calidris pugnax
Ruff

【识别特征】体长 25 ~ 32cm。虹膜褐色。嘴褐色，基部近黄色，冬季灰色。雌性、幼鸟、雄性非繁殖羽的脚黄色或绿色，雄性繁殖羽为橙褐色。雄性繁殖羽头部有可以竖起来的耳状簇羽，在前颈和胸部有流苏状饰羽，颜色有白色、黑色、棕色，变化不一；下胸和腹部白色，胸侧具黑褐色斑纹。雌性变化较雄性小，上体通常为褐色，具淡色羽缘，胸和两胁具黑色斑点。非繁殖羽雌雄性相似，无饰羽，羽色似雌性繁殖羽，但上体呈淡褐色。

流苏鹬（雌性）　杨贵生 / 摄

【生态习性】繁殖期栖息于苔原和平原草地上的湖泊与河流岸边及其附近的沼泽和湿草地上；非繁殖期主要栖息于草地、耕地、河流、湖泊、沼泽以及海岸附近的沼泽。主要食甲虫、蚯蚓、蠕虫等小型无脊椎动物，有时也食植物种子。繁殖期 5 ~ 8 月。营巢于沼泽湿地和水域岸边。巢由雌性在地上挖小坑，内垫枯草和树叶筑成。每窝产卵 3 ~ 4 枚。卵橄榄褐色、黄褐色、淡绿色或淡蓝色，具褐色斑。雌性孵卵。孵化期 20 ~ 21 天。

【保护级别】被列为中国"三有"保护动物。世界自然保护联盟（IUCN）和《中国脊椎动物红色名录》均评估为无危（LC）。

流苏鹬（雄性）　杨贵生 / 摄

【分布】旅鸟。在内蒙古迁徙季节见于锡林郭勒盟、赤峰市、巴彦淖尔市、鄂尔多斯市和阿拉善盟。
　　国内迁徙季节途经新疆西部、西藏南部、吉林西部、河北、江苏、山东、广东、福建、香港和台湾，部分在广东、福建、香港和台湾越冬。国外繁殖于欧亚大陆北部，越冬于非洲、东南亚和澳大利亚。

流苏鹬　杨贵生 / 摄

56. 弯嘴滨鹬
Calidris ferruginea
Curlew Sandpiper

【识别特征】体长约21cm。虹膜暗褐色。嘴细长而向下弯曲，黑色。脚铅灰色。繁殖羽头和下体栗色；上体黑色，具黄棕色和白色羽缘；尾上覆羽白色。非繁殖羽眉纹白色，上体灰褐色，羽缘白色，下体白色，颈侧和胸沾驼色，并具纵纹。幼鸟似非繁殖羽。

【生态习性】繁殖期栖息于俄罗斯西伯利亚北部海岸苔原地带，非繁殖期则主要栖息于海岸、湖泊、河流及附近沼泽地。主要食水生昆虫、甲壳类、软体动物及蠕虫。繁殖期6~7月。每窝产卵4枚。卵橄榄绿色或灰绿色，缀褐色或黑褐色斑点。雌雄轮流孵卵。

【保护级别】被列为中国"三有"保护动物，被列入内蒙古自治区重点保护陆生野生动物名录。世界自然保护联盟（IUCN）评估为近危（NT），《中国脊椎动物红色名录》评估为无危（LC）。

【分布】旅鸟。在内蒙古迁徙季节见于呼伦贝尔市、赤峰市、乌兰察布市、包头市、巴彦淖尔市、鄂尔多斯市、乌海市和阿拉善盟。

国内迁徙时途经全国各地，部分越冬于福建、广东、香港和台湾。国外分布于亚洲北部、非洲及澳大利亚。

弯嘴滨鹬（繁殖羽）　宋丽军/摄

57. 黑腹滨鹬 *Calidris alpina* Dunlin

【识别特征】体长约 22cm。虹膜暗褐色。嘴较长，尖端微向下弯曲，黑色。脚黑褐色。繁殖羽眉纹白色；背锈色，具黑色中央斑和白色羽缘；下体白色，颊至胸有黑褐色细纵纹，腹中央有大型黑斑。非繁殖羽上体灰褐色，下体白色，胸部和颈侧沾灰褐色。幼鸟背黑褐色，下体白色，胁部具黑褐色点斑。

【生态习性】栖息于湖泊、河流、水库等附近的沼泽与草地上。善奔跑，常沿水边跑跑停停，飞行快而直。主要食甲壳类、软体动物、蠕虫、昆虫等。繁殖期 5 ~ 8 月。营巢于苔原沼泽和湖泊岸边草丛。每窝产卵 2 ~ 6 枚。卵绿色或橄榄绿色，缀栗色和暗褐色斑点，大小 36mm×25mm。雌雄轮流孵卵。孵化期 21 ~ 22 天。雏鸟为早成鸟。

【保护级别】被列为中国"三有"保护动物。世界自然保护联盟（IUCN）和《中国脊椎动物红色名录》均评估为无危（LC）。

【分布】旅鸟。迁徙季节见于内蒙古各地。

国内迁徙时途经新疆、黑龙江、吉林，向南至长江流域；越冬于华南地区、东南沿海地区和澎湖列岛。国外分布于欧亚大陆和非洲。

黑腹滨鹬　李士伟 / 摄

黑腹滨鹬（非繁殖羽） 赵国君 / 摄

黑腹滨鹬（非繁殖羽） 赵国君 / 摄

58. 红颈瓣蹼鹬 *Phalaropus lobatus* Red-necked Phalarope

【识别特征】体长约 19cm。虹膜褐色。嘴细长，黑色。脚灰色。雌性繁殖羽眼上有一小块白斑，上体石板黑色，背、肩部有 4 条橙黄色纵带，眼后至前颈为栗红色环带，颏、喉和胸以下白色，胸侧和两胁具灰色斑纹。雄性似雌性，但体型较小，上体羽色较淡，颈部环带棕红色。非繁殖羽眼后有条状黑斑，上体灰黑色，具白色羽缘，额、颊、颈侧和下体白色。

红颈瓣蹼鹬（雄性）　赵国君 / 摄

【生态习性】繁殖期栖息于北极苔原和森林苔原地带的内陆淡水湖泊及沼泽地，非繁殖期栖息于近海的浅水处。主要在水上觅食，食物以水生昆虫及其幼虫、甲壳类和软体动物为主。繁殖期 6 ~ 8 月。营巢于湖泊附近的草地或土丘上。雌雄共同营巢。每窝产卵 4 枚。卵淡黄褐色或赭橄榄色，缀黑褐色斑点。雄性孵卵。

【保护级别】被列为中国"三有"保护动物。世界自然保护联盟（IUCN）和《中国脊椎动物红色名录》均评估为无危（LC）。

【分布】旅鸟。在内蒙古迁徙季节见于呼伦贝尔市、锡林郭勒盟、赤峰市、巴彦淖尔市和阿拉善盟。

国内迁徙期间途经新疆（天山）、西藏南部、青海（青海湖）、黑龙江、山东、江苏、福建、广东、台湾和海南（海南岛），部分可能在广东、海南（海南岛）和台湾沿海越冬。国外繁殖于北极地区，越冬于非洲、南亚、东南亚、澳大利亚、新西兰、南美洲西部到智利。

红颈瓣蹼鹬（雄性）　赵国君 / 摄

59. 灰瓣蹼鹬　*Phalaropus fulicarius*
Grey Phalarope

【识别特征】体长约 21cm。虹膜褐色。嘴黄色，端部黑色。脚灰色。雌性繁殖羽嘴基、颏、额、头顶和枕部黑色，自眼先向后至两颊白色，下体余部栗红色。雄性体型较小，羽色较暗淡，下体两侧和腹部沾白色。非繁殖羽头和下体白色，上体余部灰黑色，具白色羽缘，自眼先到眼后耳区有一黑色带斑，头顶后部有一黑色斑。

【生态习性】主要栖息于苔原地带的湿地，迁徙季节见于内陆湖泊，冬季栖息于海洋。常单独或成小群活动。善游泳，游泳时常点头。主要食昆虫及其幼虫、软体动物、甲壳类、蜘蛛、环节动物等。繁殖期 6 ~ 7 月。繁殖于北极海岸苔原带的水塘、湖泊和沼泽地上。巢内垫有枯草和苔藓。每窝产卵 3 ~ 6 枚。卵淡黄褐色，缀黑褐色斑。雄性承担孵卵和育雏任务。孵化期 18 ~ 20 天。

【保护级别】被列为中国"三有"保护动物。世界自然保护联盟（IUCN）和《中国脊椎动物红色名录》均评估为无危（LC）。

【分布】旅鸟。在内蒙古迁徙季节见于锡林郭勒盟和呼伦贝尔市。

国内迁徙季节见于黑龙江、河北、新疆、上海和台湾。国外繁殖于北极地区，越冬于南美洲西部和非洲西部及西南部。

灰瓣蹼鹬（右上、左下非繁殖羽，左上雄性繁殖羽，右下雌性繁殖羽）　乌瑛嘎 / 绘

燕鸻科 Glareolidae

60. 普通燕鸻　*Glareola maldivarum*
Oriental Pratincole

【识别特征】体长约 23cm。虹膜暗褐色。嘴黑色，嘴角红色。脚紫褐色。繁殖羽颏、喉棕白色；自眼先经眼的下缘至喉部后缘有一条黑色半环形圈，圈内缘缀以白纹；背腰部橄榄灰褐色，腹部白色，尾分叉。非繁殖羽似繁殖羽，但喉部淡褐色，围绕喉部的圈为暗褐色，嘴基部无红色。幼鸟头顶黑褐色，背部橄榄灰色，喉斑白色，无黑色半环形圈。

【生态习性】栖息于湖泊、沼泽及水域附近的草地上。飞时似燕，并往往绕成半圈状迅速飞行。主要食昆虫，也食甲壳类。繁殖期 5 ~ 6

普通燕鸻　杨贵生 / 摄

月。常成群营巢于河流两岸、湖泊岸边、湖中旱地。巢筑于草丛中、地面上的自然凹坑内或牛蹄坑中，内垫少许枯草茎。每窝产卵 3 枚。卵土黄色，缀暗褐色斑，大小 30mm×24mm。

【保护级别】被列为中国"三有"保护动物。世界自然保护联盟（IUCN）和《中国脊椎动物红色名录》均评估为无危（LC）。

【分布】夏候鸟。在内蒙古繁殖于呼伦贝尔市、兴安盟、通辽市、锡林郭勒盟、赤峰市、乌兰察布市、呼和浩特市、巴彦淖尔市、鄂尔多斯市和阿拉善盟。

国内繁殖于华北地区、东北地区、福建、广东等地，迁徙时途经东北南部、河北、甘肃、西藏及云南等地，部分越冬于香港和台湾。国外分布于亚洲、澳大利亚。

普通燕鸻（幼鸟）　杨贵生 / 摄

普通燕鸻　杨贵生 / 摄

普通燕鸻（护巢行为）　杨贵生 / 摄

鸥科 Laridae

61. 三趾鸥
Rissa tridactyla
Black-legged Kittiwake

【识别特征】体长约 44cm。虹膜褐色。嘴黄色。脚三趾，黑色。繁殖羽头、胸、腹部白色，背部铅灰色，翼尖黑色。非繁殖羽和繁殖羽基本相似，但头顶和枕淡灰色。亚成体颈后有黑色横带，眼后具黑斑，翅上有明显黑色带斑，尾端黑色。

【生态习性】主要栖息于北极海洋岸边和岛屿上，非繁殖期主要栖息于海洋。常成群活动。主要食小鱼，有时也食甲壳类和软体动物。主要在海面涡流中捕食。繁殖期 6 ~ 7 月。营巢于海岸和海岛上。常成群繁殖。雌雄共同营巢。每窝产卵 2 ~ 3 枚。卵赭色，缀暗色斑点。雌雄轮流孵卵。孵化期 21 ~ 25 天。

【保护级别】被列为中国"三有"保护动物。世界自然保护联盟（IUCN）评估为易危（VU），《中国脊椎动物红色名录》评估为无危（LC）。

【分布】旅鸟。在内蒙古迁徙季节见于呼伦贝尔市、锡林郭勒盟、巴彦淖尔市、乌海市。

国内迁徙季节见于新疆北部、甘肃、云南、四川等地，在辽宁、河北、山东、江苏、浙江、香港、台湾等沿海地区越冬。国外繁殖于欧洲西北部北冰洋巴伦支海海岸，往东到俄罗斯（新地岛、堪察加半岛）、白令海峡岛屿、加拿大东北海岸；越冬于太平洋、大西洋沿岸。

三趾鸥（上非繁殖羽，左繁殖羽，右亚成体） 乌瑛嘎 / 绘

62. 棕头鸥　*Chroicocephalus brunnicephalus*
Brown-headed Gull

【识别特征】体长约 46cm。虹膜暗褐色。嘴和脚暗红棕色。繁殖羽头部棕褐色，颈、腰、尾上覆羽、尾羽及下体白色，背肩部、翼上覆羽暗灰色。非繁殖羽与繁殖羽相似，但头部白色，眼后和枕部有褐色块斑。

棕头鸥（成鸟和雏鸟）　杨贵生／摄

【生态习性】栖息于沿海的岛屿、海湾、海岸和内陆河流、湖泊及其附近草地。主要食鱼、虾、螺蛳、昆虫、蜥蜴、啮齿动物，有时也食植物。繁殖期 6 ~ 7 月。营巢于海岸和内陆湖泊沿岸的地面及湖心岛。巢以灌木小枝、植物茎叶等筑成。每窝产卵 3 枚。卵浅灰褐色或浅灰绿色，具不规则的褐色斑，大小 74mm×53mm。雌雄轮流孵卵。孵化期约 28 天。雏鸟为晚成鸟。

【保护级别】被列为中国"三有"保护动物。世界自然保护联盟（IUCN）和《中国脊椎动物红色名录》均评估为无危（LC）。

【分布】夏候鸟。在内蒙古繁殖于阿拉善盟、鄂尔多斯市、锡林浩特市，迁徙季节见于呼伦贝尔市、兴安盟、乌兰察布市、巴彦淖尔市。

国内繁殖于新疆、青海、甘肃，迁徙时途经华北地区和四川，越冬于云南。国外分布于亚洲。

棕头鸥（孵卵）　杨贵生／摄

棕头鸥　杨贵生 / 摄

棕头鸥（繁殖羽）　杨贵生 / 摄

棕头鸥　杨贵生 / 摄

63. 红嘴鸥　*Chroicocephalus ridibundus*
Black-headed Gull

【识别特征】体长约 39cm。虹膜暗褐色。繁殖羽嘴和脚暗红色，头部棕褐色，眼周的上、下及后边白色（连成白色新月形圈），后颈及下体羽白色，背和翅覆羽淡灰色，尾羽白色。非繁殖羽嘴红色，尖端黑色，头白色，头顶有褐色斑，眼后有黑褐色斑。

【生态习性】栖息于低海拔地区海滨、内陆湖泊、河流、沼泽及水田中，亦常见于草原、荒漠、半荒漠中的水泡中。善游泳。主要食鱼、昆虫、蜘蛛、甲壳类、蚯蚓、螺及小鼠等。繁殖期 4 ~ 6 月。通常成群营巢于湖泊、水塘、

红嘴鸥（繁殖羽）　杨贵生 / 摄

沼泽等水域环境附近的芦苇丛或草地上。用芦苇、蒲草和干草茎筑巢。每窝产卵 3 枚。卵灰褐色，缀褐色斑点，大小 42mm×31mm。雌雄轮流孵卵。孵化期 22 ~ 26 天。

【保护级别】被列为中国"三有"保护动物。世界自然保护联盟（IUCN）和《中国脊椎动物红色名录》均评估为无危（LC）。

【分布】夏候鸟，旅鸟。在内蒙古繁殖于呼伦贝尔市、兴安盟、通辽市、锡林郭勒盟、赤峰市，迁徙季节途经内蒙古各地。

国内繁殖于新疆、黑龙江、吉林，迁徙时途经华北地区、甘肃，越冬于云南、黄河下游地区、长江流域及长江以南地区。国外分布于欧亚大陆和非洲。

红嘴鸥（繁殖羽）　杨贵生 / 摄

红嘴鸥（亚成体） 杨贵生 / 摄

红嘴鸥（繁殖羽） 杨贵生 / 摄

红嘴鸥（非繁殖羽） 杨贵生 / 摄

红嘴鸥（非繁殖羽） 杨贵生 / 摄

红嘴鸥 杨贵生 / 摄

64. 黑嘴鸥　*Saundersilarus saundersi*
Saunders's Gull

【**识别特征**】体长约 33cm。虹膜暗褐色。嘴黑色。脚红色。繁殖羽头和颈上部黑色，眼上和眼下具新月形白色斑，上背及下体白色。非繁殖羽额、头和颈部白色，头顶有淡褐色斑，耳区有黑色斑点。亚成体与非繁殖羽相似，但背部羽毛沾褐色，嘴黄色，尾末端黑色。

【**生态习性**】栖息于沿海潮间滩涂、盐沼、河流入海口、内陆湖泊、沼泽地。主要食小鱼、甲壳类、蠕虫、昆虫等。繁殖期 5 ～ 7 月。巢多筑于开阔的沿海滩涂地带。每窝产卵 1 ～ 3 枚。卵暗绿色或土黄色，缀深褐色斑点，大小 48mm×35mm。雌雄轮流孵卵，但以雌性为主。孵化期 21 天。雏鸟为半早成鸟。

【**保护级别**】被列为中国国家一级重点保护野生动物。世界自然保护联盟（IUCN）和《中国脊椎动物红色名录》均评估为易危（VU）。

【**分布**】旅鸟。在内蒙古呼伦贝尔市（呼伦湖）、兴安盟（扎赉特旗图牧吉国家级自然保护区）、锡林郭勒盟（乌拉盖湿地和阿巴嘎旗呼日查干淖尔）、赤峰市（阿鲁科尔沁旗和达里诺尔）、乌兰察布市（黄旗海）有分布。

国内繁殖于河北、山东、辽宁、江苏，迁徙时途经东北地区和东南沿海各地，越冬于江苏（沿海地区）至台湾。国外分布于俄罗斯（远东地区），在日本、朝鲜、韩国、越南沿海地区越冬。

黑嘴鸥（繁殖羽）　林清贤 / 摄

黑嘴鸥（非繁殖羽）　林清贤 / 摄

黑嘴鸥（非繁殖羽）　林清贤 / 摄

65. 小鸥 *Hydrocoloeus minutus*
Little Gull

【识别特征】体长约 28cm。虹膜深褐色。嘴细，黑色。脚红色。繁殖羽头黑色，后颈、下体、腰、尾上覆羽、尾羽白色，背、肩、翼上覆羽淡灰色，飞羽先端白色，翼尖和翼后缘白色。非繁殖羽头白色，头顶和枕部有黑色斑。亚成体似非繁殖羽，但头顶和枕黑色，前额白色。

【生态习性】主要栖息于河流、湖泊及沼泽地，非繁殖季节多栖于河口、海岸。常成群活动。繁殖期后集小群活动，有时集成几千只的大群。在繁殖季节和迁徙季节主要食昆虫，在非繁殖季节主要食小鱼和无脊椎动物。在水面觅食，也可在飞行中捕食昆虫。繁殖期 5 ~ 6 月。常成群营巢于河岸、湖边及沼泽地。用芦苇茎叶、枯草茎等筑巢。每窝产卵 2 ~ 3 枚。卵褐色或橄榄绿色，缀深褐色斑点，大小41mm×29mm。雌雄轮流孵卵。孵化期 21 ~ 24 天。

【保护级别】被列为中国国家二级重点保护野生动物。世界自然保护联盟（IUCN）评估为无危（LC），《中国脊椎动物红色名录》评估为近危（NT）。

【分布】夏候鸟，旅鸟。在内蒙古繁殖于呼伦贝尔市（额尔古纳河）和巴彦淖尔市（乌梁素海），迁徙季节见于兴安盟（扎赉特旗）、锡林郭勒盟、赤峰市、乌海市。

国内迁徙季节见于黑龙江、新疆（天山）、河北（北戴河）、江苏（镇江市）。国外繁殖于欧洲西北部和亚洲北部，偶尔在北美洲有分布；越冬地在繁殖区南部，主要在地中海、黑海和日本海沿岸。

小鸥（左繁殖羽，右亚成体）　乌瑛嘎 / 绘

66. 遗鸥 *Ichthyaetus relictus*
Relict Gull

【识别特征】体长约 46cm。虹膜褐色。嘴暗红色。脚橙红色。繁殖羽头黑色，眼后缘上下各具一新月形白斑，背及翅灰色，外侧 6 枚初级飞羽具黑色斑，体余部近白色。非繁殖羽头白色，耳区有一暗色斑。第一年幼鸟非繁殖羽似成鸟非繁殖羽，但耳覆羽无暗色斑，眼前有新月形暗色斑，后颈的暗色纵纹形成宽阔的带。

【生态习性】栖息于内陆沙漠或沙地湖泊。站立时头颈伸直。主要食小鱼、昆虫，也食植物嫩枝叶。5 ~ 6 月，在湖心岛集群营巢。以白刺、柠条和沙柳等细枝筑巢，巢外缘围有一圈小石子，巢内铺芨芨草、寸草薹和藻类，也铺少量的羽毛。每窝产卵 2 ~ 4 枚。卵灰绿色，大小 61mm×43mm。雌雄共同孵卵。孵化期 24 ~ 26 天。雏鸟为半早成鸟。

【保护级别】被列为中国国家一级重点保护野生动物，被列入《濒危野生动植物种国际贸易公约》（CITES）附录 I。世界自然保护联盟（IUCN）评估为易危（VU），《中国脊椎动物红色名录》评估为濒危（EN）。

【分布】夏候鸟，旅鸟。在内蒙古繁殖于鄂尔多斯市、呼和浩特市（土默特左旗）、锡林郭勒盟（白银库伦遗鸥自然保护区），在繁殖季节还见于阿拉善盟（额济纳旗）、巴彦淖尔市（乌梁素海）、赤峰市（达里诺尔）、乌兰察布市（黄旗海），但未见它们的营巢地；迁徙季节见于乌兰察布市（商都县）、赤峰市（阿鲁科尔沁旗）、包头市（达尔罕茂明安联合旗）、呼伦贝尔市（呼伦湖）。

国内繁殖于陕西北部、河北（康巴诺尔湖），迁徙时途经新疆、陕西、河北、山西及江苏。国外分布于哈萨克斯坦（阿拉湖和巴尔喀什湖）、俄罗斯（托瑞湖）、蒙古国（塔沁查干诺尔湖）。

遗鸥（成鸟和雏鸟） 杨贵生 / 摄

遗鸥（繁殖羽）　杨贵生／摄

遗鸥（繁殖羽）　杨贵生／摄

遗鸥（成鸟和雏鸟）　杨贵生／摄

遗鸥　杨贵生/摄

遗鸥（雏鸟和卵）　杨贵生/摄

遗鸥（繁殖羽）　杨贵生/摄

67. 渔鸥　*Ichthyaetus ichthyaetus*　Palls's Gull

【识别特征】体长约 69cm。虹膜褐色。嘴黄色，尖端红色，黄红之间具黑斑。脚黄绿色。繁殖羽头和颈部的前段黑色，颈余部、上背、腰、尾上覆羽、尾羽及下体余部均为白色，下背、两翅翼上覆羽灰色。非繁殖羽似繁殖羽，但头白色，眼周黑色，头和后颈具暗色纵纹。1 龄亚成体尾白色，具宽阔的黑色亚端斑。2 龄亚成体尾部黑色，亚端斑较窄。

【生态习性】栖息于海岸、港口、咸水湖、大的淡水湖及河流。单独或集成小群活动。主要食鱼类，也吃甲壳类、昆虫、蜘蛛、小型哺乳类、鸟类、鸟卵和蜥蜴等。营巢于海岸、岛屿和湖岸。常集成大群营巢。每窝产卵 2 ~ 4 枚。卵椭圆形，浅灰色、浅绿色或浅褐色，具茶褐色斑点，卵重 110 ~ 140g，大小 83mm×53mm。雌雄轮流孵卵。孵化期 28 ~ 30 天。雏鸟为早成鸟。

【保护级别】被列为中国"三有"保护动物。世界自然保护联盟（IUCN）和《中国脊椎动物红色名录》均评估为无危（LC）。

【分布】夏候鸟，旅鸟。在内蒙古繁殖季节见于巴彦淖尔市（乌梁素海）、鄂尔多斯市、阿拉善盟，迁徙季节见于赤峰市、锡林郭勒盟、乌兰察布市和包头市。

国内繁殖于青海（青海湖和扎陵湖），在新疆、四川、甘肃为旅鸟，冬季偶见于香港。国外繁殖于俄罗斯南部、蒙古国西北部，在地中海东部、红海、波斯湾、印度等地越冬。

渔鸥（幼鸟）　赵国君 / 摄

渔鸥（繁殖羽）　赵国君 / 摄

渔鸥（繁殖羽）　赵国君 / 摄

68. 黑尾鸥 *Larus crassirostris* Black-tailed Gull

【识别特征】体长约47cm。虹膜黄色。嘴黄色，近端具黑色环带，末端红色。脚黄绿色。繁殖羽头顶、枕部灰白，有浅淡褐色斑。后颈、上背、尾上覆羽白色，肩羽、下背、腰灰色，下体白色。尾羽白色，次端具黑斑，羽端白色。非繁殖羽头颈部有棕褐色斑点。亚成体脚肉色，尾羽褐色。

黑尾鸥（繁殖羽）　王顺／摄

【生态习性】栖息于沼泽、河流、湖泊。主要食小鱼、水生昆虫、软体动物，也食蝗虫。繁殖期4～7月。集大群营巢于人迹罕至的海岸悬崖峭壁的岩石平台上或内陆湖泊中的岛上。巢浅碟状。每窝产卵2～3枚。卵蓝灰色、灰褐色或赭绿色，密被黑褐色斑点，大小65mm×45mm。雌雄轮流孵卵。

【保护级别】被列为中国"三有"保护动物。世界自然保护联盟（IUCN）和《中国脊椎动物红色名录》均评估为无危（LC）。

【分布】旅鸟。在内蒙古迁徙季节见于呼伦贝尔市、兴安盟、赤峰市、锡林郭勒盟、呼和浩特市、鄂尔多斯市和阿拉善盟。

国内在东北地区、河北、甘肃、山西、广东及台湾为旅鸟，在山东、福建沿海为夏候鸟。国外分布于日本、朝鲜、韩国、俄罗斯等地。

黑尾鸥（亚成体）　王顺／摄

69. 普通海鸥 *Larus canus*
Mew Gull

【识别特征】体长约45cm。虹膜黄色。嘴黄绿色。脚黄绿色。繁殖羽头、颈部、下体羽白色，肩、背、翅上覆羽灰蓝色，尾上覆羽、尾羽白色，初级飞羽黑色，末端具白斑。非繁殖羽与繁殖羽相似，但头和颈具淡褐色纵纹。亚成体嘴和脚淡红色，嘴尖端黑色，上体灰褐色，具淡灰色羽缘，下体褐色。

【生态习性】繁殖期主要栖息于北极苔原地带的江河、湖泊和沼泽地，非繁殖期栖息于海岸、河口和港湾等地，迁徙期间出现在内陆河流与湖泊。常在水面捕食。主要食鱼、软体动物、甲壳类、昆虫、鼠类等。繁殖期5～7月。主要在内陆淡水或咸水湖泊、沼泽和河岸营巢。成对或集群繁殖。每窝产卵2～5枚。卵绿色或橄榄褐色，大小59mm×43mm。雌雄轮流孵卵。孵化期22～30天。

【保护级别】被列为中国"三有"保护动物。世界自然保护联盟（IUCN）和《中国脊椎动物红色名录》均评估为无危（LC）。

【分布】旅鸟。在内蒙古迁徙季节见于呼伦贝尔市、兴安盟、赤峰市、锡林郭勒盟和鄂尔多斯市。

国内迁徙季节见于黑龙江、吉林等地，越冬于辽宁、河北、河南、山东、四川、云南、江苏、浙江、长江流域及长江以南地区。国外繁殖于欧亚大陆、非洲西北部，越冬于美国（加利福尼亚州）、地中海、黑海、里海、波斯湾等地。

普通海鸥　董文晓 / 摄

普通海鸥（繁殖羽）　杨贵生 / 摄

普通海鸥（繁殖羽） 杨贵生 / 摄

普通海鸥（亚成体） 杨贵生 / 摄

70. 灰翅鸥　　*Larus glaucescens*
Glaucous-winged Gull

【识别特征】体长约 66cm。虹膜黄色。嘴黄色，下嘴先端具红斑。脚粉红色。繁殖羽头、尾及下体白色，肩、背及双翼淡灰色，最外侧初级飞羽羽端具黑斑。非繁殖羽似繁殖羽，头部具深褐色纵纹。亚成体体羽淡褐色，具白色斑纹。幼鸟虹膜褐色，嘴黑色。

【生态习性】栖息于海滨沙滩、海岸悬岩上。常成对或成小群活动。主要食鱼、虾、甲壳类、软体动物等，也食鸟卵、雏鸟等。繁殖期 5 ~ 7 月。营巢于海岸悬岩或海滨沙滩上。成对或成群营巢。以水生植物和枯草筑巢。每窝产卵 3 枚，偶尔 2 或 4 枚。卵橄榄绿色，缀暗色点斑，大小 66 ~ 82mm×46 ~ 56mm。孵化期 26 ~ 28 天。

【保护级别】被列为中国"三有"保护动物。世界自然保护联盟（IUCN）和《中国脊椎动物红色名录》均评估为无危（LC）。

【分布】旅鸟。在内蒙古分布于乌兰察布市岱海，首次发现于 2016 年 11 月 6 日。

国内迁徙季节途经福建、广东、香港，越冬于上述地区和台湾。国外分布于亚洲东北部至美国（西部沿海地区及阿拉斯加州）、加拿大。

灰翅鸥（左繁殖羽，右亚成体）　　乌瑛嘎 / 绘

71. 北极鸥　*Larus hyperboreus*
Glaucous Gull

【识别特征】体长约 70cm。繁殖羽嘴黄色，下嘴先端具红斑。脚粉红色。头、颈、腰、尾和下体白色，背、肩羽、翅上覆羽稍带灰色，飞羽具宽阔的白色尖端。非繁殖期羽头部和上胸具淡褐色纵纹。幼鸟嘴粉红色，先端黑色；上体淡褐色，头具褐色羽轴纹，上体和翅有赭色不明显的横斑；下体余部淡灰褐色，微具斑纹。

【生态习性】常成对或集小群活动于海湾、河口。善游水或在地面快速行走。主要食动物腐肉、海星、海胆、甲壳类、软体动物、水生昆虫和鱼类，繁殖期在陆地捕食鼠类。繁殖于北极苔原，迁徙期间有时见于内陆河流。多在靠近水边的悬岩上或平地上筑巢。每窝产卵 2～3 枚。卵橄榄褐色，缀有暗色斑点。

【保护级别】数量稀少，不常见。被列为中国"三有"保护动物。世界自然保护联盟（IUCN）和《中国脊椎动物红色名录》评估为无危（LC）。

【分布】旅鸟。在内蒙古见于呼伦贝尔市（鄂温克族自治旗伊敏苏木）、赤峰市。

国内分布于黑龙江、吉林、辽宁、北京、天津、河北、山东、新疆、西藏、江苏、上海、浙江、福建、广东、香港、台湾。国外繁殖于北极圈内的欧亚大陆和北美洲，大西洋北部东西两岸的欧洲和北美洲沿海地区，太平洋北部的美洲沿海地区（包括阿留申群岛）以及东亚北部沿海地区。

北极鸥（幼鸟）　赵国君／摄

72. 西伯利亚银鸥 *Larus smithsonianus* Siberian Gull

【识别特征】体长约 60cm。虹膜淡黄色。嘴黄色，下嘴尖端有红斑。脚粉红色。繁殖羽头、颈及下体白色，眼周裸出部分黄色，背肩部、翼上覆羽灰色，尾白色。非繁殖羽与繁殖羽相似，但头顶、后颈淡灰色，上背具灰褐色稀疏纵纹，眼周有 1 条细黑圈。

【生态习性】栖息于沿海岛屿、海湾和海岸，草原和荒漠中的河流和湖泊。飞翔时脚向下悬垂或向后伸直。主要食鱼、虾、昆虫、蜥蜴、啮齿动物，有时也食植物。繁殖期 5 ~ 7 月。成群营巢于海岸和内陆湖泊沿岸地面、湖心岛及苔原地上。以灌木小枝、植物茎叶等筑巢。每窝产卵 2 ~ 3 枚。卵浅灰褐色或浅灰绿色，具不规则的褐色斑，大小 74mm×53mm。雌雄轮流孵卵。孵化期 28 ~ 30 天。

【保护级别】世界自然保护联盟（IUCN）和《中国脊椎动物红色名录》均评估为无危（LC）。

【分布】夏候鸟，旅鸟。在内蒙古繁殖于呼伦贝尔市、锡林浩特市南部、赤峰市，迁徙季节途经内蒙古各地。

国内繁殖于黑龙江，迁徙时途经东北地区、河北、山东、四川及长江流域，越冬于长江以南地区。国外繁殖于欧洲、亚洲、北美洲和非洲北部，越冬于欧洲西部、亚洲南部、北美洲西部至中美洲。

西伯利亚银鸥（繁殖羽） 杨贵生 / 摄

西伯利亚银鸥（繁殖羽） 杨贵生 / 摄

西伯利亚银鸥（亚成体） 杨贵生 / 摄

西伯利亚银鸥（巢和卵） 杨贵生 / 摄

西伯利亚银鸥（孵卵） 杨贵生 / 摄

西伯利亚银鸥（群巢） 杨贵生 / 摄

73. 黄腿银鸥　*Larus cachinnans*
Caspian Gull

【识别特征】体长约 63cm。虹膜黄色。嘴黄色，下喙尖端具标志性红斑。脚黄色、橙黄色或粉色。繁殖羽头、颈及下体白色，背肩部浅灰色，飞羽端黑色具白斑。非繁殖羽头、颈无褐色纵纹。与西伯利亚银鸥相似，但脚不呈粉红色。

【生态习性】栖息于海岸、湖泊、河流。主要食鱼、无脊椎动物、哺乳动物、垃圾、鸟蛋和雏鸟等。营巢于内陆湖中旱地。繁殖期5～7月。每窝产卵2～3枚。孵化期26～29天。哺育42～49天。

【保护级别】被列入内蒙古自治区重点保护陆生野生动物名录。世界自然保护联盟（IUCN）和《中国脊椎动物红色名录》均评估为无危（LC）。

黄腿银鸥　杨贵生/摄

【分布】夏候鸟。在内蒙古分布于呼伦贝尔市和锡林郭勒盟（锡林浩特市）。

国内繁殖于新疆中部和东部，在广东、香港、澳门为冬候鸟。国外繁殖于黑海至哈萨克斯坦、俄罗斯南部，在以色列、波斯湾、印度洋越冬。

黄腿银鸥　杨贵生/摄

74. 灰背鸥　*Larus schistisagus*
Slaty-backed Gull

【识别特征】体长约 61cm。虹膜黄色。嘴黄色，下嘴尖端具红点。脚深粉色。繁殖羽头、颈、腰、尾和下体白色，胸、腹部灰白色，背部黑灰色，初级飞羽黑色，外侧飞羽先端白色。非繁殖羽与繁殖羽相似，但头、颈和上胸具灰褐色纵纹。亚成体上体淡褐色，具暗褐色纵纹；下体有淡灰褐色斑，尾端黑色。

【生态习性】主要栖息于沿海岛屿、海湾、海岸、海滨沙滩，也栖息于内陆湖泊、江河及沼泽地。成对或成小群活动，非繁殖季节有时可集成大群。主要食鱼、蟹、甲壳类和软体动物，也食鼠类、蜥蜴、昆虫、鸟卵及腐肉。繁殖期 5 ~ 7 月。主要在海岸悬岩边、海岛上营群巢。巢材主要是枯草，内垫羽毛。每窝产卵 1 ~ 4 枚。卵橄榄绿色或赭色，缀褐色或黑褐色斑点，大小 74mm×52mm。孵化期 28 ~ 30 天。

【保护级别】被列为中国"三有"保护动物。世界自然保护联盟（IUCN）和《中国脊椎动物红色名录》均评估为无危（LC）。

【分布】旅鸟。在内蒙古迁徙季节见于兴安盟、锡林郭勒盟、赤峰市、乌兰察布市东南部。

国内迁徙季节见于黑龙江和吉林，在辽宁沿海、山东（威海市和烟台市）、福建、广东、香港、台湾越冬。国外繁殖于俄罗斯（西伯利亚地区东北部）和日本，在日本南部越冬。

灰背鸥（繁殖羽）　王顺 / 摄

75. 鸥嘴噪鸥　*Gelochelidon nilotica*
Gull-billed Tern

【识别特征】体长约 34cm。虹膜褐色。嘴黑色，比其他燕鸥明显短粗。脚黑色。繁殖羽额、头顶、枕和头的两侧自眼和耳羽以上均为黑色，背、肩、腰和翅上覆羽珠灰色，后颈、尾上覆羽和尾白色，尾呈深叉状。非繁殖羽与繁殖羽相似，但头、后颈白色，眼前有一小的黑色条纹，眼后有一黑斑。幼鸟后头和后颈栗色，背、肩、翅覆羽灰色，具赭土色尖端。

鸥嘴噪鸥　王志芳 / 摄

【生态习性】栖息于内陆淡水或咸水湖泊、河流与沼泽地，非繁殖期主要栖息于海岸及河口。单独，或成双，或成小群活动。飞行轻快而灵敏。主要食昆虫及其幼虫、小鱼，也食蜥蜴和软体动物。繁殖期 5 ～ 7 月。营巢于较大的湖泊的湖心岛或半岛。每窝产卵 3 ～ 5 枚。卵梨形，沙黄色、土黄色或土黄色沾绿色，被褐色或石板灰色斑点，大小 50mm×34mm，重 27 ～ 38g。雌雄轮流孵卵。孵化期 22 ～ 23 天。雏鸟为半早成鸟。

【保护级别】被列为中国 "三有" 保护动物。世界自然保护联盟（IUCN）和《中国脊椎动物红色名录》均评估为无危（LC）。

【分布】夏候鸟。在内蒙古分布于呼伦贝尔市、兴安盟、锡林郭勒盟、赤峰市、乌兰察布市、包头市、巴彦淖尔市、鄂尔多斯市、阿拉善盟。

国内分布于辽宁南部、河北、河南、新疆、山东、福建、广东、海南、香港、台湾。国外分布于欧亚大陆、北美洲、非洲北部、澳大利亚，越冬于南非、南美洲和亚洲南部。

鸥嘴噪鸥（雏鸟）　杨贵生 / 摄

76. 红嘴巨燕鸥　*Hydroprogne caspia*
Caspian Tern

【识别特征】体长约 53cm。虹膜棕褐色。嘴深红色，先端黑色。脚黑色，非繁殖羽栗褐色。繁殖羽额、头顶和枕部黑色，背部沾灰色，下体自颏喉部至尾下覆羽均白色。非繁殖羽额、头顶和枕部白色，杂有细而密的黑色纵纹，眼先、耳羽黑色，杂有白色纵纹。幼鸟与非繁殖羽相似，头顶具黑色纵纹，贯眼纹黑色。

【生态习性】栖息于海滨、岛屿、内陆草原和荒漠中的湖泊、水库、沼泽地及河流。飞行敏捷而有力。可扎入水中或潜入水下捕食。主要食鱼类，也食甲壳类、鸟卵和其他鸟类。繁殖期 4～6 月。通常成群在湖泊、河流岸边及海岛上筑巢。每窝产卵 2～3 枚。卵大小 64mm×44mm。雌雄轮流孵卵。孵化期 26～28 天。雏鸟喂养 35～45 天即可飞翔。

【保护级别】被列为中国"三有"保护动物。世界自然保护联盟（IUCN）和《中国脊椎动物红色名录》均评估为无危（LC）。

【分布】夏候鸟，旅鸟。在内蒙古繁殖季节见于赤峰市、巴彦淖尔市、阿拉善盟，迁徙季节见于呼伦贝尔市、锡林郭勒盟、乌兰察布市、呼和浩特市、包头市、鄂尔多斯市、阿拉善盟。

国内繁殖于辽宁及东南沿海地区，迁徙时见于上海、新疆，少数越冬于台湾。国外分布于非洲、欧洲、亚洲、澳大利亚及北美洲。

红嘴巨燕鸥（繁殖羽）　杨贵生/摄

红嘴巨燕鸥（繁殖羽）　杨贵生／摄

红嘴巨燕鸥（繁殖羽）　杨贵生／摄

红嘴巨燕鸥（繁殖羽）　杨贵生／摄

红嘴巨燕鸥（非繁殖羽）　杨贵生 / 摄

红嘴巨燕鸥（亚成体）　杨贵生 / 摄

77. 白额燕鸥　*Sternula albifrons*
Little Tern

【识别特征】体长约 26cm。虹膜暗褐色。嘴橙黄色，先端黑色。脚橙红色。繁殖羽额白色，头顶、枕、后颈及贯眼纹黑色，上背灰白色，下背、腰灰色，尾上覆羽灰白色，尾羽白色，下体白色。非繁殖羽前额的白色部分扩大，头顶亦杂有白纹，脚呈暗褐红色。幼鸟上体灰色，具有褐色横斑及皮黄色或白色羽缘。

【生态习性】栖息于海岸、河口及内陆河流、湖泊、沼泽等地。主要食小鱼和甲壳类，也食昆虫、软体动物、蠕虫等。繁殖期 4 ~ 7 月。主要营巢于河流、湖泊及沿海岸边的沙地上。巢多为沙地上扒出的浅坑，无内垫物。每窝产卵 2 ~ 4 枚。卵棕褐色，具小的黑色或紫褐色斑点，大小 32mm×25mm。雌雄轮流孵卵。孵化期 21 ~ 24 天。雏鸟由亲鸟喂养 20 ~ 24 天即可飞翔。

【保护级别】被列为中国"三有"保护动物。世界自然保护联盟（IUCN）和《中国脊椎动物红色名录》均评估为无危（LC）。

【分布】夏候鸟。繁殖于内蒙古各地。

国内繁殖于新疆、东北地区、河北，西至云南，南到广东和福建等地。国外分布于欧洲、亚洲、非洲和澳大利亚。

白额燕鸥（繁殖羽）　杨贵生 / 摄

白额燕鸥（繁殖羽）　杨贵生 / 摄

白额燕鸥（繁殖羽）　杨贵生 / 摄

78. 普通燕鸥　*Sterna hirundo*
Common Tern

【识别特征】体长约 36cm。虹膜暗褐色。嘴红色，嘴峰和嘴先端黑色（东北亚种嘴黑色）。脚红色（东北亚种脚黑色）。繁殖羽额至后颈黑色，背、两肩和翼上覆羽灰色；下体羽白色，在胸腹部微沾葡萄灰色。非繁殖羽嘴黑色，头顶前部白色，具黑色纵纹，头顶后部和枕部黑色。幼鸟与成鸟非繁殖羽相似。

【生态习性】栖息于海滨、河流、湖泊、水库、沼泽地及城市公园湖泊。飞行轻快而敏捷。主要食小鱼、甲壳类、蝼蛄、蜻蜓等。繁殖期 4 ～ 6 月。常成群营巢，亦有单独或成对营巢的。营巢于岛屿岸边、湖泊及沼泽地。巢甚简陋，呈浅坑状，内垫少许枯草。每窝产卵 3 ～ 5 枚。卵灰绿色，缀褐色斑点，大小 41mm×31mm。雌雄轮流孵卵。孵化期 22 ～ 28 天。雏鸟为早成鸟。

【保护级别】被列为中国"三有"保护动物。世界自然保护联盟（IUCN）和《中国脊椎动物红色名录》均评估为无危（LC）。

【分布】夏候鸟。繁殖于内蒙古各地。

国内繁殖于我国各地的淡水及沿海湿地。国外分布于欧洲、亚洲、北美洲及非洲。

普通燕鸥（繁殖羽）　杨贵生／摄

普通燕鸥（繁殖羽）　杨贵生 / 摄　　　　　　　　　　　　　　普通燕鸥（孵卵）　杨贵生 / 摄

普通燕鸥（雏鸟）　杨贵生 / 摄

普通燕鸥（喂食幼鸟）　杨贵生 / 摄

普通燕鸥（巢和卵）　杨贵生 / 摄

普通燕鸥（雏鸟）　杨贵生 / 摄

79. 灰翅浮鸥   *Chlidonias hybrida*
Whiskered Tern

【识别特征】体长约 25cm。虹膜猩红色。嘴肉红色，嘴端栗色。脚红色。非繁殖羽嘴、脚黑色。繁殖羽额、头顶、枕部及后颈黑色，颏、喉、颊和颈侧白色，胸和腹部黑色，背肩部及腰灰色。非繁殖羽前额白色，头顶、后颈黑色，具白色纵纹，贯眼纹和耳羽黑色，上体灰色，下体白色。幼鸟似非繁殖羽，但背肩部暗红棕褐色。

【生态习性】栖息于湖泊、河口、水库、沼泽地及沿海地带。主要食鱼、虾和昆虫。繁殖期 5 ~ 7 月。集群营水面浮巢。每窝产卵 2 ~ 4 枚。卵天蓝色，具褐色斑点，大小 38mm×28mm。孵化期 19 ~ 23 天。雏鸟为早成鸟。

【保护级别】被列为中国"三有"保护动物。世界自然保护联盟（IUCN）和《中国脊椎动物红色名录》均评估为无危（LC）。

【分布】夏候鸟。繁殖于内蒙古各地。

国内繁殖于宁夏、华北地区、东北地区、江苏及江西等地，迁徙时途经云南、福建、广东及香港。国外分布于欧洲、亚洲、非洲和澳大利亚。

灰翅浮鸥（繁殖羽）   杨贵生 / 摄

灰翅浮鸥（繁殖羽） 杨贵生 / 摄

灰翅浮鸥（幼鸟） 杨贵生 / 摄

灰翅浮鸥（幼鸟） 杨贵生 / 摄

80. 白翅浮鸥 *Chlidonias leucopterus* White-winged Tern

【识别特征】体长约24cm。虹膜暗褐色。嘴、脚红色。非繁殖羽嘴黑色，脚暗紫红色。繁殖羽头、颈、上背、胸和腹部黑色，下背、腰灰黑色，尾羽银灰色，翅上覆羽银白色。非繁殖羽头顶黑色，杂有白斑，额和颈侧白色，从眼至耳区有一黑色带斑，背灰黑色，下体白色。幼鸟头、颈及下体白色，头顶后部至后颈上部黑色。

【生态习性】栖息于内陆湖泊、河流、水泡、渔池、河口及沼泽地。经常在浅水水域低空飞行。主要食小鱼、虾和昆虫。繁殖期5~8月。通常集群营巢于湖泊浅水处的明水面水草上。巢为苇叶、水草等堆集成的水面浮巢。每窝产卵3枚。卵淡褐色，密布暗褐色斑，大小35mm×24mm。雌雄轮流孵卵。孵化期18~22天。雏鸟20~25天后可飞翔。

【保护级别】被列为中国"三有"保护动物。世界自然保护联盟（IUCN）和《中国脊椎动物红色名录》均评估为无危（LC）。

【分布】夏候鸟。见于内蒙古各地。

国内繁殖于新疆、东北地区，迁徙时途经华北地区、长江中下游地区，越冬于东南沿海地区、江西及华南地区。国外分布于欧亚大陆、非洲和澳大利亚。

白翅浮鸥　杨贵生 / 摄

白翅浮鸥（繁殖羽） 王顺 / 摄

白翅浮鸥（繁殖羽） 杨贵生 / 摄

白翅浮鸥 杨贵生 / 摄

81. 黑浮鸥 *Chlidonias niger* Black Tern

【识别特征】体长约24cm。虹膜褐色。嘴黑色。脚暗红色。繁殖羽头和下体黑色，颏和喉色较淡；上体石板灰色；尾叉状，灰色；翅上覆羽石板灰色。非繁殖羽额和头顶前面白色，头顶后面和枕黑色，眼先有一暗色斑，耳区黑色，背部、尾羽和飞羽颜色较淡，下体白色，胸两侧有暗色斑，翅下覆羽淡鸽灰色。

【生态习性】栖息于多植物的内陆湖泊、沼泽。常单只或集小群飞翔，在水面低空鼓翅觅食。主要食水生昆虫、小鱼、蜗牛、蝌蚪等，繁殖季节主要食昆虫。繁殖期5～7月。常筑巢于水面上，有时也在沼泽地筑巢。每窝产卵2～3枚。卵暗褐色或赭色，缀黑色斑点，大小36mm×25mm。雌雄轮流孵卵。孵化期20～23天。

【保护级别】被列为中国国家二级重点保护野生动物。世界自然保护联盟（IUCN）和《中国脊椎动物红色名录》均评估为无危（LC）。

【分布】旅鸟。在内蒙古见于呼伦贝尔市、赤峰市、鄂尔多斯市和阿拉善盟。

国内繁殖于新疆（天山）、广东、台湾等地，在北京、天津为冬候鸟。国外繁殖于欧洲南部、黑海、里海、哈萨克斯坦、俄罗斯（西西伯利亚南部和阿尔泰山脉）、加拿大和美国北部，越冬于非洲和美国南部。

黑浮鸥（繁殖羽）　赵国君 / 摄

贼鸥科 Stercorariidae

82. 中贼鸥　*Stercorarius pomarinus*　Pomarine Skua

【识别特征】体长约50cm。虹膜暗褐色。嘴黑色。脚黑色。有暗色型和淡色型两种色型。暗色型：通体灰褐色。淡色型：颊部黄白色，头顶黑色，上体褐灰色，下体白色；中央一对尾羽较长，显著突出于其他尾羽，末端垂直向上。幼鸟通体呈暗褐色和皮黄色斑杂状，下体和尾上覆羽具黑褐色和皮黄色横斑。

【生态习性】繁殖期主要栖息于靠近海岸的苔原河流与湖泊地带，非繁殖期主要栖息于开阔的海洋和近海岸洋面上，迁徙期间也见于内陆湖泊。主要抢夺其他海鸟的食物，也在陆地上捕食鸟卵、雏鸟和鼠类等，常伴随轮船在海上飞行，吃从船上扔下的食物。繁殖期6～7月。繁殖于北极苔原地带。每窝产卵2枚。卵橄榄褐色或赭褐色，具稀疏的黑褐色斑点或条纹。雌雄轮流孵卵。

【保护级别】被列为中国"三有"保护动物。世界自然保护联盟（IUCN）和《中国脊椎动物红色名录》均评估为无危（LC）。

【分布】旅鸟。在内蒙古迁徙季节见于呼伦贝尔市、锡林郭勒盟和包头市。

国内见于黑龙江（哈尔滨市）、山西、江苏、香港和广东沿海地区。国外繁殖于北极地区，在印度洋、太平洋、南大西洋越冬。

中贼鸥　杨贵生 / 摄

83. 短尾贼鸥　*Stercorarius parasiticus*　Parasitic Jaeger

【识别特征】体长约 47cm。虹膜深褐色。嘴和脚黑色。淡色型：头部黑色，颊及颈侧淡黄色，上体暗褐色，初级飞羽基部白色，中央尾羽突出且长，下体白色，上胸灰褐色。暗色型：通体几为灰褐色，头黑色，颈和喉略带黄色。幼鸟通体暗褐色，杂皮黄色。

【生态习性】主要栖息于靠近海岸或内陆河流、湖泊地带。主要食鱼、鸟卵、雏鸟和鼠类。6 ~ 7 月繁殖于北极苔原带。成对营巢于河流和湖泊附近苔原地上。巢为地上的浅坑，内垫干的苔藓、地衣、枯草。每窝产卵 2 枚。卵橄榄褐色或赭褐色，缀黑褐色稀疏斑点或条纹，大小 50 ~ 72mm×40 ~ 47mm。雌雄轮流孵卵。孵化期 26 ~ 27 天。

【保护级别】世界自然保护联盟（IUCN）和《中国脊椎动物红色名录》均评估为无危（LC）。

【分布】旅鸟。在内蒙古分布于兴安盟扎赉特旗图牧吉国家级自然保护区，首见于 2017 年。

国内迁徙季节途经新疆、青海、北京、四川、广东、香港、海南、台湾。国外繁殖于北极苔原带，越冬于南非、印度、澳大利亚、新西兰沿海地区和南美洲沿海地区。

短尾贼鸥（上淡色型，左下暗色型，右下幼鸟）　乌瑛嘎 / 绘

潜鸟目
GAVIIFORMES

大型游禽，善潜水。雌雄同色。羽衣厚而致密。腿强而有力，位置后移，跗跖侧扁，裸露无羽，潜水时可减少阻力。蹼足，后趾短小，位稍高。尾短而硬。鼻孔缝隙状，具有可启闭的革质膜。翅小而尖，善飞翔。繁殖于北半球北部，向北达北极圈附近的淡水湖岸、海岸，冬季栖息在温暖地带的海边、湖泊等地。主要食物是小型鱼类、两栖类、甲壳类、软体动物及水生昆虫，只取食活的动物，也食少量植物。繁殖时为稳定的一雄一雌制，可沿用旧巢，体大者领域性强，巢筑于近水海岸、河湖岸边，以苔藓、水草为主要巢材，巢址的选择与巢材的收集以雄性为主。每窝产卵 1 ~ 3枚。雌雄共同孵卵。孵化期约 4 周。雏鸟早成性。

全世界仅 1 科 1 属 5 种。中国有 1 属 4 种，内蒙古均有分布。

潜鸟科 Gaviidae

1. 红喉潜鸟
Gavia stellata
Red-throated Diver

【识别特征】体长约 62cm。虹膜红色或栗色。嘴黑色或淡灰色。脚绿黑色。繁殖羽头、颈浅灰色，枕至后颈有黑白相间细纵纹，前颈有栗色三角形斑；背灰黑褐色，有白色细斑点。非繁殖羽头部眼以下、头侧、颈侧、喉至整个下体呈白色；上体黑褐色，具白斑点。

【生态习性】栖息于北极苔原和森林苔原带的江、河、湖，非繁殖季节多栖息在沿海地区。善潜水。飞行速度很快。主要食各种鱼类，也食昆虫，有时也食植物。捕食鱼类时，常潜入水中追捕。营巢于近水边的植物堆上。每窝产卵 1 ~ 3 枚。孵化期约 27 天。2 ~ 3 年性成熟。

【保护级别】被列为中国"三有"保护动物。世界自然保护联盟（IUCN）和《中国脊椎动物红色名录》均评估为无危（LC）。

【分布】旅鸟。在内蒙古迁徙季节见于呼伦贝尔市（呼伦湖）、巴彦淖尔市（乌梁素海）。

国内分布于辽宁、河北、江苏、浙江、福建和广东等沿海地区。国外一般在北纬 50° 以北和更高纬度的北极区繁殖；冬季主要在大西洋和北太平洋沿岸越冬，在黑海、里海和地中海也有。

红喉潜鸟（上非繁殖羽，下繁殖羽） 乌瑛嘎 / 绘

2. 黑喉潜鸟 *Gavia arctica*
Black-throated Diver

【识别特征】体长约70cm。嘴细长而尖直，黑色。繁殖羽头至后颈部浅灰色；喉和前颈墨绿色，具有金属光泽；喉及颈侧有黑白相间的纵线；背和肩羽黑色，背部有白色横斑，翅上有白色斑点；胸、腹部白色，胸侧有纵纹。非繁殖羽头至后颈、背部黑褐色，背上有浅色横斑；喉、颈、胸和腹部白色。浮在水面时腹后侧的白斑明显可见。

【生态习性】常单独或成对栖息于湖泊、河流和沿海，迁徙时集成小群活动。主要食鱼类，有时也食水生昆虫和植物。5月开始繁殖。营巢于河边草丛或挺水植物中，巢由枯草堆积而成。每窝产卵1～3枚。雌雄共同孵卵。孵化期25～30天。雏鸟早成性。2～3年性成熟。寿命27年。

【保护级别】被列为中国"三有"保护动物。世界自然保护联盟（IUCN）和《中国脊椎动物红色名录》均评估为无危（LC）。

【分布】旅鸟。在内蒙古见于呼伦贝尔市（呼伦湖、扎兰屯市）和锡林郭勒盟（东乌珠穆沁旗、锡林浩特市）。

国内分布于吉林东部、江苏沿海地区，在辽宁南部、浙江和福建越冬。国外繁殖于欧亚大陆北部及北美洲北部，越冬于地中海、黑海、西太平洋地区及北美洲西海岸。

黑喉潜鸟 王顺 / 摄

3. 太平洋潜鸟 *Gavia pacifica* Pacific Diver

【识别特征】体长约 62cm。嘴黑色。繁殖羽头顶和后颈淡灰白色；上体余部包括背、肩、腰、两翅、尾上覆羽和尾羽均为黑色，具绿色金属光泽；上背和肩密布长方形白色斑块；额、喉和前颈黑色，具紫色金属光泽；下体白色。非繁殖羽头顶和后颈黑色，额、喉、脸和前颈白色，余部上体黑色；下体白色。

【生态习性】栖息于太平洋沿岸海面和湖泊。常成对或成群活动。善游泳和潜水，游泳时颈常弯曲呈 "S" 形。潜到水面下捕捉猎物，飞行时颈部向前伸出。主要食小鱼虾。

【保护级别】世界自然保护联盟（IUCN）评估为无危（LC），《中国脊椎动物红色名录》评估为数据缺乏（DD）。

【分布】旅鸟。在内蒙古分布于赤峰市（达里诺尔）。

国内分布于辽东半岛、山东半岛、东南沿海地区及北京。国外繁殖于欧亚大陆北部及北美洲北部，越冬于俄罗斯远东地区及北美洲西南沿海地区。

太平洋潜鸟（上非繁殖羽，下繁殖羽）　乌瑛嘎 / 绘

4. 黄嘴潜鸟　　*Gavia adamsii*
Yellow-billed Diver

【识别特征】体长约 88cm。嘴淡黄白色，微向上翘。虹膜红褐色。脚黑色。繁殖羽头和颈黑色，具蓝色金属光泽；下喉有白色斑点构成的横带，前颈至颈侧有 1 条白色纵纹组成的横带；上体黑色，密布显著的方块形白斑。非繁殖羽眼周白色，上体黑褐色，喉、前颈、胸、腹部白色。幼鸟上体羽色较淡，背、肩和翅覆羽具淡灰白色羽缘，在背部形成明显的白斑。

【生态习性】繁殖季节栖息于北极苔原沿海附近的湖泊与河口，及俄罗斯西伯利亚东北部的山区湖泊与河流；非繁殖季节主要栖息在沿海和近海岛屿附近海面上。常成对或成小群活动。飞行速度快。飞行时头颈向前伸直，两脚伸出尾后。主要食鱼类，也吃水生昆虫、甲壳类、软体动物。繁殖期 6 ~ 8 月。营巢于苔原湖泊岸边。巢由枯草堆积而成。每窝产卵 1 ~ 2 枚。卵褐色，缀暗褐色小斑。

【保护级别】被列入内蒙古自治区重点保护陆生野生动物名录。世界自然保护联盟（IUCN）评估为近危（NT），《中国脊椎动物红色名录》评估为数据缺乏（DD）。

【分布】旅鸟。在内蒙古分布于锡林郭勒盟（东乌珠穆沁旗）。

国内迁徙季节见于吉林、辽宁、山东，冬季见于江苏、四川、福建、香港，在辽东半岛和福建越冬。国外繁殖季节分布于欧亚大陆及北美洲的极北部，在俄罗斯（堪察加半岛、萨哈林岛）、美国（阿拉斯加州南部）、挪威沿海、波罗的海、意大利、朝鲜、日本越冬。

黄嘴潜鸟　王顺 / 摄

鹳形目
CICONIIFORMES

　　大型涉禽。雌雄羽色相似。嘴粗健而长，略侧扁，嘴基部粗厚，先端渐变尖细。鼻孔呈裂缝状，不具鼻沟。颈和脚长。飞行时颈向前伸直。翅长而宽，尾短。胫的下部裸出，无羽；跗跖部被网状鳞；具4趾，后趾位置不较他趾高，前3趾的基部有蹼相连；爪短粗而钝。栖息于河流、湖泊、水塘、沼泽地等湿地生境。食鱼、蛙、蟾蜍、蜥蜴、蛇、软体动物、甲壳类、啮齿动物、小型哺乳动物及各种昆虫。主要在树上、建筑物顶上、悬崖峭壁上及高压输电线路的杆塔顶部营巢。每窝产卵3～5枚。孵化期25～28天。雏鸟晚成性。

　　全世界有1科6属19种。中国有1科4属7种。内蒙古有1属2种。

鹳科 Ciconiidae

1. 黑鹳
Ciconia nigra
Black Stork

【识别特征】体长约 108cm。虹膜暗褐色。嘴红色。脚和趾红色。繁殖羽头、颈、上体黑褐色，具有紫色和绿色金属光泽；下体前胸浓褐色，有青铜色反光，余部白色。非繁殖羽上体和上胸黑色，带紫色和绿色光泽；下体余部白色。幼鸟褐色，颈和上胸有白色斑点，嘴和脚灰绿色。

【生态习性】栖息于湖泊、河流、沼泽地。飞翔时头向前伸，两脚伸向体后成一直线。喜在沼泽地取食鱼类，也吃蛙、蛇、虾、蟹、软体动物及昆虫。繁殖期 4 ~ 7 月。营巢于河流两岸或沼泽地附近的悬崖峭壁上。有修补沿用旧巢的习性。每年产 1 窝，每窝产卵 3 枚。卵乳白色，大小 66mm×50mm。孵化期 31 ~ 34 天。雏鸟为晚成鸟。

黑鹳（繁殖羽）　杨贵生 / 摄

【保护级别】被列为中国国家一级重点保护野生动物，被列入《濒危野生动植物种国际贸易公约》（CITES）附录Ⅱ。世界自然保护联盟（IUCN）评估为无危（LC），《中国脊椎动物红色名录》评估为易危（VU）。

【分布】夏候鸟。繁殖于内蒙古各盟市。

国内繁殖于黄河中下游地区，西至西北地区；越冬于长江以南地区。国外分布于欧洲、亚洲和非洲。

黑鹳　杨贵生 / 摄

黑鹳（非繁殖羽）　杨贵生／摄

黑鹳（幼鸟）　巴特尔／摄

2. 东方白鹳　*Ciconia boyciana*　Oriental Stork

【识别特征】体长约 115cm。虹膜粉红色，外周黑色。嘴黑色。脚红色。眼周、眼先裸出部朱红色。体羽大都白色，飞羽黑色并有铜绿色光泽。

东方白鹳　巴特尔 / 摄

【生态习性】栖息于河流、水泡、湖泊、水渠岸边及其附近的沼泽地和草地。主要食鱼类，也吃软体动物、环节动物、节肢动物、蛙、蛇、蜥蜴和小型啮齿动物及少量植物。繁殖期 4 ~ 6 月。通常营巢于高树顶端枝杈上，也有的营巢于高压线水泥杆塔顶部。巢用干树枝堆集而成，内垫枯草、绒羽等。每窝产卵 2 ~ 6 枚。卵白色，大小 76mm×57mm。雌雄轮流孵卵。孵化期 32 ~ 35 天。雏鸟为晚成鸟。

【保护级别】被列为中国国家一级重点保护野生动物，被列入《濒危野生动植物种国际贸易公约》（CITES）附录Ⅰ。世界自然保护联盟（IUCN）和《中国脊椎动物红色名录》均评估为濒危（EN）。

【分布】夏候鸟。在内蒙古繁殖季节见于呼伦贝尔市、兴安盟、赤峰市、锡林郭勒盟、乌兰察布市，迁徙季节见于乌兰察布市、鄂尔多斯市。

国内繁殖于黑龙江、吉林，迁徙时途经辽宁、华东地区等地，越冬于长江流域。国外分布于亚洲。

东方白鹳　杨凤波 / 摄

鲣鸟目
SULIFORMES

　　大中型游禽。嘴强而长。有喉囊。四趾间有蹼，适于游泳和潜水。多数种类翼尖长，飞行能力强。栖息于海岸、岛屿，也有少数种类常到内陆湖泊栖息。

　　全世界有 4 科 8 属 60 种。中国有 3 科 4 属 11 种。内蒙古有 1 属 1 种。

鸬鹚科 Phalacrocoracidae

1. 普通鸬鹚　*Phalacrocorax carbo*
Great Cormorant

【识别特征】体长约 85cm。虹膜宝石绿色。上嘴黑褐色，下嘴基皮黄褐色。脚黑色。通体黑色。繁殖羽额、头顶、枕部闪墨绿色金属光泽，并有白色丝状长羽；颊及颏羽白色，下胁部有一白色块斑。非繁殖羽头部白色丝状羽、下胁部的白色块斑消失。幼鸟似非繁殖羽，但色较淡。

【生态习性】栖息于湖泊、河流、池塘等湿地。大多数时间静立，等待食物。飞行时头颈前伸，脚后伸。常成群停栖于水边岩石或浅水中的苇墩上。主要食鱼类，也食两栖类、甲壳类等动物。3 月底或 4 月初在苇地里营群巢。巢材以芦苇为主。每窝产卵 2 ~ 6 枚。卵白色沾淡蓝色，有时呈砖灰色，大小 52mm×39mm。雌雄共同孵卵。雏鸟为晚成鸟。

【保护级别】被列为中国"三有"保护动物。世界自然保护联盟（IUCN）和《中国脊椎动物红色名录》均评估为无危（LC）。

【分布】夏候鸟。繁殖于内蒙古各地。

国内繁殖于新疆、西藏、青海、黑龙江，迁徙时途经甘肃、河北、东北南部、河南及四川，越冬于长江以南地区。国外分布于北美洲、非洲、澳大利亚、新几内亚岛和新西兰等地。

普通鸬鹚（繁殖羽）　杨贵生／摄

普通鸬鹚（非繁殖羽） 杨贵生 / 摄

普通鸬鹚（非繁殖羽） 杨贵生 / 摄

普通鸬鹚 杨贵生 / 摄

普通鸬鹚　杨贵生 / 摄

普通鸬鹚（亚成体）　杨贵生 / 摄

鹈形目
PELECANIFORMES

雌雄同色或体色相似。体型差异较大：鹈鹕类体躯硕大，鹲类为中型涉禽，鹭类为大、中、小体型皆有的水鸟。嘴大而长，但嘴形差异大：鹈鹕类的嘴强直，上嘴平扁，前端具钩及嘴甲，下颌及喉部有大型可伸缩的喉囊；鹲类的嘴或呈柱状下弯，或呈宽扁形而前端扩展为匙状；鹭类的嘴侧扁而直，先端尖锐。大多数种类腿长，胫下部裸出。栖息在海岛、河流、湖泊、沼泽、水塘等水域环境。主要食鱼类、软体动物、两栖类、爬行类、昆虫。多在树上、灌丛、芦苇地、岩壁营群巢。雏鸟晚成性。

鹮科和鹭科由鹳形目归入鹈形目。全世界有 5 科 34 属 118 种。中国有 3 科 15 属 35 种。内蒙古有 3 科 13 属 18 种。

鹮科 Threskiornithidae

1. 黑头白鹮 *Threskiornis melanocephalus* Black-headed Ibis

【识别特征】体长约 68cm。虹膜红色或红褐色。嘴长且向下弯曲，黑色。脚和趾黑色。雌雄相似。繁殖羽通体白色；头、颈上部裸露，黑色；背和前颈下部有延长的灰色饰羽。非繁殖羽背和前颈无延伸的灰色饰羽。亚成体为浅黑色，头颈被羽，前颈稍白。

【生态习性】栖息于开阔湿地。常在水边或岸上觅食，常将嘴插入水、泥中取食。主要食鱼、蛙、昆虫等动物。一雄一雌制。在水边大树上或灌丛中营巢。巢杯状，雌雄共同筑巢。巢材主要为枯树枝。每窝产卵 2 ～ 4 枚。卵白色或淡蓝色，有少数褐斑。孵化期 23 ～ 25 天。雏鸟晚成性，雌雄共同育雏，40 天后雏鸟可飞翔。

【保护级别】被列为中国国家一级重点保护野生动物。世界自然保护联盟（IUCN）评估为近危（NT），《中国脊椎动物红色名录》评估为极危（CR）。

【分布】旅鸟。在内蒙古分布于呼伦贝尔市、兴安盟、赤峰市。

国内繁殖于黑龙江、吉林，越冬于东南沿海地区。国外分布于巴基斯坦、尼泊尔、印度、斯里兰卡、越南、印度尼西亚（爪哇岛、苏门答腊岛）、缅甸、泰国和菲律宾。

黑头白鹮　周惠卿 / 摄

2. 彩鹮　*Plegadis falcinellus*
Glossy Ibis

【识别特征】体长约63cm。虹膜褐色。嘴淡栗色，长而略向下弯曲。脚褐色。体暗栗色，翅上具有铜紫绿色光泽。亚成体体羽暗褐色。

【生态习性】栖息于湖泊岸边浅水、沼泽地、稻田。主要食鱼、蛙、虾、昆虫等动物。在大树上营巢。

【保护级别】被列为中国国家一级重点保护野生动物。世界自然保护联盟（IUCN）评估为无危（LC），《中国脊椎动物红色名录》评估为数据缺乏（DD）。

【分布】旅鸟。分布于内蒙古东部。

国内分布于新疆、华北地区、四川、贵州、云南、长江中下游地区、香港、澳门、台湾。国外分布于欧洲、亚洲、非洲、美洲。

彩鹮　喻国强 / 摄

彩鹮　喻国强 / 摄

3. 白琵鹭 *Platalea leucorodia*
Eurasian Spoonbill

【识别特征】体长约 86cm。虹膜暗黄色。嘴黑色，先端黄色，嘴形直而平扁，先端扩大成匙状。脚黑色。繁殖羽全身白色；枕冠橙黄色，长约 100mm；前颈基部具宽阔的橙黄色横带；颊和喉的裸出部黄色。非繁殖羽与繁殖羽相似，但前颈基部及颊为白色。幼鸟全身白色，嘴肉黄色，上嘴基段黑褐色。

白琵鹭（繁殖羽）　杨贵生 / 摄

【生态习性】在浅水沼泽中觅食。主要食虾、蟹和水生甲虫。喜集群活动。飞行时排成"一"字形或"人"字形。喜集群营巢。常与大白鹭、草鹭、苍鹭的巢杂混在一起。巢区多选择在苇茬稠密、离明水较远的大块苇地的深处。用苇秆、苇叶和蒲叶筑巢。每窝产卵 3 ~ 5 枚。卵白色，具褐红色小斑，大小 70mm×48mm。雌雄轮流孵卵。孵化期 23 ~ 24 天。雏鸟为晚成鸟。

【保护级别】被列为中国国家二级重点保护野生动物，被列入《濒危野生动植物种国际贸易公约》（CITES）附录Ⅱ。世界自然保护联盟（IUCN）评估为无危（LC），《中国脊椎动物红色名录》评估为近危（NT）。

【分布】夏候鸟。繁殖于内蒙古各地。

国内繁殖于华北地区、东北地区、新疆、西藏等地，越冬于江西、东南沿海地区和台湾。国外分布于欧洲、亚洲和非洲。

白琵鹭（繁殖羽）　杨贵生 / 摄

白琵鹭（繁殖羽） 杨贵生 / 摄

白琵鹭 杨贵生 / 摄

白琵鹭 杨贵生 / 摄

鹭科 Ardeidae

4. 大麻鳽 *Botaurus stellaris* Eurasian Bittern

【识别特征】体长约 75cm。虹膜黄色。嘴黄绿色，嘴峰暗褐色。跗跖和趾绿黄色，爪黄褐色。雄性额、头顶、枕部黑褐色；上体余部淡棕栗色，具黑色纵纹；嘴角至颈侧具黑色纵纹；胸、腹部棕黄色，具褐色纵纹。雌性似雄性，但羽色稍暗淡些。幼鸟似成鸟，但头顶偏褐色。

【生态习性】栖息于湖泊、河流、池塘芦苇丛及草丛中。夜间活动。在繁殖季节，白天可听见鸣声，似牛叫。主要食鱼、昆虫，也食少量水草和苇叶。在苇蒲地营巢繁殖。每窝产卵 4 ~ 6 枚。卵棕绿色，大小 52mm×39mm。雌性孵卵。孵化期 25 ~ 26 天。雏鸟为晚成鸟。

大麻鳽（繁殖羽）　杨贵生 / 摄

【保护级别】被列为中国"三有"保护动物。世界自然保护联盟（IUCN）和《中国脊椎动物红色名录》均评估为无危（LC）。

【分布】夏候鸟。繁殖于内蒙古各地。

国内繁殖于黄河以北的华北地区、东北地区以及新疆（天山），迁徙季节途经华中地区和甘肃，越冬于长江以南地区。国外分布于欧洲、亚洲和非洲。

大麻鳽（繁殖羽）　杨贵生 / 摄

5. 黄斑苇鳽
Ixobrychus sinensis
Yellow Bittern

【识别特征】体长约 35cm。虹膜黄色。嘴淡黄色，先端褐色。跗跖和趾黄绿色，爪角黄色。雄性头顶及冠羽黑色；颏、喉部白色，中央有淡棕色纵纹；上体羽棕褐色；下体羽淡黄白色；胸两侧具黑色斑。雌性似雄性，只是头顶黑色部分不达上颈，颏、喉部和胸部的中央纵纹较显著。幼鸟背部、胸腹部具纵斑。

【生态习性】栖息于有挺水植物的湖泊、水库、沼泽地。常在苇丛间飞翔，在苇秆上休息。主要食昆虫、螺蛳、小鱼及水草等。繁殖期 5 ~ 7 月。巢置于芦苇和蒲草丛中。用芦苇枝叶筑巢。每窝产卵 4 ~ 7 枚。卵白色，大小 32mm×25mm。孵化期为 20 天。雏鸟晚成性。

黄斑苇鳽（雌性） 李新 / 摄

【保护级别】被列为中国"三有"保护动物。世界自然保护联盟（IUCN）和《中国脊椎动物红色名录》均评估为无危（LC）。

【分布】夏候鸟。在内蒙古繁殖于锡林郭勒盟、呼和浩特市、包头市、巴彦淖尔市和阿拉善盟。

国内繁殖于东北中部和西南部、河北、山东、山西，西至陕西南部、四川，南至云南以东地区；在台湾、广东及海南为留鸟。国外分布于欧洲、亚洲和非洲。

黄斑苇鳽（雄性） 杨贵生 / 摄

6. 紫背苇鳽 *Ixobrychus eurhythmus*
Schrenck's Bittern

【识别特征】体长约 39cm。虹膜黄色。嘴和脚黄绿色。雄性额、头顶黑褐色，枕、肩、背、栗色；翅上覆羽棕黄色，飞羽深褐色；颏、喉浅黄色，中央有 1 条黑褐色纵纹从颏部直到前胸；下体浅灰色沾棕色；尾羽暗褐色。雌性背、肩和翼密布由黑白两色形成的月牙状斑。幼鸟与雌鸟相似，但缺少黑白花斑。

【生态习性】多栖息在湖泊、沼泽与河流两岸的芦苇丛中，在林中潮湿的草地上也有分布。常单独活动，有时也成 3 ~ 5 只小群。主要食小鱼、虾、软体动物及水生昆虫。在河流两岸或湖泊、沼泽附近较为干燥的草地上营巢。巢简单，仅在地上铺垫少许禾本科干草即成。每窝产卵 3 ~ 6 枚。卵白色，光滑无斑，大小 34mm×27mm，重 10g。孵化期 16 ~ 18 天。

【保护级别】被列为中国"三有"保护动物。世界自然保护联盟（IUCN）和《中国脊椎动物红色名录》均评估为无危（LC）。

【分布】夏候鸟。在内蒙古繁殖于呼伦贝尔市、兴安盟、通辽市、赤峰市、锡林郭勒盟、呼和浩特市、巴彦淖尔市和鄂尔多斯市。

国内在东北地区、河北、河南、山东、四川、浙江、福建、广东、广西为旅鸟或夏候鸟，越冬于海南。国外繁殖于蒙古国东部、俄罗斯（西伯利亚东部）、朝鲜、日本等地，越冬于中南半岛、印度尼西亚、马来西亚等地。

紫背苇鳽　杨文致 / 摄

7. 栗苇鳽
Ixobrychus cinnamomeus
Cinnamon Bittern

【识别特征】体长约39cm。虹膜黄色，眼先裸出部黄绿色。嘴黄褐色，尖端暗褐色。脚黄绿色。雄性上体栗红色，缀有紫栗色光泽；下体栗褐色，从喉至胸有一条褐色纵纹，胸侧杂有黑、白两色斑点。雌性体色与雄性相似，但上体为暗褐色，胸侧有数条暗褐色纵纹。幼鸟似雌鸟，但上体有密集的斑点，下体有显著的暗褐色纵纹。

【生态习性】栖息于芦苇沼泽、水塘溪流和稻田。多在晨昏和夜间活动。通常很少飞行，多在芦苇丛中或在芦苇上行走。主要食小鱼、蛙、昆虫等，也食少量植物。繁殖期4～7月。营巢于芦苇丛和灌丛中。巢结构简单，由草茎、树枝搭建而成。每窝产卵3～6枚。卵为卵圆形，白色，大小34mm×26mm。

【保护级别】被列为中国"三有"保护动物。世界自然保护联盟（IUCN）和《中国脊椎动物红色名录》均评估为无危（LC）。

【分布】夏候鸟。在内蒙古分布于巴彦淖尔市（乌梁素海）、鄂尔多斯市（伊金霍洛旗）和阿拉善盟。

国内分布于辽东半岛、河北、河南、陕西南部、四川西南部、云南东南部和西部、长江中下游及长江以南地区，在广东、海南（海南岛）和台湾为留鸟。国外分布于东亚、东南亚和南亚。

栗苇鳽 钱斌 / 摄

8. 海南鸦 *Gorsachius magnificus*
White-eared Night Heron

【识别特征】体长约 60cm。虹膜黄色，眼先和颊裸出部分深绿色。嘴黑褐色，下嘴基部黄色。脚墨绿色。雄性头顶及羽冠黑色，眼后具一白色条纹；背部暗褐色；颊黑，颏、喉和前颈白色，中央杂有一条黑斑纹；胸腹部白色，具黑棕色羽缘，呈斑驳状。雌性较雄性的羽色淡，冠羽亦不明显，颏、喉白色，下背、腰及翼上覆羽的羽端具白色斑点。

【生态习性】栖息于山地河谷树林及其他水域附近。夜行性，常单独在晨昏活动和觅食，白天多隐藏于密林中。主要食小鱼、蛙和昆虫等。

【保护级别】被列为中国国家一级重点保护野生动物。世界自然保护联盟（IUCN）和《中国脊椎动物红色名录》均评估为濒危 (EN)。

【分布】夏候鸟，旅鸟。在内蒙古分布于锡林郭勒盟（锡林浩特市）。

国内分布于安徽（霍山）、广西（瑶山）、浙江（天目山）、福建（南平市邵武市和建阳区）、云南、四川、贵州、湖北、湖南、广东和海南。

海南鸦　林清贤 / 摄

9. 夜鹭
Nycticorax nycticorax
Black-crowned Night Heron

【识别特征】体长约 55cm。虹膜血红色。嘴黑色。脚暗黄色。雄性头顶、枕部、羽冠棕黑褐色，枕部有 2 枚带状白色长饰羽，颏喉部、前颈白色沾淡灰色，上体黑褐色，下体大都白色。雌性与雄性羽色相似，但枕部无饰羽，前颈和胸部淡灰棕褐色。幼鸟上体棕褐色，翅和尾羽具白色星状端斑。

【生态习性】栖息于湖泊、沼泽及岸边有树的河流。夜间活动，喜结群。主要食鱼、蛙、蛇、蜥蜴、昆虫等。繁殖期 5 ～ 7 月。集群营巢于树上或芦苇丛中，有时在地上。巢由枯苇茎叶筑成。每窝产卵 3 ～ 5 枚。卵淡蓝色，大小 44mm×34mm。雌雄共同孵卵。孵化期约 21 天。雏鸟为晚成鸟。

【保护级别】被列为中国"三有"保护动物。世界自然保护联盟（IUCN）和《中国脊椎动物红色名录》均评估为无危（LC）。

【分布】夏候鸟。在内蒙古分布于呼伦贝尔市、赤峰市、锡林郭勒盟、乌兰察布市、呼和浩特市、包头市、鄂尔多斯市、巴彦淖尔市和阿拉善盟。

国内繁殖于东北东南部，黄河以南、云贵高原以东地区；在华南地区为留鸟。国外分布于欧洲、亚洲和非洲。

夜鹭　杨贵生 / 摄

夜鹭（亚成体）　杨贵生 / 摄

夜鹭　孙孟和 / 摄

10. 绿鹭 *Butorides striata* Striated Heron

【识别特征】体长约 50cm。虹膜柠檬黄色。嘴橄榄黑色，下嘴基部和底部边缘黄绿色。脚黄绿色。繁殖羽头顶和羽冠墨绿色，后颈和颈侧灰色，背肩部披青铜绿色矛状蓑羽；颊纹黑色，喉及耳羽白色，腹部灰白色；尾羽近黑色，沾青铜绿色光泽；翅飞羽黑褐色，羽缘沾青铜绿色。幼鸟羽冠的羽轴白色，喉具黑斑，下体具绿褐色纵纹。

绿鹭　王顺／摄

【生态习性】栖息于有灌丛的河流岸边及湖泊、沼泽地芦苇丛中。常单独或 2 ~ 3 只成小群活动。主要食鱼类，也食昆虫、虾、蟹、软体动物、两栖类、小型爬行类、小型啮齿动物等。通常站在水边取食，在水面飞翔时也扎入水中捕食。在树林或灌木丛中营巢。每窝产卵 3 ~ 5 枚。卵椭圆形，绿青色，大小 31mm×41mm，重约 19g。雌雄共同孵卵。孵化期 21 天左右。雏鸟晚成性。

【保护级别】被列为中国"三有"保护动物。世界自然保护联盟（IUCN）和《中国脊椎动物红色名录》均评估为无危（LC）。

【分布】夏候鸟。在内蒙古见于巴彦淖尔市（乌梁素海）、锡林郭勒盟（锡林浩特市）和兴安盟。

国内分布于东北东部、河北东部、山东、陕西、江苏、安徽、四川、云南，在广东、海南、台湾为留鸟。国外分布于欧洲东部、亚洲、北美洲中东部、太平洋沿岸到南美洲北部及非洲的部分地区。

绿鹭　杨贵生／摄

11. 池鹭 *Ardeola bacchus*
Chinese Pond Heron

【识别特征】体长约 50cm。虹膜黄色。嘴黄褐色,尖端黑褐色。脚橙黄色。繁殖羽头、后颈、胸红棕色,颏和腹部白色,背部黑色,两翅和尾羽白色,飞翔时明显可见。非繁殖羽颈部具黑褐色和黄白相间的纵纹。

【生态习性】栖息于湖泊、沼泽、水库和池塘。飞翔时脚向后伸直,超过尾部,两翅扇动较慢。主要食鱼、虾、蟹、蛙和昆虫等。繁殖期 3 ~ 7 月。营巢于水域附近的树上。巢材主要为树枝、草茎等。每窝产卵 2 ~ 5 枚。卵黄绿色,大小 37mm×29mm。孵卵以雌性为主。孵化期 18 ~ 22 天。雏鸟为晚成鸟。

池鹭(雄性繁殖羽) 杨贵生 / 摄

【保护级别】被列为中国"三有"保护动物。世界自然保护联盟(IUCN)和《中国脊椎动物红色名录》均评估为无危(LC)。

【分布】夏候鸟。在内蒙古繁殖于兴安盟、赤峰市、锡林郭勒盟、乌兰察布市、呼和浩特市、包头市、鄂尔多斯市、乌海市。

国内繁殖于吉林南部及辽宁,向西至甘肃、云南以东的华北地区、华中地区等;在华南地区及台湾为留鸟或冬候鸟。国外分布于欧洲、亚洲和非洲。

池鹭(雌性繁殖羽) 杨贵生 / 摄

池鹭 杨贵生 / 摄

池鹭（非繁殖羽） 杨贵生 / 摄

12. 牛背鹭　*Bubulcus ibis*　Cattle Egret

【识别特征】体长约 51cm。嘴和眼先裸出部分橙黄色。脚黑色。繁殖羽乳白色，头、颈、上胸及背部中央的蓑羽淡黄色至橙黄色。非繁殖羽全身白色，嘴淡黄色。

【生态习性】栖息于平原草地、牧场、湖泊、水库、低山水田、池塘、旱田和沼泽地上。主要食昆虫、蜥蜴、青蛙。喜欢站在牛背上。繁殖期 3 ~ 6 月。每窝产卵 3 ~ 5 枚。卵乳白色，无斑点。孵化期 21 ~ 24 天。

【保护级别】被列为中国"三有"保护动物。世界自然保护联盟（IUCN）评估为未认可（NR），《中国脊椎动物红色名录》评估为无危（LC）。

牛背鹭（繁殖羽）　杨贵生 / 摄

【分布】夏候鸟。在内蒙古分布于阿拉善盟、巴彦淖尔市、包头市、锡林郭勒盟（二连浩特市）、赤峰市（达里诺尔）。

国内分布于长江以南各地，西抵四川（康定市）、西藏南部，南达云南、广西、福建、海南（海南岛）和台湾，夏季活动区向北扩展至华北地区。国外分布于除南极之外的所有大陆。

牛背鹭（非繁殖羽）　杨贵生 / 摄

牛背鹭　杨贵生／摄

牛背鹭（繁殖羽）　杨贵生／摄

13. 苍鹭　*Ardea cinerea*
Grey Heron

【识别特征】体长约 95cm。虹膜黄色。嘴黄色，嘴峰褐色。脚暗绿色。雄性繁殖羽眼先裸露部分黄绿色；头白色，羽冠黑色，其中 2 枚冠羽特长；前颈白色，有 2 ~ 3 条黑色纵斑；上体余部灰色，下体白色。雌性体羽颜色与雄性相似，只是黑色羽冠稍短，背、肩部羽色较深。非繁殖羽枕部的 2 枚长羽脱落；背、肩部羽毛颜色变深，呈浅褐灰色。

【生态习性】栖息于湖泊、河流及沼泽地。常单个或成对站在湖边浅水中，单腿直立，颈缩在两肩之间。主要食鱼、蜥蜴、蛇和软体动物。繁殖期 3 ~ 6 月。在湖中开阔水面附近的成片蒲苇地中营巢。筑巢时大都将芦苇或蒲草向心弯折，上面堆放枯芦苇。每窝产卵 3 ~ 6 枚。卵淡绿色，大小 57mm×41mm。孵化期 23 ~ 26 天。雏鸟晚成性。

【保护级别】被列为中国"三有"保护动物。世界自然保护联盟（IUCN）和《中国脊椎动物红色名录》均评估为无危（LC）。

【分布】夏候鸟。分布于内蒙古各地。

国内繁殖于除喜马拉雅山区以外的全国各地。国外分布于挪威、瑞典、芬兰和俄罗斯北部等地。

苍鹭（繁殖羽）　杨贵生 / 摄

苍鹭（非繁殖羽） 杨贵生 / 摄

苍鹭（繁殖羽） 杨贵生 / 摄

苍鹭（繁殖羽） 杨贵生 / 摄

苍鹭（繁殖羽） 杨贵生 / 摄

苍鹭（营巢） 杨贵生 / 摄

14. 草鹭 *Ardea purpurea*
Purple Heron

【识别特征】体长约 93cm。虹膜黄色。嘴暗黄色。繁殖羽颏、喉白色，颈棕栗色；枕部蓝黑色，着生 2 条灰黑色长羽；上体暗灰褐色，下体蓝黑色。非繁殖羽枕部 2 条长羽脱落。幼鸟头顶、枕部浅栗棕色。

【生态习性】栖息于湖泊、水库、河流、沼泽地，喜栖于稠密的芦苇或蒲草丛中。有时在浅水中慢步觅食，有时单脚站立于水边。主要食鱼、昆虫、水草。繁殖期 4 ~ 7 月。在芦苇地或高草丛中营巢。雌雄共同筑巢，巢用芦苇及蒲草编织而成。每窝产卵 3 ~ 5 枚。卵蓝色，大小 58mm×42mm。孵化期 27 ~ 28 天。雏鸟为晚成鸟。

【保护级别】被列为中国"三有"保护动物。世界自然保护联盟（IUCN）和《中国脊椎动物红色名录》均评估为无危（LC）。

【分布】夏候鸟。繁殖于内蒙古各地。国内分布于华北地区、东北地区、华中地区至云南。国外分布于欧洲西部、亚洲和非洲。

草鹭（繁殖羽） 杨贵生 / 摄

草鹭（非繁殖羽） 杨贵生 / 摄

草鹭 杨贵生 / 摄

15. 大白鹭
Ardea alba
Great Egret

【**识别特征**】体长约 95cm。虹膜淡黄色。繁殖羽眼先裸出部分黄绿色，全身白色，背披蓑羽，嘴黑绿色，脚黑色。非繁殖羽背无蓑羽，嘴黄色。幼鸟与非繁殖羽相同。

【**生态习性**】栖息于河流、湖泊、水田、沼泽地。取食或休息时，常有一两只成鸟担任警戒任务。主要食鱼、两栖类、昆虫、甲壳类。繁殖期 3 ~ 7 月。营巢于芦苇丛中。用枯苇秆或蒲秆筑巢，内垫细苇茎、苇叶及苇穗等。每窝产卵 4 ~ 5 枚。卵蓝色，大小 64mm×43mm。孵化期 27 ~ 28 天。雏鸟为晚成鸟。

【**保护级别**】被列为中国"三有"保护动物。世界自然保护联盟（IUCN）和《中国脊椎动物红色名录》均评估为无危（LC）。

【**分布**】夏候鸟。分布于内蒙古各地。

国内繁殖于除喜马拉雅山等高海拔山地以外的广大地区。国外分布于欧洲、亚洲和非洲。

大白鹭（繁殖羽） 杨贵生 / 摄

大白鹭（繁殖羽）　杨贵生 / 摄

大白鹭（非繁殖羽）　杨贵生 / 摄

大白鹭（非繁殖羽）　杨贵生 / 摄

大白鹭（卵和巢） 杨贵生 / 摄

大白鹭（幼鸟） 杨贵生 / 摄

16. 白鹭　*Egretta garzetta*　Little Egret

【识别特征】体长约 61cm。虹膜黄色。嘴和腿黑色，趾黄色，爪黑色。繁殖羽全身白色，枕部具有 2 条饰羽，胸及背部具蓑羽。非繁殖羽全身亦白色，但饰羽及蓑羽脱落。

【生态习性】栖息于湖泊、河流、水库及沼泽地。主要食昆虫、小鱼、蛙等，有时也吃植物。繁殖期 3 ~ 7 月。常在高大的树上营群巢。巢用树枝、枯草茎筑成。每窝产卵 3 ~ 6 枚。卵蓝灰色，大小 48mm×34mm。雌雄轮流孵卵。孵化期 25 天。雏鸟为晚成鸟。

【保护级别】被列为中国"三有"保护动物。世界自然保护联盟（IUCN）和《中国脊椎动物红色名录》均评估为无危（LC）。

【分布】夏候鸟。在内蒙古繁殖季节见于阿拉善盟、乌海市、巴彦淖尔市、鄂尔多斯市、呼和浩特市、乌兰察布市和锡林郭勒盟。

国内繁殖于山东、河北、河南、陕西，西至四川。国外分布于欧洲、亚洲和非洲。

白鹭（繁殖羽）　杨贵生 / 摄

白鹭（繁殖羽）　杨贵生 / 摄

白鹭（繁殖羽）　杨贵生 / 摄

白鹭（繁殖羽）　杨贵生 / 摄

白鹭（繁殖羽）　杨贵生 / 摄

白鹭（非繁殖羽）　杨贵生 / 摄

17. 黄嘴白鹭 *Egretta eulophotes*
Chinese Egret

【识别特征】体长约 50cm。繁殖羽虹膜黄色，嘴鲜黄色，眼先裸出皮肤蓝灰色；胫、跗跖黑褐色，趾黄色；全身纯白色，头顶至枕部有多枚细长白羽组成的丝状羽冠，背肩及前胸着生羽枝分散的发状蓑羽。非繁殖羽嘴暗褐色，下嘴基部黄色，眼先裸出皮肤黄绿色，体羽似繁殖羽，但背、肩、胸部蓑羽消失。幼鸟似非繁殖羽。

【生态习性】栖息于沿海岛屿、海岸、海湾、河口及湖泊和沼泽地带。常慢步取食，也伫立于水边伺机捕食。主要食鱼类，也食虾、蟹、蝌蚪和水生昆虫等。繁殖期 5 ～ 7 月。营巢地多样，多在海边悬崖岩石上、沼泽塔头上筑浅碗状巢。巢材主要是枯草茎和草叶。每窝产卵 2 ～ 4 枚。卵淡蓝色，重28g。孵化期 24 ～ 26 天。

【保护级别】被列为中国国家一级重点保护野生动物。世界自然保护联盟（IUCN）和《中国脊椎动物红色名录》均评估为易危（VU）。

【分布】夏候鸟。在内蒙古分布于赤峰市（达里诺尔）、锡林郭勒盟（锡林浩特市）、乌海市和阿拉善盟。

国内在鸭绿江、辽东半岛及东南沿海为繁殖鸟，在海南（西沙群岛）越冬。国外迁徙季节见于俄罗斯（远东地区）、日本、菲律宾、印度尼西亚和马来半岛，繁殖于朝鲜。

黄嘴白鹭（繁殖羽）　林清贤 / 摄

鹈鹕科 Pelecanidae

18. 卷羽鹈鹕　*Pelecanus crispus*
Dalmatian Pelican

【识别特征】体长约 170cm。虹膜黄白色。嘴铅灰色，下嘴喉囊黄褐色。脚灰色。体羽白色沾灰色。头部白色，羽毛卷曲。尾上覆羽及尾羽灰白色，羽干巧克力色。初级飞羽黑色沾灰色，羽干黑色；次级、三级飞羽近端白色，远端灰棕色。前颈及前胸乳黄色。

【生态习性】大型游禽，栖息于湖泊、河流及沿海地区。飞行时颈收缩，缓缓鼓动双翼，也做短距离滑翔。视力敏锐，发现食物即俯冲而下，将头颈直插入水中捕食。主要食鱼类。单独捕食，有时也集群捕食。营巢于树上，每棵树上有 3 ~ 15 个巢，通常与鸬鹚类、鹭类和鹳类等的巢混在一处。巢庞大。巢材以树枝为主。每窝产卵 3 ~ 4 枚。孵化期约 30 天。雏鸟晚成性。雌雄共同育雏，雏鸟把嘴伸到亲鸟的喉囊内取食。

【保护级别】被列为中国国家一级重点保护野生动物，被列入《濒危野生动植物种国际贸易公约》（CITES）附录Ⅰ。世界自然保护联盟（IUCN）评估为近危（NT），《中国脊椎动物红色名录》评估为濒危（EN）。

【分布】旅鸟。在内蒙古迁徙季节见于赤峰市、锡林郭勒盟、呼和浩特市、包头市、巴彦淖尔市、鄂尔多斯市和阿拉善盟。

国内分布于新疆、广西、广东、云南、河北、山东、山西、江苏、浙江、福建和台湾等地。国外曾在亚洲南部广泛分布，现在的分布范围则缩小了很多，目前繁殖地主要在斯里兰卡和印度东南部，印度尼西亚的苏门答腊岛可能也有分布。

卷羽鹈鹕　张建平 / 摄

喜湿的湿地鸟类

夜鹰目
CAPRIMULGIFORMES

　　中小型攀禽，部分种类为夜行性（夜鹰类）。雌雄羽色相似。嘴短阔而平扁，或纤细如针；嘴须发达或无，或无嘴须而眼部羽毛特化成须状，适于飞捕昆虫。翅尖长或短圆，适于迅速飞行或"悬停"。尾长，多呈圆尾或叉尾状，尾羽 10 枚。腿脚短而弱，夜鹰类前 3 趾基部稍合并，以微蹼相连，中趾特别长，爪内侧具栉缘；雨燕类 4 趾均向前，或后趾能前后转动。尾脂腺裸出或退化。栖息于森林、灌丛草原、耕作区、居民区、湿地等。食昆虫，少数食果实。雨燕类不栖树、不着陆地，通常在岩洞中、屋檐下、楼间缝隙中营巢。夜鹰类营巢于林下地面或枝杈间。每窝产卵 2 ～ 5 枚。雏鸟晚成性。

　　全世界有 8 科 158 属 605 种。中国有 4 科 9 属 22 种。内蒙古有 2 科 3 属 5 种，常在湿地活动的有 1 种。

雨燕科 Apodidae

1. 普通雨燕   *Apus apus*   Common Swift

【识别特征】体长约18cm。虹膜暗褐色。嘴短，基部阔，纯黑色。脚和趾暗紫褐色。两翅特狭长，飞时向后弯曲似镰刀。通体几乎黑褐色，在头顶、上背和腹部特浓，前额稍淡，颏和喉白色，喉周和翼的羽毛具白色狭缘。

【生态习性】夏季常在草地、湖泊、沼泽等湿地集群飞翔。飞行迅速，一直向前，但经常改变方向。叫声为响亮而尖锐的颤音，边飞边鸣。飞行时张口，捕食蚊、蝇、蚜、椿象和甲虫等。巢营于寺塔、庙宇、城楼等建筑的窟窿中。

【保护级别】被列为中国"三有"保护动物。世界自然保护联盟（IUCN）和《中国脊椎动物红色名录》均评估为无危（LC）。

【分布】夏候鸟。繁殖于内蒙古各地。

国内分布于东北、华北、西北地区，及西藏、四川西北部、山东、河南、湖北、江苏。国外分布于欧洲、非洲西北部，往东到俄罗斯西伯利亚的贝加尔湖，往南到喜马拉雅山西部和中部；越冬于印度北部和非洲。

普通雨燕　杨贵生／摄

普通雨燕　杨贵生／摄

普通雨燕　杨贵生／摄

鸨形目
OTIDIFORMES

　　陆栖鸟类。体形肥硕，形态略似鸵鸟，是现存能飞翔的鸟类中最重者。颈和腿均长。脚3趾，后趾退化，趾具垫，粗短有力，善奔走。跗跖鳞片接近于六边形。翅圆阔。栖息于开阔草原和荒漠地带，常选择水分和植被较好的低洼地，成小群活动。主要食植物种子、茎、芽等，也食昆虫、蛙、蜥蜴等动物。巢址的选择、孵卵及育雏以雌性为主。每窝产卵2～5枚。孵化期20～25天。雏鸟早成性。

　　全世界有1科11属26种，分布于非洲、欧亚大陆及大洋洲。中国有3属3种。内蒙古有2属2种，常在湿地活动的有1种。

鸨科 Otididae

1. 大鸨
Otis tarda
Great Bustard

【识别特征】体长雄性约 100cm，雌性约 80cm。虹膜暗褐色。嘴黄褐色，先端近黑色。脚灰褐色。头、颈及前胸灰色，上体余部淡棕色，密布宽阔的黑色横斑，雄性喉部两侧有刚毛状的须状羽，下体近白色。足 3 趾，均向前。幼鸟似雌鸟，但额顶近黑色，具稀疏的淡棕色纵纹。

大鸨　孙孟和 / 摄

【生态习性】主要栖息于草原及湖泊和河流附近的沼泽地。主要食植物种子、散落在地上的谷物，也食昆虫等。繁殖期 5 ~ 7 月。一雄多雌制。营巢于地面。每窝产卵 1 ~ 4 枚。卵暗绿色，缀不规则的黄褐色块斑，大小 80mm×52mm。雌性孵卵。孵化期 31 ~ 32 天。雏鸟为早成鸟。

【保护级别】被列为中国国家一级重点保护野生动物，被列入《濒危野生动植物种国际贸易公约》（CITES）附录 II。世界自然保护联盟（IUCN）评估为易危（VU），《中国脊椎动物红色名录》评估为濒危（EN）。

【分布】夏候鸟，冬候鸟。在内蒙古繁殖于呼伦贝尔市、兴安盟、通辽市、赤峰市、锡林郭勒盟，在乌兰察布市南部、呼和浩特市、包头市、鄂尔多斯市、巴彦淖尔市、阿拉善盟为冬候鸟。

国内繁殖于黑龙江、吉林等地；在新疆西部为留鸟；在辽宁、河北、山西、河南，西至甘肃（兰州市）为冬候鸟和旅鸟；在江西、湖北、福建等地越冬。国外分布于欧亚大陆。

大鸨　宋丽军 / 摄

鹰形目
ACCIPITRIFORMES

昼行性猛禽,体型大小不一。雌雄羽色相似,雌性较暗。通常雌鸟较大。嘴强健,尖端钩曲,上嘴具弧状垂,嘴基覆蜡膜。翅大多短而阔。脚、趾粗大而强壮,爪钩曲而锐利。栖息于森林、田野、荒漠、悬崖峭壁、水域等各类生境。多白天活动,善飞行。以鸟类、哺乳类、爬行类、两栖类、鱼类、节肢动物及动物尸体等为食。雏鸟晚成性。

全世界有4科74属265种。中国有2科26属56种。内蒙古有2科16属32种,常在湿地活动的有2科4属11种。

鹗科 Pandionidae

1. 鹗　*Pandion haliaetus*
Osprey

【识别特征】体长约 56cm。虹膜橙黄色。嘴黑色。脚底具刺突。雌性体型稍大，雄性前胸、头顶处斑纹较少。额、头顶、枕部白色，具短枕冠。眼周有 1 条黑褐色宽纹延伸至颈侧。背、肩、腰、翅上覆羽及尾上覆羽暗褐色。翼下初级覆羽和大覆羽白色，具黑色端；其他覆羽白色；翼角覆羽黑色。飞行时可见翼前侧白，后侧色深，之间为黑带。下体白色，上胸有黄褐色纵纹。

【生态习性】栖息于江河、湖泊及海岸一带，有时在水面上空飞翔，有时停落在岩壁、乔木枝、堤岸上。主要食鱼类，用爪抓捕活鱼。有时也捕食蛙、啮齿动物及鸟类。通常单独取食，在食物充足时也集成小群捕食。多数为一雄一雌制，也有多配制的情况。营巢于高树、悬崖、峭壁缝隙和地面上。每窝产卵 1 ~ 4 枚。孵化期 35 ~ 43 天。雏鸟 3 年后性成熟。生理寿命 20 ~ 25 年。

【保护级别】被列为中国国家二级重点保护野生动物，被列入《濒危野生动植物种国际贸易公约》（CITES）附录Ⅱ。世界自然保护联盟（IUCN）评估为无危（LC），《中国脊椎动物红色名录》评估为近危（NT）。

【分布】夏候鸟。分布于内蒙古各地。

国内分布于新疆、青海、西藏、东北地区、东南沿海地区。国外分布于欧洲、非洲、澳大利亚、亚洲和美洲等地的温带和亚热带水域地区。

鹗　赵国君／摄

鹗 赵国君 / 摄

鹗 赵国君 / 摄

鹰科 Accipitridae

2. 白头鹞 *Circus aeruginosus* Western Marsh Harrier

【识别特征】体长 48 ~ 56cm。虹膜棕黄色。嘴黑色，基部灰蓝色，蜡膜黄绿色或近黄色。脚和趾黄色，爪黑色。上体黑褐色，头、颈部米黄色。喉、胸部具有棕褐色纵纹，下胸、腹部、两胁及覆腿羽棕褐色。尾羽暗银灰色，尖端白色。雌性体型较大，头、颈棕黄白色。亚成体似雌鸟羽色，但下体羽色较深，呈巧克力色或棕褐色；虹膜褐色。

【生态习性】栖息于河流、湖泊和沼泽地。主要食中小型鸟类、鼠类、蛙、昆虫、鱼及小型爬行类动物。捕食时在低空滑翔，发现猎物后俯冲向地面或水面抓取猎物。繁殖期 4 ~ 6 月。在有苇丛的浅水地、旱地营巢。巢材有苇茎叶、薹草、糙隐子草等。雌雄共同营巢。每窝产卵 4 ~ 5 枚。卵青白色，无光泽，斑点很少。孵化期 28 ~ 36 天。雏鸟为半晚成鸟。育雏期 35 ~ 40 天。

【保护级别】被列为中国国家二级重点保护野生动物，被列入《濒危野生动植物种国际贸易公约》（CITES）附录Ⅱ。世界自然保护联盟（IUCN）评估为无危（LC），《中国脊椎动物红色名录》评估为近危（NT）。

白头鹞　刘松涛 / 摄

【分布】夏候鸟，旅鸟。在内蒙古繁殖于巴彦淖尔市（乌梁素海），迁徙季节见于呼伦贝尔市、锡林郭勒盟、赤峰市、包头市、乌海市和阿拉善盟。

国内繁殖于新疆、东北地区南部，迁徙时遍布华北地区，在长江中下游地区、福建、台湾、广东和海南（海南岛）为旅鸟或冬候鸟。国外繁殖于欧洲、亚洲，越冬于非洲、印度和斯里兰卡。

3. 白腹鹞　*Circus spilonotus*　Eastern Marsh Harrier

白腹鹞（雌性）　杨贵生／摄

【识别特征】体长 50～57cm。虹膜橙黄色。嘴铅黑色，基部淡黄色，蜡膜暗黄色。脚淡黄绿色。雄性头顶、后颈黄白色，眼先、耳羽黑褐色，背、肩及腰部黄褐色；颏喉部淡黄色，有褐色纵纹；胸腹部白色，具稀疏点斑或横斑；腹部及两胁具栗褐色羽干纹。雌性体型较大，上体褐色，腹部以下为茶褐色。亚成体羽色似雌性，但上体和腹部以下呈棕褐色。

【生态习性】栖息于大片的芦苇地及湖泊附近沼泽，在非繁殖季节喜在稻田、牧场等开阔环境活动。主要食中小型鸟类及其卵和幼鸟，也食小型鼠类、蛙及小型爬行动物和昆虫。捕食时在开阔生境上低空盘旋，发现猎物后迅速直下捕捉，之后将其吞食。繁殖期 4～6 月。主要在芦苇丛中筑巢，有时也在沼泽地地面上。巢材多为芦苇的茎叶。每窝产卵 3～7 枚。卵青白色，无斑纹，大小 50mm×38mm。雌性孵卵。孵化期 33～38 天。育雏期 35～40 天。2～3 年达到性成熟。

【保护级别】被列为中国国家二级重点保护野生动物，被列入《濒危野生动植物种国际贸易公约》（CITES）附录Ⅱ。世界自然保护联盟（IUCN）评估为无危（LC），《中国脊椎动物红色名录》评估为近危（NT）。

【分布】夏候鸟。分布于内蒙古各地。

国内见于东北西北部、华北地区至青海（青海湖）、新疆、四川、长江中下游地区，向南至福建、广东、云南、海南和台湾。国外分布于亚洲东部，在东南亚到大洋洲越冬或为留鸟。

白腹鹞（雄性）　赵国君／摄

4. 白尾鹞 *Circus cyaneus*
Hen Harrier

【识别特征】体长 43 ~ 51cm。雄性虹膜亮橘黄色，雌性琥珀色。嘴黑色，基部蓝色。脚黄色。雄性上体灰色沾褐色，腹部、两胁及覆腿羽白色，尾上覆羽白色。雌性上体棕褐色，尾上覆羽白色；下体棕白色，杂有深褐色纵纹。亚成体似雌性，但下体羽色较淡，纵纹更显著。

白尾鹞　杨贵生 / 摄

【生态习性】栖息于开阔的草地、内陆湿地、旷野和耕地。主要食小型鸟类、啮齿动物、昆虫、两栖类及蜥蜴等，冬季主要食鼠类。繁殖期 4 ~ 7 月。巢筑于沼泽地、芦苇地或田地里。每窝产卵 1 ~ 7 枚。卵大小 49mm×37mm。雌性孵卵。孵化期 29 ~ 31 天。雏鸟为晚成鸟。

【保护级别】被列为中国国家二级重点保护野生动物，被列入《濒危野生动植物种国际贸易公约》（CITES）附录 II。世界自然保护联盟（IUCN）评估为无危（LC），《中国脊椎动物红色名录》评估为近危（NT）。

【分布】夏候鸟，旅鸟。在内蒙古繁殖于呼伦贝尔市、兴安盟、通辽市、赤峰市、锡林郭勒盟及乌兰察布市，迁徙季节见于呼和浩特市、包头市、鄂尔多斯市、巴彦淖尔市、乌海市、阿拉善盟。

国内繁殖于黑龙江、吉林、辽宁、新疆西部，迁徙季节见于华北地区及四川，越冬于甘肃、青海、西藏南部及长江中下游以南地区。国外分布于欧亚大陆、北美洲和北非。

白尾鹞　杨贵生 / 摄

5. 草原鹞 *Circus macrourus*
Pallid Harrier

【识别特征】体长 41 ~ 50cm。虹膜黄色。喙铅灰色。脚黄色。雄性上体暗灰色，下体白色，似白尾鹞雄性，但喉、颈部白色。雌性褐色，尾上覆羽白色，与白尾鹞的雌性极为相似，但体型比前者纤细。

【生态习性】栖息于草原、半荒漠、低山丘陵和平原森林地区及湿地。主要食鼠类、野兔、蜥蜴、蝗虫、鸟类和鸟卵。繁殖期 4 ~ 6 月。营巢于开阔平原或土堆上。每窝产卵 3 ~ 5 枚。卵白色或淡蓝色，具暗褐色斑点，大小 45mm×35mm。雌性孵卵。雏鸟晚成性。经过 35 ~ 45 天的巢期生活后，雏鸟才能离巢。

【保护级别】被列为中国国家二级重点保护野生动物，被列入《濒危野生动植物种国际贸易公约》（CITES）附录 II。世界自然保护联盟（IUCN）和《中国脊椎动物红色名录》均评估为近危（NT）。

【分布】旅鸟。在内蒙古分布于呼伦贝尔市（陈巴尔虎旗）和锡林郭勒盟。

国内繁殖于新疆天山，在东南沿海有分布记录。国外分布于欧洲东南部、俄罗斯（西伯利亚地区）、中亚，迁往非洲、伊朗、南亚和中南半岛等地越冬。

草原鹞 杨贵生 / 摄

草原鹞　杨贵生 / 摄

草原鹞　杨贵生 / 摄

6. 鹊鹞 *Circus melanoleucos*
Pied Harrier

【识别特征】体长 41 ~ 49cm。虹膜黄色。嘴黑色或暗铅蓝灰色，下嘴基部黄绿色，蜡膜黄绿色。脚和趾黄色或橙黄色。雄性头颈部、喉及胸部黑色；腹部、尾下覆羽及翅下覆羽白色；翼上覆羽白色，形成明显的斑块；尾羽银灰色，先端灰白色。雌性上体暗褐色，两翅及腰羽具暗褐色横斑；下体白色，有明显的暗褐色纵纹。亚成体似雌鸟，但下体多栗色或棕色。

鹊鹞（雄性） 刘松涛 / 摄

【生态习性】栖息于低山丘陵、林缘、草原、河谷、沼泽地。主要食小型鸟类、鼠、蛙、蜥蜴、蛇、昆虫等小型动物。繁殖期 5 ~ 6 月。营巢于疏林灌丛、芦苇丛或草地上。巢浅盘状，以植物茎叶为巢材。每窝产卵 4 ~ 5 枚。卵乳白色或淡绿色，椭圆形，大小 44mm×35mm。雌雄轮流孵卵。孵化期约 30 天。雏鸟为晚成鸟，由亲鸟共同抚育一个多月后离巢。

【保护级别】被列为中国国家二级重点保护野生动物，被列入《濒危野生动植物种国际贸易公约》（CITES）附录 II。世界自然保护联盟（IUCN）评估为无危（LC），《中国脊椎动物红色名录》评估为近危（NT）。

【分布】夏候鸟，旅鸟。繁殖于内蒙古东部地区，迁徙季节见于内蒙古西部地区。

国内繁殖于东北大部，迁徙时途经河北、山东、青海，越冬于四川、云南、贵州、广西、广东、福建、海南（海南岛）和台湾。国外繁殖于俄罗斯（西伯利亚地区）、蒙古国、朝鲜北部，在缅甸、印度、斯里兰卡和菲律宾等地越冬。

鹊鹞 杨贵生 / 摄

7. 黑鸢　*Milvus migrans*
Black Kite

【识别特征】体长 55 ～ 63cm。虹膜暗褐色。嘴深石板黑色，下嘴基部浅绿色。脚浅绿色，爪黑色。体羽大多暗褐色。耳羽黑褐色。头和颈两侧具黑褐色羽干纹，胸腹部具黑褐色纵纹。飞翔时翼下具大型白斑。尾与其他猛禽的圆形尾不同，呈浅叉状。雌性个体大于雄性，两性羽色相同。幼鸟体色较淡，具显著斑点，翅下白色块斑较小。

黑鸢　李晓辉 / 摄

【生态习性】栖息于半荒漠、草原、森林草原、人工林。常在河流、湖泊、村镇等处活动。主要食腐肉、小型啮齿动物、鱼类、两栖类和昆虫等。在地面或水面上捕食。捕食昆虫时边飞边捕食，并在飞行中吃掉食物，有时也偷取其他捕食者或鸟类的食物。华北地区繁殖期为 5 ～ 6 月，西北地区为 4 月，南方为 2 月。营巢于高大的树上、峭壁或建筑物上。卵椭圆形，淡蓝绿色，缀红褐色斑点和细纹。每窝产卵 1 ～ 4 枚。孵化期 26 ～ 38 天。雌性孵卵。雏鸟 1 年后性成熟。有记载的最长存活时间为 23 年。

【保护级别】被列为中国国家二级重点保护野生动物，被列入《濒危野生动植物种国际贸易公约》（CITES）附录 II。世界自然保护联盟（IUCN）和《中国脊椎动物红色名录》均评估为无危（LC）。

【分布】留鸟。分布于内蒙古各地。

国内分布很广，各地均可见到。国外分布于欧亚大陆、非洲、澳大利亚。

黑鸢　杨贵生 / 摄

8. 白腹海雕　*Haliaeetus leucogaster*
White-bellied Sea Eagle

【识别特征】体长 75～84cm。虹膜褐色。蜡膜和上嘴红灰色，下嘴蓝灰色，尖端黑色。跗跖和趾浅肉色，爪黑色。头部、颈部及下体为白色，背黑灰色。尾圆形，尾基灰色，尾端白色。飞翔时翼下除飞羽和尾基为黑色外，均为白色。亚成体上体暗褐色，下体棕褐色，尾基白色。

【生态习性】栖息于海岸、河口以及周围有林地及开阔生境的内陆湿地。主要食哺乳动物、鸟类、爬行类、鱼类、腐肉和垃圾，有时也从其他捕猎者处夺取食物。营巢于森林、多岩石的开阔地区。巢较大，用枯树枝筑成，内垫植物茎和叶子。营巢于地面、悬崖岩石或离地面 3～20m 的树上。每窝产卵 1～3 枚。卵白色，圆形。孵化期约 40 天。雌雄轮流孵卵，以雌性为主。

【保护级别】被列为中国国家一级重点保护野生动物，被列入《濒危野生动植物种国际贸易公约》（CITES）附录Ⅱ。世界自然保护联盟（IUCN）评估为无危（LC），《中国脊椎动物红色名录》评估为易危（VU）。

【分布】留鸟。在内蒙古见于赤峰市、鄂尔多斯市和巴彦淖尔市。

国内主要分布于广东、福建、台湾、香港和海南，偶见于江苏、浙江。国外分布于印度和斯里兰卡，经亚洲东南部、菲律宾、新几内亚岛直至澳大利亚。

白腹海雕　周惠卿 / 摄

白腹海雕　周惠卿 / 摄

9. 玉带海雕 *Haliaeetus leucoryphus* Pallas's Fish Eagle

【识别特征】体长 76 ~ 88cm。虹膜赭褐色。嘴角黑色，嘴基部棕褐色（幼鸟），蜡膜灰蓝色。脚和趾黄色，爪黑色。上体暗褐色，头顶、后颈及肩间部土黄色，头侧及颏淡乳黄色。下体棕褐色，翼下覆羽及腋羽黑褐色，略具白斑。尾黑色，中间具白色宽带斑。雌雄羽色相似，雌性个体稍大。亚成体尾部中间为白色点状斑。

【生态习性】栖息于湖泊、河流及水塘，偶见于渔村和农田上空，也经常出现在干旱地区和大草原，在高原和峡谷亦有分布。主要食鱼类，也食水禽、蛙、爬行类、啮齿动物、腐肉、羊羔及其他小牲畜。繁殖期 3 ~ 4 月。筑巢于高大的树上、芦苇丛、岩壁或地面上。巢庞大，以枯树枝、芦苇茎为主材，内垫新鲜的植物叶。每窝产卵 2 ~ 4 枚。卵白色，光滑无斑，大小 66mm×55mm。孵化期 35 ~ 40 天。雌性孵卵。雏鸟由亲鸟共同抚育，70 ~ 105 天后离巢。

【保护级别】被列为中国国家一级重点保护野生动物，被列入《濒危野生动植物种国际贸易公约》（CITES）附录Ⅱ。世界自然保护联盟（IUCN）和《中国脊椎动物红色名录》均评估为濒危（EN）。

【分布】夏候鸟。在内蒙古分布于呼伦贝尔市、兴安盟、锡林郭勒盟、赤峰市、巴彦淖尔市、鄂尔多斯市和阿拉善盟。

国内繁殖于新疆、青海、黑龙江、西藏，也见于甘肃、四川、河北和江苏等地区。国外繁殖于亚洲中部和南部，在巴基斯坦、印度北部、缅甸为留鸟。

玉带海雕　孙孟和 / 摄

10. 白尾海雕

Haliaeetus albicilla
White-tailed Sea Eagle

【识别特征】体长 84 ～ 91cm。虹膜黄色。嘴暗黄，蜡膜黄色。爪黑色。雌雄羽色相似，雌性体型较大。头、后颈淡黄褐色，上背褐色，下背至尾上覆羽暗褐色。喉部黄褐色，胸腹部褐色。尾羽白色。跗跖覆羽。亚成体上体棕黄色，下体白色；尾羽羽基灰白，尖端棕褐，具棕褐色点斑。幼鸟 5 ～ 6 年才能达到成年羽色，嘴 4 ～ 5 年变黄，尾在第 8 年才变为白色。

【生态习性】栖息于湖泊、河流、海岸、岛屿及河口地区，非繁殖期也见于山地草原。主要捕食鱼类、水鸟、雉鸡、野兔、鼠类等。取食鱼类时，先在水面上空低飞，一旦发现，立即以锐爪抓起。营巢于海边悬崖的突出物、崖深处及高大的树上，也筑巢于湖中平坦的小岛、沼泽地或芦苇丛中。巢皿形，可沿用多年。巢重量可达 240kg。雌雄共同营巢。每窝产卵 2 枚，偶尔 3 枚。卵钝卵圆形，白色，无斑点，大小 76mm×59mm。雌性孵卵，雄性也参与。孵化期 35 ～ 38 天。约 5 年性成熟。自然环境下寿命为 27 年，人工饲养寿命可达 42 年。

【保护级别】被列为中国国家一级重点保护野生动物，被列入《濒危野生动植物种国际贸易公约》（CITES）附录 I。世界自然保护联盟（IUCN）评估为无危（LC），《中国脊椎动物红色名录》评估为易危（VU）。

【分布】夏候鸟，旅鸟。在内蒙古分布于呼伦贝尔市、锡林郭勒盟、赤峰市、巴彦淖尔市、鄂尔多斯市、乌海市和阿拉善盟。

国内繁殖于黑龙江，迁徙或越冬于吉林、辽宁、河北、山东、青海、甘肃、长江以南沿海地区、香港和台湾。国外繁殖于丹麦（格陵兰岛西南部）、冰岛西部、欧亚大陆中部和北部，向南至希腊和土耳其、黑海南部，在地中海、波斯湾、印度北部、朝鲜、日本等地越冬。

白尾海雕（亚成体）　赵国君 / 摄

白尾海雕　赵国君 / 摄

白尾海雕　赵国君 / 摄

白尾海雕　赵国君 / 摄

11. 虎头海雕　*Haliaeetus pelagicus*
Steller's Sea Eagle

【识别特征】体长 85 ～ 95cm。嘴黄色，宽厚，前端向下弯曲具钩。蜡膜、趾黄色。雌雄相似，前额白色，翼上小覆羽、翼下覆羽、腿覆羽和尾羽均白色，体羽余部暗褐色。亚成体全身羽毛大都呈暗棕褐色，尾白色。

【生态习性】栖息于近海岸的河流的河口地带、湖泊，偶见于山地湖泊附近。捕食活鱼或死鱼。营巢于树上或悬崖上。4 月末 5 月初产卵。每窝产卵 1 ～ 3 枚。孵化期 38 ～ 45 天。雏鸟体被白色绒羽，约 70 天可飞行。

虎头海雕　周惠卿 / 摄

【保护级别】被列为中国国家一级重点保护野生动物，被列入《濒危野生动植物种国际贸易公约》（CITES）附录Ⅱ。世界自然保护联盟（IUCN）评估为易危（VU），《中国脊椎动物红色名录》评估为濒危（EN）。

【分布】旅鸟。在内蒙古分布于呼伦贝尔市（牙克石市乌尔其汉镇）、兴安盟（科尔沁右翼中旗）。
国内见于吉林（珲春市）、辽宁（大连市旅顺口区和营口市），偶见于台湾、河北，为不常见冬候鸟。国外繁殖于白令海峡西海岸、俄罗斯（远东地区及萨哈林岛），越冬于朝鲜、日本。

虎头海雕　周惠卿 / 摄

鸮形目
STRIGIFORMES

　　为体型不等的猛禽。头大面圆且前后稍扁，自近头顶中央两侧呈弧形向下至颏部，由与周围羽色不同的稍曲屈的小型羽毛形成皱领，其间围成面盘。眼周羽毛羽小枝退化，羽枝松散，羽轴延长成须状。颅骨圆，眼眶大。嘴钩状而锋利。腿脚强健，跗跖被羽，甚至达爪；脚为转趾型，爪发达弯曲。体羽柔软，翅圆，大多宽阔。飞行时无声，易接近猎物。林栖性，多夜行，靠超大耳孔、对弱光敏感的眼睛和大范围转动的颈部获取信息。主要食鼠类，也吃蜥蜴、昆虫等。营巢于树洞、岩缝中。雏鸟晚成性。

　　全世界有 2 科 27 属 243 种。中国有 2 科 12 属 32 种。内蒙古有 1 科 9 属 14 种，常在湿地活动的有 1 种。

鸱鸮科 Strigidae

1. 毛腿雕鸮
Bubo blakistoni
Blakiston's Eagle Owl

【**识别特征**】体长约 68cm。虹膜橙黄色。嘴角灰色。体羽大都黄褐色，具黑色羽干纹。头顶中央有一块白斑。耳羽较长，90～108mm。飞羽黑褐色。颏暗灰色，具黑色羽端。喉白色，杂有稀疏的黑褐色细羽干纹。胸、胁、腹暗褐色，具黑色羽干纹。跗跖被黄棕色绒羽。

【**生态习性**】栖息于低山山脚林缘与灌丛地带的溪流、河谷。夜行性，白天多隐藏在河边树上或河流沿岸的土崖上。常单独活动和栖息。飞翔时两翅扇动快，但飞行无声响。主要食鱼类，也食虾、蟹等其他水生动物。繁殖期 3～4 月。筑巢于树洞或倒木下地上。每窝产卵 2 枚。卵污白色。

【**保护级别**】被列为中国国家一级重点保护野生动物，被列入《濒危野生动植物种国际贸易公约》（CITES）附录Ⅱ。世界自然保护联盟（IUCN）评估为濒危（EN），《中国脊椎动物红色名录》评估为极危（CR）。

【**分布**】留鸟。在内蒙古分布于呼伦贝尔市。

国内分布于黑龙江、吉林。国外分布于俄罗斯（西伯利亚东部、远东地区、萨哈林岛）、朝鲜、韩国和日本（北海道）。

毛腿雕鸮　乌瑛嘎 / 绘

佛法僧目
CORACIIFORMES

　　小型攀禽。雌雄大多同色。嘴粗壮。尾形短或适中，尾羽10～12枚。脚短，并趾型，3趾向前，1趾向后，外趾可逆转向后。栖息于森林、水域岸边。营巢于土洞或树洞。主要食鱼类、虾、昆虫等。每窝产卵3～9枚。雏鸟晚成性。

　　全世界有6科35属178种，分布广泛，热带和亚热带较多。我国有3科18属20种，分布于全国各地。内蒙古有2科4属4种，常在湿地活动的有1科3属3种。

翠鸟科 Alcedinidae

1. 蓝翡翠 *Halcyon pileata* Black-capped Kingfisher

【识别特征】体长约28cm。虹膜暗褐色。嘴珊瑚红色。脚和趾红色，爪褐色。头黑色。颈部有一宽阔的白环，与白色的颊、颏、喉和前胸相连。腹部以后以及翅下覆羽和尾下覆羽橙棕色。背、腰、尾上覆羽、尾羽钴蓝色。初级飞羽黑褐色。翅上覆羽黑色，形成明显的大块黑斑。雌性似雄性，但羽色不如雄性的鲜艳。

蓝翡翠　杨贵生 / 摄

【生态习性】主要栖息于河流、池塘和沼泽地。飞行速度快，常贴水面低空直线飞行，或沿溪流、河道飞行。单独或成对活动。主要捕食小鱼、蟹、虾、蛙等动物，也吃昆虫。繁殖期4~7月。营巢于水域岸边土洞或岩隙中。每窝产卵4~6枚。卵白色，椭圆形，大小31mm×27mm。孵化期约20天。雌雄共同孵卵，但以雌性为主。雌雄共同育雏。育雏期约19天。

【保护级别】被列为中国"三有"保护动物，被列入内蒙古自治区重点保护陆生野生动物名录。世界自然保护联盟（IUCN）和《中国脊椎动物红色名录》均评估为无危（LC）。

【分布】夏候鸟。在内蒙古分布于呼伦贝尔市、通辽市（大青沟）、赤峰市（巴林右旗、宁城县黑里河）、锡林郭勒盟、乌兰察布市、呼和浩特市、包头市及阿拉善盟。

国内在黑龙江、吉林、辽宁、山东、河北、山西，西至宁夏、四川，南至云南南部为夏候鸟；在福建（福州市以南）、广东、海南（海南岛）、台湾为留鸟。

蓝翡翠　苏晨曦 / 摄

2. 普通翠鸟 *Alcedo atthis* Common Kingfisher

【识别特征】体长约 16cm。虹膜土褐色。嘴黑色，雌性下嘴红色。脚和趾朱红色，爪黑色。雄性眼先和贯眼纹黑褐色。前额、头顶、枕部和后颈暗蓝绿，密布翠蓝色狭细横斑纹。前额两侧、颊部和耳覆羽栗红棕色，耳后各有一白色斑。喉白色。下体余部栗棕色。背、腰和尾上覆羽辉翠蓝色。

普通翠鸟 杨贵生 / 摄

【生态习性】栖息于河流沿岸、水库、池塘、湖泊等环境。常单独停栖在河边小树上、溪流石块及湖边建筑物上，长时间一动不动地注视着水面，发现猎物后立即扎入水中猎获。通常将猎获物带回到停栖处，在树枝上或石头上摔死后再吞食。主要食小鱼、虾。繁殖期 5 ~ 7 月。营巢于河岸土岩、水域附近土崖上。一般在土中掘隧道约 60cm 深，隧道末端扩大为巢。每窝产卵 6 ~ 7 枚。卵圆形，白色，大小 21mm×17mm。雌雄轮流孵卵。孵化期 19 ~ 21 天。雏鸟晚成性。

【保护级别】被列为中国"三有"保护动物。世界自然保护联盟（IUCN）和《中国脊椎动物红色名录》均评估为无危（LC）。

【分布】夏候鸟。繁殖于内蒙古各地。

国内分布于全国各地。国外分布于欧亚大陆、北非、马来半岛、新几内亚岛和所罗门群岛。

普通翠鸟（幼鸟） 王彤 / 摄

普通翠鸟　杨贵生 / 摄

普通翠鸟　杨贵生 / 摄

3. 冠鱼狗　*Megaceryle lugubris*
Crested Kingfisher

【识别特征】体长约 41cm。虹膜暗褐色。嘴角黑色，口裂和嘴尖黄白色。脚和趾橄榄铅色。头、背、翅和尾羽灰黑色，密布白色横斑。颈侧和下体白色，胸部有黑白相间的横带，雄性沾黄色。头具长且竖直的、密缀白色斑点的黑色冠羽。

【生态习性】栖息于溪流、湖泊和水塘岸边。常单独活动。主要食鱼、虾等水生动物。繁殖期 5 ~ 7月。在山区溪流、河流堤岸等处打洞为巢。每窝产卵 5 ~ 7 枚。卵椭圆形，白色，大小 38mm×32mm。

【保护级别】世界自然保护联盟（IUCN）和《中国脊椎动物红色名录》均评估为无危（LC）。

【分布】留鸟。在内蒙古分布于赤峰市（克什克腾旗）和锡林郭勒盟（锡林浩特市）。国内分布于辽宁南部至云南一线的东部和南部地区。国外分布于喜马拉雅山区、中南半岛和泰国北部。

冠鱼狗　赵国君 / 摄

雀形目
PASSERIFORMES

　　中、小型鸣禽，以树栖为主。嘴小而强。大多善鸣唱。脚较短弱，趾不具蹼，离趾型（除阔嘴鸟科前趾基部合并外），4趾在同一水平面上。跗跖前缘多被盾状鳞，也有的被靴状鳞；跗跖后缘被靴状鳞（除百灵科具盾状鳞外）。

　　雀形目是鸟纲中种数最多的一个目，约占鸟类总数的60%。全世界有144科1000余属6000余种。中国有55科234属817种。内蒙古有35科256种，常在湿地活动的有12科26属49种。

卷尾科 Dicruridae

1. 黑卷尾　*Dicrurus macrocercus*
Black Drongo

【识别特征】体长约30cm。虹膜暗红色。嘴黑色。脚黑色。体羽黑色。上体和下体胸部有铜绿色金属光泽。雌性与雄性相似，但金属光泽稍差。幼鸟与成鸟大致相似，仅肩背部具金属光泽，下体自胸以下具近白色端斑。

【生态习性】主要栖息于低山丘陵和山脚平原的开阔地区，常活动于农田、沼泽、溪谷等生境。主要食昆虫及其幼虫。繁殖期4～7月。多营巢于阔叶树上细枝梢端的分叉处。每窝产卵3～4枚。卵乳白色，杂有褐色斑点。雌雄轮流孵卵。

【保护级别】被列为中国"三有"保护动物。世界自然保护联盟（IUCN）和《中国脊椎动物红色名录》均评估为无危（LC）。

【分布】夏候鸟。在内蒙古分布于赤峰市（翁牛特旗、宁城县、巴林右旗）、锡林郭勒盟（二连浩特市）、乌兰察布市（兴和县）和阿拉善盟。

国内分布于黑龙江西部、吉林西部、辽宁（大连市），西至陕西、四川、贵州、云南和西藏东部，南至长江流域以南地区。国外分布于俄罗斯、伊朗东南部、阿富汗南部，向东南至南亚和东南亚的广大地区。

黑卷尾　杨贵生／摄

黑卷尾　赵国君 / 摄

黑卷尾　杨贵生 / 摄

文须雀科 Panuridae

2. 文须雀 *Panurus biarmicus*
Bearded Reedling

【识别特征】体长约 16cm。虹膜淡褐色。嘴橘黄色。脚黑色。雄性前额、头顶、后颈灰色；眼先黑色，向下延伸到颊侧成髭状黑斑；背、腰、尾棕黄色；颏、喉和前胸白色，两胁淡黄褐色；尾下覆羽黑色。雌性头、眼先为灰棕色，无黑色髭状纹，尾下覆羽白褐色。

【生态习性】主要栖息于芦苇丛和高草丛，成对或成小群活动。在芦苇丛间行动敏捷。主要在隐蔽条件好的芦苇丛下部取食。繁殖期主要食昆虫、蜘蛛，其他季节觅食芦苇种子、草籽等。

【保护级别】世界自然保护联盟（IUCN）和《中国脊椎动物红色名录》均评估为无危（LC）。

【分布】留鸟。分布于内蒙古各地。

国内分布于新疆、青海、甘肃北部以及黑龙江等地，冬季也见于北京、河北和辽宁（营口市）等地。国外分布于欧洲和亚洲。

文须雀（雌性）　杨贵生 / 摄

文须雀（雄性）　杨贵生 / 摄

文须雀　杨贵生 / 摄

苇莺科 Acrocephalidae

3. 大苇莺 *Acrocephalus arundinaceus*
Great Reed Warbler

【**识别特征**】体长约 20cm。虹膜褐色。上嘴褐色，下嘴基部色浅。脚灰褐色。雌雄羽色相似。嘴厚大而端部色深。眉纹淡黄色，眼先褐色，耳羽淡棕色。颏、喉部棕白色，向后变为皮黄色。上体橄榄褐色。下体颜色较白，两胁皮黄沾棕色。尾羽末端无淡色斑。

【**生态习性**】栖息于水域附近的芦苇、香蒲、草丛及灌丛中。常单独或成对活动。主要食昆虫、蜘蛛、蜗牛等小型动物，也食少量植物果实和种子。繁殖期 6 ～ 8 月。巢营于地面或稠密的芦苇丛中。巢深杯形，以枯草、草根等筑成。每窝产卵 3 ～ 6 枚。卵蓝绿色，杂有褐色斑点。孵化期约 14 天。雏鸟晚成性，留巢期 11 ～ 15 天。雌雄共同育雏。

【**保护级别**】被列为中国"三有"保护动物。世界自然保护联盟（IUCN）和《中国脊椎动物红色名录》均评估为无危（LC）。

【**分布**】夏候鸟。在内蒙古分布于锡林郭勒盟、包头市、巴彦淖尔市、阿拉善盟（阿拉善左旗）。国内繁殖于甘肃、新疆，迁徙时见于云南等地。国外分布于从欧洲到中亚的广大地区。

大苇莺　杨贵生 / 摄

大苇莺　杨贵生 / 摄

大苇莺　杨贵生 / 摄

4. 东方大苇莺　*Acrocephalus orientalis*
Oriental Reed Warbler

【识别特征】体长约 17cm。虹膜褐色。上嘴褐色，下嘴基部色浅。脚灰褐色。雌雄羽色相似。上体棕褐色，头顶和后颈色较浓。眉纹淡黄色，具不明显的黑褐色贯眼纹。背、腰及尾上覆羽棕褐色。下体、颏喉白色，余部下体色淡，近白色或稍呈皮黄色。下喉和上胸有黑色纵纹，尾羽末端有淡色斑。

【生态习性】栖息于湖泊、河流附近的芦苇、香蒲、草丛及灌丛中。繁殖期在 5 月下旬到 7 月末。常大声鸣叫，声音如"ga-ga-ji"。巢筑在通风良好的苇地。每窝产卵 4 ~ 6 枚。卵椭圆形，淡蓝绿色、灰白色或鸭蛋青色，具褐色或紫褐色斑点，大小16mm×30mm。主要由雌性孵卵，有时也见雄性喂食。孵化期 11 ~ 13 天。雏鸟体温低而不恒定，雌鸟常伏在巢中保暖。

【保护级别】世界自然保护联盟（IUCN）和《中国脊椎动物红色名录》均评估为无危（LC）。

【分布】夏候鸟。繁殖于内蒙古各地。

国内分布于新疆东部、青海东部、四川、云南以东的各地。国外分布于俄罗斯（西伯利亚东南部）、蒙古国、朝鲜、日本、印度、巴基斯坦、菲律宾、印度尼西亚和中南半岛。

东方大苇莺　杨贵生 / 摄

东方大苇莺　杨贵生 / 摄

东方大苇莺　杨贵生 / 摄

5. 黑眉苇莺 *Acrocephalus bistrigiceps*
Black-browed Reed Warbler

【识别特征】体长约13cm。虹膜橄榄褐色。上嘴褐色，下嘴色浅，端部黑色。脚粉色。雌雄羽色相似。上体橄榄褐色，羽缘沾棕褐色。贯眼纹淡棕褐色。眉纹淡黄色或白色，其上缘具宽阔的黑色条纹。颊部和耳羽褐色。下体污白色沾棕色，两胁深棕褐色。

【生态习性】栖息于低山、丘陵、山脚平原地带的草地、灌丛中。喜欢在水域附近及沼泽地的灌丛和草丛中活动。主要食昆虫及其幼虫。繁殖期5～7月。通常营巢在灌丛和芦苇上。每窝产卵4～6枚。卵椭圆形，灰绿色，缀灰褐色或暗绿色斑。孵化期13～14天。主要由雌性孵卵。育雏期13～14天。雏鸟晚成性，留巢期14～15天。

黑眉苇莺　杨贵生／摄

【保护级别】被列为中国"三有"保护动物。世界自然保护联盟（IUCN）和《中国脊椎动物红色名录》均评估为无危（LC）。

【分布】夏候鸟。在内蒙古繁殖于呼伦贝尔市、锡林郭勒盟、兴安盟、赤峰市、通辽市。

国内分布于东北地区、华北地区、陕西、湖南、浙江、山东，南至广东、广西、福建、台湾等地。国外繁殖于俄罗斯（西伯利亚南部至远东地区）、蒙古国，向东至朝鲜和日本；越冬于中南半岛。

黑眉苇莺　杨贵生／摄

6. 蒲苇莺 *Acrocephalus schoenobaenus*
Sedge Warbler

【识别特征】体长约 12cm。虹膜褐色。上嘴褐色，下嘴色浅。脚粉色。雌雄羽色相似。头顶具明显的黑色纵纹。眉纹皮黄色或灰白色，宽阔而明显。贯眼纹黑褐色。上体褐色，具黑褐色纵纹。下体皮黄白色。

【生态习性】栖息于水域附近的芦苇丛、灌丛和草丛中。常单独或成群活动。多在隐蔽的草丛和灌丛中活动或觅食。主要食昆虫及其幼虫。繁殖期 5 ~ 7 月。营巢于草丛地面，或离地面 10 ~ 30cm 的草茎或灌木下部。卵大小 18mm×14mm。主要由雌性孵卵，育雏由双亲完成。孵化期 13 ~ 15 天。育雏期 13 ~ 14 天。雏鸟 25 ~ 30 天后独立生活。

【保护级别】世界自然保护联盟（IUCN）和《中国脊椎动物红色名录》均评估为无危（LC）。

【分布】夏候鸟。在内蒙古分布于包头市郊区。

国内繁殖于新疆天山。国外繁殖于欧洲、西亚及中亚，冬季迁徙至伊朗和非洲。

蒲苇莺　孙孟和 / 摄

7. 远东苇莺
Acrocephalus tangorum
Manchurian Reed Warbler

【识别特征】体长约 14cm。虹膜橄榄褐色。上嘴褐色，下嘴色浅。脚粉色。头部、背、肩部橄榄棕褐色，腰、尾上覆羽淡棕褐色。眼先和耳羽上缘暗褐色。眉纹淡皮黄色，其上缘具有较细的黑灰色侧冠纹。颏、喉部和腹部白色，胸部、两胁和尾下覆羽淡棕黄色。雌性体羽似雄性，但羽色较暗。

【生态习性】喜栖息于湖泊、水库、池塘、水渠等各种水域周围的芦苇丛、柳灌丛和草地，有时也见于水田周围的草丛和草甸灌丛中。常单独或成对活动，迁徙季节成群活动。主要食昆虫及其幼虫。繁殖期 5～7 月。营巢于草丛、芦苇丛的下部，也见于灌丛中。每窝产卵 4～5 枚。卵淡绿色、橄榄色或白色，缀褐色或灰色斑点。雌性孵卵。孵化期约 12 天。雏鸟晚成性，雌雄共同育雏。

远东苇莺　王顺 / 摄

【保护级别】世界自然保护联盟（IUCN）和《中国脊椎动物红色名录》均评估为易危（VU）。

【分布】夏候鸟，旅鸟。在内蒙古繁殖于呼伦贝尔市（新巴尔虎右旗）、巴彦淖尔市（乌梁素海）、鄂尔多斯市（鄂托克旗）和阿拉善盟（阿拉善左旗），迁徙季节见于赤峰市（达里诺尔）和锡林郭勒盟。

国内分布于黑龙江、吉林、辽宁、河南、河北、北京、陕西和长江下游地区，越冬于福建、广东等地，偶见于台湾。国外繁殖于俄罗斯（西伯利亚南部至远东地区）、蒙古国，向东至朝鲜和日本；越冬于中南半岛。

8. 芦莺 *Acrocephalus scirpaceus*
Eurasian Reed Warbler

【**识别特征**】体长约 12cm。虹膜橄榄色。上嘴黑色,下嘴偏粉色。脚褐色。雌雄羽色相似。眉纹淡白色,极不明显,具淡棕白色眼圈。前额、头顶、后颈及背部至尾上覆羽和肩部橄榄褐色。翅上覆羽、飞羽和尾羽暗黑褐色,具橄榄褐色狭窄边缘。喉淡白色,胸腹部皮黄白色,两胁皮黄色。小翼羽黑色,形成黑色翼角。

【**生态习性**】主要栖息于湖泊、河流、水塘岸边的灌丛、芦苇丛。常单独或成对活动。食物主要以昆虫及其幼虫为主,也食少量的植物叶。繁殖期 5 ~ 7 月。营巢于芦苇或灌丛的下部。巢杯状,主要由枯草茎和叶构成,内垫有细草茎和马尾等。每窝产卵 3 ~ 6 枚。卵蓝白色或绿白色,缀褐色或灰色斑点。雌雄共同孵卵和育雏。孵化期 11 ~ 12 天。留巢期 10 ~ 14 天。

【**保护级别**】世界自然保护联盟(IUCN)和《中国脊椎动物红色名录》均评估为无危(LC)。

【**分布**】夏候鸟,旅鸟。在内蒙古见于阿拉善盟(阿拉善左旗)、包头市、赤峰市。

国内分布于新疆西部、云南南部。国外分布于英国南部、法国、亚州西部和非洲北部,可能在巴基斯坦繁殖;越冬于苏丹、刚果民主共和国东部至坦桑尼亚。

9. 厚嘴苇莺 *Arundinax aedon* Thick-billed Warbler

【识别特征】体长约 18cm。虹膜褐色。上嘴黑色，下嘴粉色。脚灰褐色。雌雄羽色相似。眼先、眼圈淡皮黄色。头顶至背、肩部橄榄黄褐色，腰、尾上覆羽、尾羽棕褐色。颏、喉和腹部中央白色，微沾棕黄色。两胁淡棕褐色。

【生态习性】栖息于湖泊、河流、水库岸边芦苇丛、灌丛。善鸣唱，鸣声清脆婉转，悦耳动听。主要食昆虫，偶尔也食蜘蛛、蛞蝓等小型动物。繁殖期 5 ~ 8 月。多营巢于苇丛、灌丛中。每窝产卵 5 ~ 6 枚。卵淡粉红色或白玫瑰色，缀紫褐色斑和纹，大小 23mm×17mm。主要由雌性孵卵。孵化期 11 ~ 14 天。雏鸟晚成性。雌雄共同育雏，育雏期 13 ~ 15 天，雏鸟约 18 天后可以飞翔。

【保护级别】世界自然保护联盟（IUCN）和《中国脊椎动物红色名录》均评估为无危（LC）。

【分布】夏候鸟。在内蒙古繁殖于呼伦贝尔市、兴安盟、赤峰市、锡林郭勒盟、巴彦淖尔市、鄂尔多斯市和阿拉善盟。

国内分布于东北地区、华北地区、陕西、湖北、湖南、四川、云南、广西、广东、香港、江西和福建等地。国外分布于俄罗斯（新西伯利亚州），东到蒙古国、日本、印度、马来半岛等地。

厚嘴苇莺　赵国君 / 摄

蝗莺科 Locustellidae

10. 矛斑蝗莺　*Locustella lanceolata*　Lanceolated Warbler

【识别特征】体长约 12cm。虹膜褐色。上嘴褐色，下嘴黄褐色。脚粉色。眼先与眉纹淡黄褐色。颊部和耳羽暗褐色。上体橄榄褐色，肩和背部具较粗的黑褐色纵纹。下体皮黄色，喉微具淡褐色细点斑，胸部、两胁和尾下覆羽具明显的黑褐色纵纹。雌性下体羽黑褐色，纵纹较稀疏。

矛斑蝗莺　杨贵生 / 摄

【生态习性】栖息于湖泊、河流、水塘岸边茂密的芦苇丛、灌丛。常单独或成对活动。主要食昆虫。繁殖期 5 ~ 7 月。营巢于地面。每窝产卵 3 ~ 5 枚。卵淡粉红色，缀红褐色小斑点和斑纹，大小 18mm×13mm。雌性孵卵。孵化期 12 ~ 14 天。雏鸟晚成性，育雏期约 12 天。

【保护级别】被列为中国"三有"保护动物。世界自然保护联盟（IUCN）评估为无危（LC），《中国脊椎动物红色名录》评估为近危（NT）。

【分布】夏候鸟。在内蒙古分布于呼伦贝尔市、赤峰市、通辽市。

国内分布于新疆、东北地区、河北、北京、天津、山东、云南、四川、湖北、江苏、浙江、广东、海南和台湾。国外繁殖于欧洲和亚洲北部，非繁殖季节分布于亚洲南部。

矛斑蝗莺　赵国君 / 摄

11. 北蝗莺 *Locustella ochotensis*
Middendorff's Grasshopper Warbler

【识别特征】体长约 15cm。虹膜褐色。上嘴褐色，下嘴色浅。脚粉色。雌雄羽色相似。眉纹淡皮黄色。眼先和贯眼纹橄榄褐色。上体橄榄褐色，头顶、背部具不明显的黑褐色羽干纹。颏、喉、腹白色，两胁及尾下覆羽黄褐色。尾羽褐色，具白色端斑。

【生态习性】栖息于河湖周围的芦苇丛、沼泽地、灌丛和高草丛中，有时也活动于村庄附近的灌丛和草地上。食物以昆虫及其幼虫为主。繁殖期 5 ~ 8 月。通常营巢于草丛地面。巢杯状，以草叶和草茎筑成，内垫细草茎和羽毛。每窝产卵 5 ~ 6 枚。卵粉红色、暗粉红色和灰粉红色，缀褐色斑点。

【保护级别】被列为中国"三有"保护动物。世界自然保护联盟（IUCN）和《中国脊椎动物红色名录》均评估为无危（LC）。

【分布】夏候鸟。在内蒙古分布于锡林郭勒盟、赤峰市（克什克腾旗、敖汉旗）、包头市。

国内繁殖于吉林、辽宁，迁徙季节见于北京、上海、山东、江苏、福建、广东、台湾。国外繁殖于俄罗斯、日本，越冬于菲律宾、印度尼西亚。

北蝗莺　王顺 / 摄

12. 小蝗莺 *Locustella certhiola*
Pallas's Grasshopper Warbler

【识别特征】体长约 14cm。虹膜褐色。上嘴褐色，下嘴色浅。脚粉色。雌雄羽色相似。贯眼纹黑色，眉纹淡棕白色。上体暗棕褐色，头顶具黑褐色纵纹，背部、肩、翅覆羽黑褐色纵纹粗且明显。颏、喉、腹近白色，胸部淡棕褐色。尾羽暗褐色，具黑色次端斑，先端灰白色。

【生态习性】主要栖息于湖泊、河流等水域附近的沼泽草地、灌丛、芦苇丛等生境，也见于农田。常单独或成对活动。主要食昆虫及其幼虫，偶尔也吃少量植物。繁殖期 5 ~ 7 月。营巢于芦苇丛及茂密的草丛地面上。巢深杯状，巢材主要是枯草，内垫细草茎。每窝产卵 4 ~ 6 枚。卵粉红色，缀红褐色、深紫色、玫瑰粉红色斑点。雌性孵卵。孵化期约 12 天。

【保护级别】世界自然保护联盟（IUCN）和《中国脊椎动物红色名录》均评估为无危（LC）。

【分布】夏候鸟，旅鸟。分布于内蒙古各地。

国内分布于东北、西北、华北、华东及华南地区。国外繁殖于东北亚，非繁殖季节分布于亚洲东南和南部。

小蝗莺　王顺 / 摄

小蝗莺　孙孟和 / 摄

小蝗莺 杨贵生 / 摄

小蝗莺 赵国君 / 摄

13. 苍眉蝗莺　*Locustella fasciolata*
Gray's Grasshopper Warbler

【识别特征】体长约 18cm。虹膜褐色。上嘴黑色，下嘴粉红色。脚肉粉色。眉纹灰白色，贯眼纹黑褐色。上体棕褐色，头顶至后颈暗橄榄褐色，具细黑色纵纹。凸形尾，尖端无白色。颏、喉和腹中部白色，胸灰色，两胁和尾下覆羽淡橙黄色。幼鸟上体橄榄褐色，具深色羽干纹，喉具纵纹。

【生态习性】栖息于山地林缘、河谷、丘陵草地及灌丛。善于在林下草地潜行、奔跑及齐足跳动。主要食昆虫及其幼虫。繁殖期 6～8 月。营巢于灌丛或草丛中的地面上。巢杯状，巢材主要为枯叶、干草茎等。每窝产卵 3～4 枚。孵化期 15 天左右。

【保护级别】被列为中国"三有"保护动物。世界自然保护联盟（IUCN）和《中国脊椎动物红色名录》均评估为无危（LC）。

【分布】夏候鸟。在内蒙古繁殖于呼伦贝尔市（根河市）和锡林郭勒盟。

国内分布于黑龙江、辽宁、河北、河南、山东、江苏、浙江、福建等地。国外繁殖于东北亚，在东南亚越冬。

苍眉蝗莺　王顺／摄

燕科 Hirundinidae

14. 崖沙燕 *Riparia riparia*
Sand Martin

【识别特征】体长约 13cm。虹膜深褐色。嘴黑褐色。脚灰褐色。上体灰褐色，额、腰和尾上覆羽沾棕色，飞羽黑褐色。尾呈浅叉状。下体白色，颏喉部灰白色，胸部有淡褐色胸带，腹部和尾下覆羽白色。幼鸟颏及喉部黄褐色，背部有宽的淡色羽缘。

崖沙燕　杨贵生 / 摄

【生态习性】主要栖息于河流、湖泊岸边沙滩上。经常在水面飞行，轻快敏捷。多集成几十只的小群活动，有时也成数百只的大群。休息时经常成群栖于电线上。主要食昆虫，尤其善捕低空飞行的昆虫，常见的有蚊、蝇、虻、蚁等。繁殖期 5 ~ 7 月。在河流或湖泊附近岸边的沙质悬崖上营巢。每窝产卵 4 ~ 6 枚。卵白色，光滑无斑，大小 17mm×13mm。孵化期 12 ~ 13 天。育雏期 19 天。

【保护级别】被列为中国"三有"保护动物。世界自然保护联盟（IUCN）和《中国脊椎动物红色名录》均评估为无危（LC）。

【分布】夏候鸟。分布于内蒙古各地。

国内分布于全国各地。国外分布于除大洋洲以外的世界各地，越冬于东南亚、南美洲和非洲。

崖沙燕　杨贵生 / 摄

15. 家燕 *Hirundo rustica*
Barn Swallow

【识别特征】体长约 17cm。虹膜暗褐色。嘴暗黑褐色。脚黑色。上体蓝黑色，闪金属光泽。下体淡棕白色。额深栗色，颏喉部和前胸栗红色。后胸有不完整的黑色胸带。尾羽暗黑褐色，除中央一对尾羽外，所有尾羽的内翈具白斑。雌性最外侧一对尾羽较短，额、颏喉部的栗红色也较暗，余部与雄性相似。

【生态习性】栖息于村庄房顶、电线以及附近的湖泊、河流等湿地和田野。在飞行中捕食昆虫。主要食蚊、蝇、甲虫、叶蝉、蛾、蚁、蜂等昆虫。繁殖期 4 ~ 7 月。营巢于屋檐下或屋内梁上。碗状巢，主要用湿泥丸和草根，混以唾液筑成，内垫少许羽毛。一年繁殖 2 窝，每窝产卵 4 ~ 5 枚。卵白色，布褐色或淡红褐色斑点，大小 19mm×15mm。孵化期 14 ~ 15 天。雏鸟为晚成鸟。

【保护级别】被列为中国"三有"保护动物。世界自然保护联盟（IUCN）和《中国脊椎动物红色名录》均评估为无危（LC）。

【分布】夏候鸟。分布于内蒙古各地。

国内夏季分布于全国各地，在云南南部、海南（海南岛）和台湾为留鸟。国外分布于欧亚大陆、非洲、美洲及澳大利亚。

家燕 杨贵生 / 摄

家燕 杨贵生 / 摄

家燕（幼鸟） 杨贵生 / 摄

家燕（喂食雏鸟） 杨贵生 / 摄

家燕　杨贵生 / 摄

家燕（巢和雏鸟）　杨贵生 / 摄

16. 岩燕　　*Ptyonoprogne rupestris*
Eurasian Crag Martin

【识别特征】体长约15cm。虹膜褐色。嘴黑褐色。脚肉棕色。喉及上胸污白色，具棕褐色斑点。上体深褐色，下体灰棕色。尾黑棕色，除中央尾羽和最外侧一对尾羽外，近端处具有白色点斑。尾下覆羽暗褐色。幼鸟上体较暗，有宽的暗棕色羽缘。

【生态习性】栖息于悬崖峭壁上。常成对或小群活动于湖泊、水库等水域上空。善飞行。飞行捕食，主要食蚊、蝇、姬蜂等昆虫。繁殖期5~7月。营巢于水域附近的山崖或岩壁缝隙中。巢碗状，主要用苔藓、地衣，混以唾液筑成，内垫羽毛及干草叶等。每窝产卵4~5枚。卵白色，缀红褐色斑点，大小21mm×14mm。

【保护级别】被列为中国"三有"保护动物。世界自然保护联盟（IUCN）和《中国脊椎动物红色名录》均评估为无危（LC）。

【分布】夏候鸟。在内蒙古分布于赤峰市、锡林郭勒盟、乌兰察布市、呼和浩特市、包头市、巴彦淖尔市、鄂尔多斯市、乌海市和阿拉善盟（阿拉善左旗）。

国内分布于新疆、西藏、青海、甘肃南部、宁夏、陕西、山西、河北、北京、辽宁、云南和四川。国外分布于欧亚大陆和非洲。

岩燕　杨贵生/摄

17. 毛脚燕　*Delichon urbicum*
Common House Martin

【识别特征】体长约13cm。嘴黑色。脚趾被白色绒羽。脚肉棕色。雌雄羽色相似。额基、眼先绒黑色。头顶、背、肩黑色，具蓝黑色金属光泽。后颈羽基白色，形成一个不明显的颈环。翼黑褐色。腰和尾上覆羽白色。尾叉状，黑褐色。下体白色。幼鸟上体褐色，下体淡褐色，胸部两侧褐色。

【生态习性】栖息于山坡、湖泊、水库等水域附近及居民区。常集成10至20多只的小群活动，迁徙季节集成数百只甚至上千只的大群。主要食双翅目、半翅目、鞘翅目等昆虫。繁殖期6～7月。营巢于岩壁缝隙、岩洞、废弃房屋墙壁。巢用杂草、羽毛混合泥土堆砌而成，呈半球状。每窝产卵4～6枚，卵白色，大小18mm×13mm。雌雄轮流孵卵。孵化期约15天。雏鸟为晚成鸟，由雌雄共同育雏，留巢期21天左右。

【保护级别】世界自然保护联盟（IUCN）和《中国脊椎动物红色名录》均评估为无危（LC）。

【分布】夏候鸟。在内蒙古分布于呼伦贝尔市、通辽市、赤峰市、锡林郭勒盟、阿拉善盟。

国内分布于新疆、东北地区、华北地区、四川、湖北、江苏、上海、广西和广东南部。国外分布于欧洲、非洲和亚洲。

毛脚燕　王顺 / 摄

18. 金腰燕　*Cecropis daurica*
Red-rumped Swallow

【识别特征】体长约 18cm。虹膜暗褐色。嘴黑褐色。脚暗褐色。颊和颈侧赤栗褐色，耳羽暗棕黄色。上体为辉亮的蓝黑色，腰部栗色。翅及尾黑色。最外侧尾羽延长，尾呈深叉状。下体棕白色，密布黑色纵纹。

【生态习性】栖息于低山丘陵和平原地区的村庄、城镇等地。性极活跃。主要食昆虫。繁殖期 4 ~ 9 月。营巢于房屋及农舍的横梁上或房檐下。雌雄共同筑巢。到水边衔湿泥土和草茎筑瓶状巢。每窝产卵 4 ~ 6 枚。卵纯白色，大小 21mm×14mm。雌雄轮流孵卵。孵化期约 17 天。

【保护级别】被列为中国"三有"保护动物。世界自然保护联盟（IUCN）和《中国脊椎动物红色名录》均评估为无危（LC）。

【分布】夏候鸟。分布于内蒙古各地。

国内分布于全国各地。国外分布于欧亚大陆和非洲。

金腰燕（巢和雏鸟）　杨贵生 / 摄

金腰燕　杨贵生 / 摄

金腰燕　杨贵生 / 摄

柳莺科 Phylloscopidae

19. 叽喳柳莺
Phylloscopus collybita
Common Chiffchaff

【识别特征】体长约 11cm。虹膜褐色。嘴黑色。脚黑色。雌雄羽色相似。眉纹淡白黄色，贯眼纹黑褐色，眼圈近白色。上体褐色沾绿色，腰和翅上覆羽沾绿色明显。无翼斑。尾浅凹型，尾羽黑褐色。下体羽毛皮黄白色，两胁黄绿色。

【生态习性】栖息于林地、林缘灌丛和草丛，及水域附近的芦苇沼泽、灌丛草地。主要食昆虫。繁殖期 5 ~ 7 月。巢置于灌丛或草丛覆盖的堤坝地面上。主要由雌性营巢。每窝产卵 4 枚。卵白色，缀深红色或紫黑色斑点，大小 15mm×13mm。雌性孵卵。孵化期 13 ~ 15 天。雏鸟晚成性。留巢期 14 ~ 16 天。

叽喳柳莺　王志芳 / 摄

【保护级别】被列为中国"三有"保护动物。世界自然保护联盟（IUCN）和《中国脊椎动物红色名录》均评估为无危（LC）。

【分布】旅鸟。在内蒙古迁徙季节见于包头市（郊区、土默特右旗），阿拉善盟（阿拉善左旗）。

　　国内分布于新疆、青海、河南、湖北和香港。国外繁殖于俄罗斯，向南至黑海西北部、哈萨克斯坦北部、蒙古国西北部；非繁殖季节分布于伊拉克南部、伊朗南部和阿拉伯半岛，向东至印度和孟加拉国。

叽喳柳莺　王志芳 / 摄

莺鹛科 Sylviidae

20. 漠白喉林莺 *Sylvia minula*
Desert Whitethroat

【识别特征】体长约 13cm。虹膜褐色。嘴黑色。脚灰褐色。雌雄羽色相似。上体沙灰褐色，头顶较灰。贯眼纹淡沙褐色。肩、背及翼棕色沾灰色。飞羽褐色，具乳白色羽缘。尾羽灰褐色，最外侧一对尾羽几全白色。下体白色，胸和两胁缀以淡粉色。

漠白喉林莺 孙孟和 / 摄

【生态习性】栖息于植被稀少的荒漠、半荒漠地区，也栖息于荒漠湖泊、河流、绿洲等水域附近的芦苇丛、灌丛。常单独或成对活动。主要食昆虫，也食少量植物。繁殖期 5 ～ 7 月。营巢于灌丛或低矮树上。巢杯状，主要用枯草茎、草叶、须根、兽毛等筑成。每窝产卵 4 ～ 6 枚。卵大小 17mm×12mm。

【保护级别】世界自然保护联盟（IUCN）评估为未认可（NR），《中国脊椎动物红色名录》评估为无危（LC）。

【分布】夏候鸟。在内蒙古繁殖于阿拉善盟、包头市和鄂尔多斯市。

国内繁殖于新疆、甘肃、青海、宁夏。国外分布于中亚和西亚。

漠白喉林莺 孙孟和 / 摄

21. 棕头鸦雀 *Sinosuthora webbiana*
Vinous-throated Parrotbill

【识别特征】体长约12cm。虹膜暗褐色。嘴黑褐色，基部黄褐色。脚铅褐色。体羽棕色，头部色稍淡。上体棕褐色，尾羽暗褐色。两翅飞羽棕红色。颏、喉、上胸淡红棕色，具细微暗色纵纹。下腹灰褐色，尾羽暗褐色，端部呈凸状。

棕头鸦雀　王顺 / 摄

【生态习性】栖息于林下灌丛、高草丛、芦苇沼泽。繁殖期以小群活动为主。发现危险时，群体发出叫声，快速移动，但不善于长距离飞行。秋冬季节常集成大群活动。主要食昆虫和虫卵，也吃蜘蛛、植物果实与种子等。

【保护级别】世界自然保护联盟（IUCN）和《中国脊椎动物红色名录》均评估为无危（LC）。

【分布】留鸟。在内蒙古分布于通辽市（科尔沁左翼后旗）和锡林郭勒盟。

国内分布于东北、华北、华东、华中及华南地区。国外分布于俄罗斯（远东地区）、朝鲜、韩国及越南北部。

棕头鸦雀　王顺 / 摄

22. 震旦鸦雀 *Paradoxornis heudei*
Reed Parrotbill

【识别特征】体长约 18cm。虹膜黑褐色。嘴黄色。脚角黄色至粉褐色。长而阔的黑色眉纹延伸到后颈，其下缘白色。白色眼圈显著。额、头顶、颈灰色，头侧、耳羽灰白色。背和腰黄褐色，背具灰色纵纹。颏、喉部淡白色，胁部黄褐色，胸部淡葡萄红色，腹部暗黄色。

【生态习性】主要栖息于河流、湖泊及芦苇沼泽。繁殖期间成对或成小群活动，非繁殖期喜集大群。常在芦苇顶上鸣叫，群体叫声嘈杂。常在芦苇丛间做短距离飞行。冬季收割芦苇后，在附近草丛觅食。主要食昆虫及其幼虫，也吃蜘蛛和植物种子等。

【保护级别】被列为中国国家二级重点保护野生动物。世界自然保护联盟（IUCN）和《中国脊椎动物红色名录》均评估为近危（NT）。

【分布】留鸟。在内蒙古分布于呼伦贝尔市（新巴尔虎右旗）和锡林郭勒盟。

国内分布于黑龙江、辽宁、河北、山东、河南、天津、湖北、安徽、江西、江苏、上海、浙江。国外分布于蒙古国和俄罗斯东南部。

震旦鸦雀　王顺 / 摄

震旦鸦雀　王顺 / 摄

河乌科 Cinclidae

23. 褐河乌　*Cinclus pallasii*　Brown Dipper

【识别特征】体长约21cm。虹膜褐色。嘴深褐色。脚铅灰色。体羽咖啡褐色，背和尾上覆羽具棕红色羽缘，翅和尾黑褐色，尾较短。下体腹中央和尾下覆羽浅黑色。幼鸟上体黑褐色，羽缘黑色，形成鳞状斑纹。

【生态习性】栖息于山区溪流与河谷沿岸。单独或成对活动。在河中露出水面的石头上或河边石块上停落时，尾巴常上翘，头和尾上下摆动。主要食昆虫，也吃虾、小鱼和其他小型软体动物，偶尔吃植物叶子和种子。繁殖期4～7月。营巢于河流两岸、水坝的石缝间及树根下。每窝产卵4～5枚。卵白色或淡黄白色。雌性孵卵。孵化期15～16天。雌雄共同育雏，育雏期21～23天。

褐河乌　王顺 / 摄

【保护级别】世界自然保护联盟（IUCN）和《中国脊椎动物红色名录》均评估为无危（LC）。

【分布】留鸟。内蒙古分布于锡林郭勒盟、赤峰市（克什克腾旗、巴林右旗）、阿拉善盟（阿拉善左旗）。

国内分布于新疆的西北部、西藏南部及东北中部以南地区。国外分布于东亚、南亚及东南亚北部。

褐河乌　王顺 / 摄

鹟科 Muscicapidae

24. 蓝喉歌鸲
Luscinia svecica
Bluethroat

【识别特征】体长约 15cm。虹膜黑褐色。嘴黑色。脚粉褐色。雄性头顶、背、肩、两翼覆羽土褐色，羽缘稍淡。眉纹白色。眼先黑褐色，颊和耳羽土褐色。颏、喉部辉蓝色，其后有一黑色、白色和栗色胸带。喉中部有一块栗红色斑。腹部白色，两胁和尾下覆羽微沾棕色。雌性有一褐色细颊纹，颏、喉部棕白色，胸部有由不规则的带状斑点形成的胸环。

【生态习性】栖息于溪流、湖泊等水域附近的灌丛、芦苇丛、草丛中。常单独或成对活动，迁徙季节也集小群。喜欢潜匿于芦苇或矮灌丛下，一般只做短距离飞行。主要食昆虫，也吃植物种子等。繁殖期 5 ~ 7 月。营巢于灌丛、草丛中的地面凹坑内。巢以杂草、根、叶等筑成。每窝产卵 4 ~ 6 枚。卵蓝绿色，具褐色斑点。雌性孵卵。孵化期约 14 天。雏鸟晚成性，雌雄共同育雏。15 天左右雏鸟可离巢。

【保护级别】被列为中国国家二级重点保护野生动物。世界自然保护联盟（IUCN）和《中国脊椎动物红色名录》均评估为无危（LC）。

【分布】夏候鸟，旅鸟。在内蒙古锡林郭勒盟、赤峰市、鄂尔多斯市、乌海市及阿拉善盟为夏候鸟，其余地区为旅鸟。

国内繁殖于新疆、东北地区，越冬于西南及东南地区。国外分布于欧洲，非洲北部，亚洲中部、东部、南部和东南部，美国（阿拉斯加州西部）。

蓝喉歌鸲　苏晨曦 / 摄

25. 红尾水鸲 *Rhyacornis fuliginosa* Plumbeous Water Redstart

【识别特征】体长约 14cm。虹膜黑色。嘴角黑色。脚黑色。雄性体羽深蓝灰色，额基及眼先黑色；耳羽羽色较暗；翼黑褐色；尾及其上、下覆羽栗红色。雌性上体暗褐色；下体灰褐色，具淡蓝色鳞状斑；尾上覆羽和尾下覆羽白色，尾羽黑色基部白色。

【生态习性】栖息于溪流、河谷沿岸，及湖泊、水库、水塘岸边。常停栖于水中砾石、路边岩石或电线上。停栖时尾常摆动。单独或成对活动。主要食昆虫，也吃少量植物果实和种子。繁殖期 3 ~ 7 月。营巢于河谷与溪流岸边的

红尾水鸲（雌性）　赵国君 / 摄

悬岩洞隙或土坎下凹陷处。每窝产卵 3 ~ 6 枚。卵白色、黄白色或淡绿色，缀褐色或淡赭色斑点。雌性孵卵。雏鸟晚成性，雌雄共同育雏。

【保护级别】世界自然保护联盟（IUCN）和《中国脊椎动物红色名录》均评估为无危（LC）。

【分布】留鸟。在内蒙古分布于锡林郭勒盟、赤峰市、通辽市、鄂尔多斯市、阿拉善盟。

国内分布于除新疆、黑龙江、吉林、辽宁以外的全国各地。国外分布于喜马拉雅山脉和中南半岛北部。

红尾水鸲（雄性）　赵国君 / 摄

26. 白顶溪鸲 *Chaimarrornis leucocephalus*
White-capped Water Redstart

【识别特征】体长约 18cm。虹膜黑色。嘴角黑色。脚灰黑色。雄性头顶至枕白色，前额、眼先、头侧、颈、背、肩、颏、喉、胸黑色，具深蓝色光泽。两翅覆羽和飞羽黑褐色，外翈黑色。腰、尾上覆羽、尾下覆羽及腹部栗红色。尾较长，圆形尾，栗红色，具宽阔黑色端斑。雌性羽色较雄性暗淡且少光泽。

【生态习性】喜栖于溪流、河川等水域附近或水中裸露的岩石上、岸边等近水域的环境。常单独或成对活动。在岩石上站立时，常将尾部竖起、散开呈扇形。多食水生昆虫，也食蜘蛛、软体动物和草籽等。繁殖期 4～7 月。筑巢于山间急流岩岸的裂缝、天然岩洞、树洞中。巢杯状或碗状，巢材主要是苔藓、细树根、落叶等，内垫细根、细纤维、兽毛等。每窝产卵 3～5 枚。卵淡绿色或蓝绿色，缀淡紫色粗斑。雌性孵卵。雏鸟晚成性，雌雄共同育雏。

【保护级别】世界自然保护联盟（IUCN）和《中国脊椎动物红色名录》均评估为无危（LC）。

【分布】夏候鸟。在内蒙古分布于锡林郭勒盟和阿拉善盟（贺兰山）。

国内分布于宁夏、甘肃、青海、山西、陕西、河南、四川、贵州、云南、西藏等地，在湖南、广东、广西、云南东南部及南部为冬候鸟。国外分布于喜马拉雅山脉、印度东北部和中南半岛北部。

白顶溪鸲　杨贵生 / 摄

白顶溪鸲　杨贵生 / 摄

白顶溪鸲　杨贵生 / 摄

白顶溪鸲　杨贵生 / 摄

27. 白额燕尾 *Enicurus leschenaulti* White-crowned Forktail

【识别特征】体长约 27cm。虹膜黑色。嘴黑色。脚粉色。额和头顶前部白色。头顶后部、枕部、背肩部辉黑色。具白色翼斑。腰羽和尾上覆羽白色。眼先、头侧、颏至胸黑色，下体余部白色。雌性头顶后部沾浓褐色，其余与雄性相同。幼鸟从额至腰咖啡褐色，颏、喉棕白色，余部与成鸟相似。

【生态习性】多活动于溪流水边及山涧急流附近。主要食水生昆虫。营巢于急流附近的岩隙或土洞中。繁殖期 4 ~ 7 月。巢呈皿状，巢材主要是草茎、苔藓等。每窝产卵 2 ~ 5 枚。卵为卵圆形，污白色，缀红褐色斑点，大小 25mm×18mm。雌性孵卵。

白额燕尾　巴特尔 / 摄

【保护级别】世界自然保护联盟（IUCN）评估为无危种（LC）。

【分布】留鸟。在内蒙古分布于鄂尔多斯市（鄂托克前旗）。

国内分布于甘肃、陕西、河南、广东、海南、四川、云南等地。国外见于喜马拉雅山脉及缅甸、泰国、马来西亚、印度尼西亚等地。

白额燕尾　巴特尔 / 摄

28. 黑喉石䳭　*Saxicola maurus*
Siberian Stonechat

【识别特征】体长约 13cm。虹膜暗褐色。嘴和脚黑色。雄性头部、背部、翼及尾羽黑色，胸橙红色，腹部棕白色，腰和尾上覆羽白色，颈侧及翅上块斑白色。雌性眉纹白色，喉白色，上体淡黑褐色，具白色翼斑，腰和尾上覆羽及下体淡棕黄色。幼鸟与雌性成鸟相似，但眼先、脸颊、耳羽黑色，颏、喉羽端灰白色，略沾黄色。

【生态习性】栖息于林缘、灌丛、农田及河流、湖泊附近沼泽地。主要食昆虫及其幼虫，也食蚯蚓、蜘蛛及少量植物果实和种子。繁殖期 4 ～ 7 月。营巢于小树和灌木下、倒木树洞或土块凹陷处和岩坡石缝等。主要用薹草、干树叶、草茎和苔藓等筑巢。每窝产卵 6 ～ 7 枚。卵淡绿色或鸭蛋清色，缀稀疏的红褐色斑，大小 18mm×14mm。雌性孵卵。孵化期 11 ～ 13 天。雏鸟为晚成鸟。1 年性成熟后，参与繁殖。

【保护级别】被列为中国"三有"保护动物。世界自然保护联盟（IUCN）评估为未认可（NR），《中国脊椎动物红色名录》评估为无危（LC）。

【分布】夏候鸟，旅鸟。在内蒙古繁殖于呼伦贝尔市、兴安盟、通辽市、赤峰市、锡林郭勒盟、乌兰察布市和阿拉善盟，迁徙季节见于呼和浩特市、包头市、巴彦淖尔市、鄂尔多斯市和乌海市。

国内繁殖期主要见于东北地区、河北、新疆、青海、甘肃、四川、陕西、贵州、云南、西藏西部及南部，冬季见于长江中下游、东南沿海地区。国外分布于欧亚大陆和非洲。

黑喉石䳭（亚成体）　杨贵生 / 摄

黑喉石䳭（雌性）　杨贵生 / 摄

黑喉石䳭（雄性）　杨贵生 / 摄

29. 白背矶鸫 *Monticola saxatilis*
Common Rock Thrush

【识别特征】体长约 19cm。虹膜暗褐色。嘴黑褐色。脚褐色。雄性头、颈、颏、喉及上背蓝灰色；下背和腰白色，略沾蓝色；尾羽栗色，中央尾羽棕色；胸以下栗色。雌性全身几为褐色，密缀鳞斑；颏喉部污白色；胁和尾羽沾有栗色。

【生态习性】主要栖息于植被稀疏的荒漠灌丛草地、河流两岸的草甸和开阔的岩石草地。常单独或成对活动，迁徙季节也成小群。主要食昆虫，也食植物果实和种子。繁殖期 5 ~ 7 月。营巢于岩石缝隙间。用草根、草茎等筑巢，内垫细草茎、兽毛和羽毛。每窝产卵 4 ~ 6 枚。卵蓝绿或淡蓝色，大小 27mm×19mm。雌性孵卵。雏鸟为晚成鸟。育雏期 14 ~ 16 天。

【保护级别】世界自然保护联盟（IUCN）和《中国脊椎动物红色名录》均评估为无危（LC）。

【分布】夏候鸟。在内蒙古繁殖于赤峰市、锡林郭勒盟、乌兰察布市、包头市、鄂尔多斯市、巴彦淖尔市、呼和浩特市和阿拉善盟（阿拉善左旗）。

国内繁殖于河北、北京、宁夏、甘肃、青海、新疆。国外分布于欧亚大陆和非洲。

白背矶鸫（雄性）　闫东洪 / 摄

白背矶鸫（雌性）　王顺 / 摄

白背矶鸫（雄性）　王顺 / 摄

鹡鸰科 Motacillidae

30. 西黄鹡鸰
Motacilla flava
Western Yellow Wagtail

【识别特征】体长约 18cm。虹膜褐色。嘴褐色。脚褐色至黑色。头和后颈蓝灰色，背、肩、腰橄榄绿色。尾羽深黑褐色。下体黄色。雌性和亚成体腹部白色，微沾黄色。

【生态习性】栖息于湖泊、河流岸边、沼泽地、近水的草地。主要食昆虫及其幼虫。营巢于河边、湖岸边附近地上的草丛下。每窝产卵 5 ~ 6 枚。孵化期约 14 天。雏鸟为晚成鸟。

【保护级别】世界自然保护联盟（IUCN）和《中国脊椎动物红色名录》均评估为无危（LC）。

【分布】旅鸟。迁徙季节见于内蒙古东北部。

国内繁殖于新疆，迁徙季节见于西藏、青海、四川、贵州、云南、东北地区、华北地区、华东地区等地，在福建、广东、台湾等地为冬候鸟。国外繁殖于欧洲、中亚，在南亚越冬。

西黄鹡鸰　杨贵生 / 摄

西黄鹡鸰　杨贵生 / 摄　　　　　　　　　　西黄鹡鸰　杨贵生 / 摄

西黄鹡鸰（幼鸟）　杨贵生 / 摄

31. 黄鹡鸰 *Motacilla tschutschensis* Eastern Yellow Wagtail

【识别特征】体长约18cm。虹膜褐色。嘴褐色。脚褐色至黑色。头和后颈蓝灰色。耳羽淡灰褐色。背、肩、腰黄绿色。尾上覆羽黑褐色，羽缘黄绿色。尾羽深黑褐色，最外侧两对尾羽大都白色。下体黄色。非繁殖羽背部暗灰褐色，腹部灰白色，微沾黄色。幼鸟头、颈、上背和肩羽青铜色沾黄绿色，下背、腰深灰色微沾黄绿色。

【生态习性】栖息于湖泊、河流岸边、近水的草地、耕地及林缘。主要食苍蝇、蚊子、甲虫等昆虫及其幼虫，也食少量草茎。常边飞边鸣。营巢于河、湖岸边的草丛下或石隙间。雌雄共同营巢。巢碗状，以细草茎或草叶筑成，内垫兽毛或羽毛。每窝产卵5～6枚。卵灰白色，缀褐色斑点和条纹，大小15mm×20mm，重2～2.2g。孵化期约14天。雏鸟为晚成鸟。第13天，雏鸟可离巢。

【保护级别】被列为中国"三有"保护动物。世界自然保护联盟（IUCN）评估为无危种（LC）。

【分布】夏候鸟，旅鸟。分布于内蒙古各盟市。

国内分布于全国各地，繁殖于华北地区、东北地区。国外分布于欧洲、亚洲、非洲和美国（阿拉斯加州），冬季在亚洲南部、澳大利亚越冬。

黄鹡鸰（幼鸟）　杨贵生／摄

黄鹡鸰　杨贵生/摄

黄鹡鸰　杨贵生/摄

黄鹡鸰　杨贵生/摄

32. 黄头鹡鸰　*Motacilla citreola*　Citrine Wagtail

【识别特征】体长约 17cm。虹膜暗褐色。嘴黑色。脚乌黑色。雄性繁殖羽头部和下体羽鲜黄色；背、两肩和腰部暗灰色，稍沾绿色。雌性繁殖羽额和眉纹黄色，头顶、枕、后颈暗橄榄绿色，颊和耳羽黄色杂有褐色；背、肩及腰青铜色，并稍沾绿色；两胁深灰色。雄性非繁殖羽似雌性繁殖羽。

【生态习性】栖息于湖岸、河边、沼泽及水域附近的草地、农田。成对或成 3 ~ 5 只小群活动和觅食，迁徙季节结成几十只的群。主要食昆虫，也食少量植物。繁殖期 5 ~ 7 月。营巢于土墩下或草丛中。用干草叶、草茎、草根、苔藓筑巢，内垫羊毛和少量羽毛。每窝产卵 4 ~ 5 枚。卵黄白色，缀褐色斑，大小 20mm×15mm。

【保护级别】被列为中国"三有"保护动物。世界自然保护联盟（IUCN）和《中国脊椎动物红色名录》均评估为无危（LC）。

【分布】夏候鸟。分布于内蒙古各盟市。

国内分布于西北地区、华北地区、东北地区、云南、四川、贵州、湖北、安徽、江苏、上海、福建、广东、香港和台湾。国外繁殖于俄罗斯、蒙古国，向南到阿富汗、巴基斯坦西部和伊朗东部；在印度到中南半岛越冬。

黄头鹡鸰　杨贵生 / 摄

黄头鹡鸰（雌性）　杨贵生 / 摄

黄头鹡鸰（幼鸟）　杨贵生 / 摄

黄头鹡鸰（雄性）　杨贵生 / 摄

33. 灰鹡鸰　*Motacilla cinerea*
Grey Wagtail

【识别特征】体长约 17cm。虹膜褐色。嘴黑色。脚肉白色。眉纹白色。雄性上体深灰色沾橄榄绿色，喉部黑色（非繁殖羽呈白色），下体余部黄色，最外侧一对尾羽白色。雌性颏、喉部白色，杂有黑色，胸以后的黄色不如雄性鲜亮而呈黄白色，其余羽色似雄性。

【生态习性】栖息于湖泊、河流沿岸及其附近的草地、林缘等环境。飞行呈波浪式，栖止时尾常上下摆动。主要食昆虫。繁殖期 5 ~ 6 月。营巢于河边土坑、水坝缝隙、河岸倒木树洞中。用枯草茎、叶、根和苔藓筑巢，内垫兽毛、鸟羽及树皮纤维

灰鹡鸰（雌性）　杨贵生 / 摄

维等。每窝产卵 4 ~ 6 枚。卵灰白色，钝端呈褐灰色，具淡色线状斑，大小 18mm×14mm。孵化期约 12 天。雏鸟为晚成鸟。

【保护级别】被列为中国"三有"保护动物。世界自然保护联盟（IUCN）和《中国脊椎动物红色名录》均评估为无危（LC）。

【分布】夏候鸟。分布于内蒙古各盟市。

国内分布于四川北部、青海东部、西藏南部、东北地区、河北、山西、陕西、甘肃，迁徙期间见于河南、山东、安徽、江苏、浙江、湖北、四川；越冬于长江以南至东南沿海地区，西至云南西部。国外分布于欧亚大陆和非洲。

灰鹡鸰（雄性）　杨贵生 / 摄

34. 白鹡鸰 *Motacilla alba*
White Wagtail

【识别特征】体长约 18 cm。虹膜褐色。嘴和脚黑色。全身黑白相间。额、头顶前部、头侧、颈侧、颏喉部白色。上体大都黑色或灰色。胸部具黑色横斑带，下体余部白色。尾羽黑色，最外侧两对白色。幼鸟上体橄榄灰色，头和颈部深橄榄灰色，胸部淡橄榄灰色，余部灰白色。

【生态习性】常在湖泊岸边、河边、水渠旁活动，在常见于离水不远的田野、果园、苗圃、林缘、草地上。飞行多呈波浪式。主要食昆虫及其幼虫，也食少量浆果、杂草种子等。繁殖期 4 ~ 7 月。通常营巢于石堆缝隙间。用枯树枝、树叶、草根、茎、叶筑碗状巢，内垫苔藓、兽毛和羽毛。每窝产卵 5 ~ 6 枚。卵浅灰色，缀褐色小斑点，大小 15mm×19mm。雌性孵卵。孵化期 11 天。雏鸟为晚成鸟。

【保护级别】被列为中国"三有"保护动物。世界自然保护联盟（IUCN）和《中国脊椎动物红色名录》均评估为无危（LC）。

【分布】夏候鸟。分布于内蒙古各盟市。

国内分布于全国各地，有的亚种在广东、广西、台湾和海南（海南岛）越冬。国外分布于欧亚大陆和非洲。

白鹡鸰（成鸟与幼鸟）　杨贵生／摄

白鹡鸰（幼鸟）　杨贵生 / 摄

白鹡鸰　杨贵生 / 摄

35. 田鹨 *Anthus richardi*
Richard's Pipit

【识别特征】体长约 18cm。虹膜褐色。嘴暗红褐色，下嘴较淡。脚肉褐色，后爪长于后趾。眉纹皮白黄色。颏、喉部白色，两侧各有一暗褐色纵纹。上体黄褐色，头顶及背具暗褐色纵纹。下体白色或皮黄白色，胸具暗褐色纵纹。尾黑褐色，最外侧一对尾羽白色。

田鹨　杨贵生 / 摄

【生态习性】栖息于草地、河滩、沼泽、林间空地及农田。主要食昆虫及其幼虫。繁殖期 5 ～ 7 月。营巢于湿地边草地上、沼泽或水域附近的农田。用枯草茎叶在草丛旁或草丛中地上的凹坑筑巢。每窝产卵 4 ～ 6 枚。卵灰白色，缀黑褐色斑点，大小 16mm×21mm。

【保护级别】被列为中国"三有"保护动物。世界自然保护联盟（IUCN）和《中国脊椎动物红色名录》均评估为无危（LC）。

【分布】夏候鸟。分布于内蒙古各盟市。

国内分布于除台湾外的各地。国外分布于欧洲、亚洲、非洲和澳大利亚。

田鹨　杨贵生 / 摄

36. 北鹨 *Anthus gustavi*
Pechora Pipit

【识别特征】体长约 15cm。虹膜褐色。上嘴角质色,下嘴粉红色。眉纹皮黄白色。眼先、颊及耳羽茶褐色。上体棕褐色,额、头顶至后颈具黑褐色细纵纹,背部黑褐色纵纹较宽且明显,部分背羽具白色羽缘,形成白色纵纹。下体白色或皮黄白色,颈侧、胸及胁部有明显的暗褐色纵纹。

【生态习性】常栖息于林缘、河边、沼泽、灌丛及草地。单独或成对活动。多在地面觅食。主要食昆虫,也吃杂草种子。繁殖期 6 ~ 7 月。筑巢于地上草丛中。每窝产卵 4 ~ 6 枚。卵白色或淡绿色,具褐色斑,大小 16mm×23mm。

【保护级别】被列为中国“三有”保护动物。世界自然保护联盟(IUCN)和《中国脊椎动物红色名录》均评估为无危(LC)。

【分布】旅鸟。在内蒙古分布于锡林郭勒盟、赤峰市、巴彦淖尔市及阿拉善盟。

国内黑龙江为夏候鸟,迁徙季节见于新疆、甘肃、东北地区、华北地区、江苏、上海、浙江、福建、江西、广东、香港、澳门和台湾。国外分布于俄罗斯、日本、菲律宾和印度尼西亚等地。

北鹨 王顺 / 摄

北鹨 王顺 / 摄

北鹨（亚成体） 杨贵生 / 摄

37. 红喉鹨 *Anthus cervinus* Red-throated Pipit

【识别特征】体长约 15cm。虹膜褐色。嘴角褐色，基部黄色。脚肉色。雄性繁殖羽头、颏、喉和胸部棕红色，背部灰褐色或橄榄灰褐色，腹部淡棕黄色或黄褐色，头顶、背部、下胸、腹和胁部缀有明显的黑褐色纵纹。非繁殖羽上体黄褐色或棕褐色，具黑色纵纹；头、胸部棕红色消失。雌性羽色似雄性，但喉部暗粉红色，胸腹部皮黄白色，纵纹更粗且明显。

【生态习性】栖息于林缘、河流、湖泊、沼泽，繁殖季节常见于灌丛、沼泽、水域附近。单独或成对活动，迁徙季节集成小群。主要食昆虫。繁殖期 6 ～ 7 月。繁殖于北极苔原地带。巢置于草丛或灌丛下的地面凹坑内，巢材主要是草根、茎等。每窝产卵 4 ～ 6 枚。卵灰色、淡蓝色，缀暗色点斑，大小 21mm×15mm。雌性孵卵。孵化期约 10 天。雏鸟为晚成鸟，雌雄共同育雏。

【保护级别】被列为中国"三有"保护动物。世界自然保护联盟（IUCN）和《中国脊椎动物红色名录》均评估为无危（LC）。

【分布】旅鸟。在内蒙古分布于呼伦贝尔市、锡林郭勒盟、赤峰市、鄂尔多斯市。

国内分布于除青海、西藏、宁夏以外的各地，在长江以南地区为冬候鸟。国外繁殖于欧亚大陆北部，越冬于非洲北部及东部、欧洲和亚洲南部。

红喉鹨（繁殖羽） 巴特尔 / 摄

红喉鹨（繁殖羽）　杨贵生／摄

红喉鹨（繁殖羽）　杨贵生／摄

红喉鹨（非繁殖羽）　杨贵生／摄

38. 黄腹鹨　　*Anthus rubescens*
Buff-bellied Pipit

【识别特征】体长约15cm。虹膜褐色。上嘴黑褐色，下嘴偏粉色。脚暗黄色。上体暗橄榄褐色，头顶和背部缀黑褐色纵纹。翼暗褐色。尾羽黑褐色，羽缘灰黄色，最外侧一对尾羽端有楔形白斑，基部黑褐色。胸部淡棕白色，腹部白色稍沾棕色，胸部、两胁及喉侧具暗褐色纵纹。

【生态习性】栖息于湖边、沼泽及农田。食物以昆虫为主，也食少量植物。繁殖期5～8月。营巢于地面草丛间。巢材主要是植物茎和叶等，内垫兽毛和羽毛。

【保护级别】世界自然保护联盟（IUCN）和《中国脊椎动物红色名录》均评估为无危（LC）。

【分布】旅鸟。在内蒙古分布于呼伦贝尔市、兴安盟、赤峰市、呼和浩特市、鄂尔多斯市。

国内分布于除青海、西藏、宁夏以外的各地。国外分布于俄罗斯（远东地区）、美国（阿拉斯加州）、日本、朝鲜、缅甸北部、越南和印度北部。

黄腹鹨　杨贵生 / 摄

黄腹鹨　杨贵生 / 摄

黄腹鹨　杨贵生 / 摄

39. 水鹨 *Anthus spinoletta* Water Pipit

【识别特征】体长约 16cm。虹膜褐色。上嘴黑褐色，下嘴基部肉褐色。脚黑褐色。眉纹棕白色。眼先、颊部和耳羽灰褐色，杂有棕白色。颏喉部棕白色，下体余部浅葡萄红色（非繁殖羽棕白色）。幼鸟胸部及其两侧有黑色点斑。

【生态习性】栖息于湖边、河流两岸、沼泽地。主要食昆虫，也食少量植物。繁殖期 5 ~ 8 月。营巢于草丛间、灌丛旁。巢材主要为禾本科植物的茎叶，内垫兽毛或羽毛。每窝产卵 4 ~ 5 枚。卵灰绿色，缀黑褐色斑点，大小 22mm×16mm。雌性孵卵。孵化期 14 天。雏鸟为晚成鸟。

【保护级别】被列为中国"三有"保护动物。世界自然保护联盟（IUCN）和《中国脊椎动物红色名录》均评估为无危（LC）。

【分布】旅鸟。在内蒙古分布于赤峰市、锡林郭勒盟、乌兰察布市、包头市、巴彦淖尔市、鄂尔多斯市、乌海市、阿拉善盟（阿拉善左旗）。

国内分布于辽宁、华北地区、西北地区、华东地区和华南地区等地。国外繁殖于欧亚大陆北部；越冬于欧洲西部、南部，亚洲南部和非洲北部。

水鹨　杨贵生 / 摄

水鹨 杨贵生 / 摄

水鹨（非繁殖羽） 杨贵生 / 摄

铁爪鹀科 Calcariidae

40. 铁爪鹀　*Calcarius lapponicus*　Lapland Longspur

【识别特征】体长约 16cm。虹膜栗褐色。嘴黄色，尖端黑色。脚深褐色。雄性繁殖羽额、头顶、后枕、喉、胸及两胁黑色；白色眼后纹延伸至胸侧；后颈至颈侧栗色；肩、背至尾上覆羽黑色，具皮黄色纵纹；下胸和腹部白色。雄性非繁殖羽头顶中央的黑色羽毛具沙黄色羽尖，颏淡沙黄色，胸部缀淡褐色羽缘。雌性头顶暗褐色，缀淡皮黄色纵纹，颏喉部和胸部无黑色斑块，胁部缀显著的黑褐色纵纹。

铁爪鹀（雌性）　方海涛 / 摄

【生态习性】冬季栖息于草地、沼泽地、农田。常成小群活动。主要食草籽，也吃昆虫及其幼虫。营巢于凹地或冰原边上的低凹处。巢深杯状，雌性营巢。巢材主要为杂草和苔藓，内垫羽毛和兽毛。每窝产卵 4 ～ 7 枚。卵灰绿色或橄榄褐色，缀淡褐色斑纹，大小 21mm×15mm。主要由雌性孵卵。孵化期 13 ～ 14 天。雌雄共同育雏，育雏期 8 ～ 10 天。

【保护级别】被列为中国"三有"保护动物，被列入内蒙古自治区重点保护陆生野生动物名录。世界自然保护联盟（IUCN）评估为无危（LC），《中国脊椎动物红色名录》评估为近危（NT）。

【分布】旅鸟。在内蒙古分布于呼伦贝尔市、兴安盟、通辽市、赤峰市、锡林郭勒盟、呼和浩特市、包头市、巴彦淖尔市和阿拉善盟。

国内分布于新疆、甘肃、陕西、山西、河北、北京、天津、黑龙江、吉林、辽宁、山东、江苏、上海、湖南、湖北、四川和台湾。国外繁殖于俄罗斯（东西伯利亚地区和堪察加半岛），越冬于朝鲜、日本和俄罗斯（萨哈林岛）。

铁爪鹀（雄性非繁殖羽）　孙孟和 / 摄

41. 雪鹀 *Plectrophenax nivalis*
Snow Bunting

【识别特征】体长约 17cm。虹膜色深。嘴黄色，嘴尖黑色。脚黑色。雄性繁殖羽背肩部、外侧飞羽末端、三级飞羽、最长的尾上覆羽和中央尾羽黑色，其余部分白色；非繁殖羽耳羽、中央冠纹栗黄色，背肩部羽缘灰黄色，下体白色，胸侧栗黄色。雌性非繁殖羽上体棕褐色，具黑褐色纵纹；下体白色，胸侧淡栗色。

【生态习性】栖息于河谷、河岸和岩石地上。喜栖于未被雪全覆盖的公路旁或草丛中。飞行力强，善在雪地奔走。主要食草籽等植物种子。繁殖期 6 ~ 8 月。在北极苔原地带的岩壁缝隙和岩石间筑巢。巢材主要是枯草茎、叶，内垫兽毛和羽毛。每窝产卵 4 ~ 7 枚。孵化期 14 天。雏鸟晚成性。留巢期 14 天。

【保护级别】被列为中国"三有"保护动物。世界自然保护联盟（IUCN）和《中国脊椎动物红色名录》均评估为无危（LC）。

【分布】冬候鸟。在内蒙古分布于呼伦贝尔市。

国内分布于黑龙江、吉林、河北、新疆西部和北部、江苏、台湾。国外繁殖于北极的苔原冻土带及海岸，越冬于美国、俄罗斯（西伯利亚地区和远东地区）、欧洲、亚洲中部和东部。

雪鹀（左雄性非繁殖羽，右雌性） 乌瑛嘎 / 绘

鹀科 Emberizidae

42. 白眉鹀
Emberiza tristrami
Tristram's Bunting

【识别特征】体长约15cm。虹膜深栗褐色。上嘴蓝灰色，下嘴偏粉色。脚浅褐色。雄性繁殖羽头部黑色，具显著的白色中央冠纹；眉纹和颚纹白色，耳羽后部有一白斑；背、肩栗褐色，具显著的黑色纵纹；胸和两胁锈褐色，具暗色纵纹。非繁殖羽头上具白色纵纹，沾皮黄色或棕色；颏、喉具宽的淡褐色尖端。雌性耳羽红褐色；头部深褐色；中央冠纹、眉纹及颊纹多污白色，微沾黄褐色，具黑色颚纹；颏、喉白色，沾黄褐色。

【生态习性】栖息于森林、山谷溪流等生境。常单独或成对活动，迁徙时集小群。主要食植物种子及昆虫。繁殖期5～7月。常营巢于水域附近的林下灌丛或草丛中。巢的外层主要是禾本科植物的茎叶，内层由细草根、茎及松针构成，内垫兽毛。每窝产卵4～6枚。卵灰色或浅蓝绿色，缀黑色或褐色斑纹，大小16mm×21mm。孵化期13～14天。雏鸟晚成性，留巢期10～12天。

【保护级别】被列为中国"三有"保护动物，被列入内蒙古自治区重点保护陆生野生动物名录。世界自然保护联盟（IUCN）评估为无危（LC），《中国脊椎动物红色名录》评估为近危（NT）。

【分布】夏候鸟，旅鸟。在内蒙古繁殖于呼伦贝尔市北部的大兴安岭，迁徙季节见于兴安盟、赤峰市、锡林郭勒盟、呼和浩特市、包头市和乌海市。

国内繁殖于东北北部，分布于除新疆、宁夏、西藏、青海、海南以外的各地。国外繁殖于俄罗斯（远东地区东南部），在泰国北部和老挝北部越冬。

43. 栗耳鹀　*Emberiza fucata* Chestnut-eared Bunting

【识别特征】体长约16cm。虹膜深褐色。上嘴黑色，具灰色边缘；下嘴蓝灰色，基部粉红色。脚粉红色。雄性头上部、枕部、颈侧灰色，有黑色细纵纹；背、肩部、腰及尾上覆羽栗色，背、肩部具粗黑色纵纹；耳羽栗色，耳羽后部有一小白斑；颚纹黑色，具黑色和栗红色胸带。雌性似雄性，但胸部无栗色胸带。

【生态习性】栖息于河谷沿岸和湖周围的草甸、牧场及农田。主要食杂草种子。雌性筑巢和孵卵。繁殖期5～7月。营巢在薹草草甸塔头上或塔头根部地上，也有营巢于小灌木上的。每窝产卵4～6枚。

栗耳鹀　杨贵生 / 摄

卵椭圆形，灰青色，密布淡褐色斑纹，大小16mm×20mm，重2～2.1g。孵化期11～13天。雌雄共同育雏，育雏期9～11天。

【保护级别】被列为中国"三有"保护动物。世界自然保护联盟（IUCN）和《中国脊椎动物红色名录》均评估为无危（LC）。

【分布】夏候鸟，旅鸟。在内蒙古繁殖于呼伦贝尔市、兴安盟、通辽市、赤峰市、锡林郭勒盟，在呼和浩特市、巴彦淖尔市、鄂尔多斯市为旅鸟。

国内繁殖于东北地区、华北地区，迁徙季节见于除新疆、西藏、青海外的各地。国外分布于亚洲。

栗耳鹀　杨贵生 / 摄

44. 黄眉鹀

Emberiza chrysophrys
Yellow-browed Bunting

【识别特征】体长约15cm。虹膜深褐色。嘴粉色，嘴峰及下嘴端灰色。脚粉红色。雄性繁殖羽额、头顶、枕、后颈及头侧黑色，中央冠纹白色；眉纹长而宽阔，前段黄色，眼后白色；颚纹污白色；颚纹黑褐色；背和肩红褐色，具黑褐色纵纹；下背、腰及尾上覆羽棕红色；下体白色，胸及两胁具黑色纵纹。雌性羽色似雄性，但头为褐色，耳羽淡褐色。

【生态习性】栖息于阔叶林、混交林，常见于溪流岸边。单独活动，有时也集小群活动。飞行时不断地将尾羽散开和收拢，露出白色外侧尾羽。多在地面觅食。主要食草籽、嫩芽、谷类等，也食少许昆虫。繁殖期6～7月。

【保护级别】被列为中国"三有"保护动物。世界自然保护联盟（IUCN）和《中国脊椎动物红色名录》均评估为无危（LC）。

【分布】旅鸟。在内蒙古分布于呼伦贝尔市、锡林郭勒盟、赤峰市、呼和浩特市、乌海市。

国内迁徙季节见于陕西、重庆、四川、贵州、广西以东地区，在长江流域及南部地区越冬。国外繁殖于俄罗斯贝加尔湖以北地区。

黄眉鹀（雌性）　李晓辉 / 摄

45. 黄胸鹀　*Emberiza aureola*
Yellow-breasted Bunting

【识别特征】体长约 15cm。虹膜深栗褐色。上嘴灰色，下嘴粉褐色。脚淡褐色。雄性繁殖羽额、头侧、喉黑色，头顶、枕、后颈及背肩部至尾上覆羽栗褐色，背和肩部具黑色纵纹；下喉和胸腹部鲜黄色，上胸具一栗色横带，两胁缀栗褐色纵纹；翅上具有两道白色翼斑。雌性眼先和眉纹黄白色；头顶栗褐色，具黑色细纹；头侧淡栗褐色，具黑色纵纹。幼鸟羽色似雌性成鸟，但头和背部沙褐色，具黑褐色纵纹。

黄胸鹀（雄性）　杨贵生 / 摄

【生态习性】主要栖息于疏林、灌丛、河谷草地。繁殖季节单独或成对活动，非繁殖季节喜集群活动。食物以植物主。繁殖期 5 ~ 7 月。营巢于灌丛或草丛间。巢碗状，由草根、茎和叶筑成，内垫少量动物毛。每窝产卵 4 ~ 5 枚。卵灰绿色，缀褐色斑，大小 18mm×21mm，重 2 ~ 2.5g。雌雄共同孵卵。孵化期 12 ~ 13 天。雌雄共同育雏，雏鸟第 10 天离巢。

【保护级别】被列为中国国家一级重点保护野生动物。世界自然保护联盟（IUCN）评估为极危（CR），《中国脊椎动物红色名录》评估为濒危（EN）。

【分布】夏候鸟，旅鸟。在内蒙古繁殖于呼伦贝尔市、兴安盟、通辽市、锡林郭勒盟、赤峰市，迁徙季节分布于各盟市。

国内分布于除西藏外的各地，在广西、广东、海南、台湾越冬。国外分布于欧洲东部、中亚、东亚，在东南亚越冬。

黄胸鹀（雌鸟）　赵国君 / 摄

46. 灰头鹀 *Emberiza spodocephala*
Black-faced Bunting

【识别特征】体长约14cm。虹膜深褐栗色。上嘴黑褐色，下嘴偏粉色。脚粉褐色。雄性繁殖羽嘴基、颏和眼先黑色；头、颈和胸绿灰色，有黑色细纵纹；上背和肩褐色，具黑褐色纵纹；腹以下淡黄色，两胁具黑褐色纵纹。雌性繁殖羽主要呈褐色，具黑褐色纵纹；眉纹淡黄色，耳羽褐色；颊纹皮黄白色，延伸至颈侧；腹部至尾下覆羽呈黄白色，两胁具黑色纵纹。

灰头鹀（雄性）　王顺 / 摄

【生态习性】栖息于林缘疏林灌丛、高山溪流、池塘边芦苇丛及灌丛。繁殖季节单独或成对活动，非繁殖季节成小群或家族群活动。主要食昆虫及其幼虫，有时也食植物种子、草籽、植物嫩芽和果实等。

【保护级别】被列为中国"三有"保护动物。世界自然保护联盟（IUCN）和《中国脊椎动物红色名录》均评估为无危（LC）。

【分布】夏候鸟，旅鸟。在内蒙古繁殖于呼伦贝尔市，迁徙季节见于各盟市。

国内分布于除西藏外的各地，在长江以南地区越冬。国外繁殖于俄罗斯（西伯利亚地区）、蒙古国、日本、朝鲜北部。

灰头鹀（雌性）　赵国君 / 摄

47. 苇鹀 *Emberiza pallasi*
Pallas's Bunting

【识别特征】体长约 14cm。虹膜深栗色。嘴褐色。脚淡褐色。头和喉黑色。颊纹和颈环相连为白色。上体具黑色的纵纹。小覆羽蓝灰色。下体灰白色。雌性及雄性非繁殖羽的体羽为浅沙皮黄色，眉纹和颊纹白色，头顶、上背、胸及两胁具深色纵纹。

【生态习性】栖息于林缘疏林、灌丛、草地及芦苇丛。主要食芦苇种子、草籽、植物嫩芽和植物果实，也食昆虫及其幼虫等。繁殖期 6 ～ 7 月。繁殖于俄罗斯西伯利亚苔原和森林苔原地带、蒙古国北部。营巢于灌丛中。主要用枯草筑巢。每窝产卵 2 ～ 5 枚。卵白色，具暗褐色纹，大小 18mm×14mm。

【保护级别】被列为中国"三有"保护动物。世界自然保护联盟（IUCN）和《中国脊椎动物红色名录》均评估为无危（LC）。

【分布】夏候鸟，旅鸟。在内蒙古繁殖于呼伦贝尔市，迁徙季节分布于内蒙古各盟市。

国内分布于东北地区、新疆、甘肃、宁夏、陕西。国外分布于俄罗斯（西伯利亚地区）、蒙古国、朝鲜。

苇鹀（雄性） 杨贵生 / 摄

苇鹀（雌性） 杨贵生 / 摄

苇鹀（亚成体） 杨贵生 / 摄

48. 红颈苇鹀 *Emberiza yessoensis* Ochre-rumped Bunting

【识别特征】体长约 14cm。虹膜暗褐色。上嘴黑褐色。脚褐色。雄性繁殖羽头、颈及颏喉部黑色；上体栗色，具黑色粗纵纹；下体白色，胸侧和胁部棕色。雌性眉纹皮黄色，耳羽棕褐色，后颈至颈侧具棕黄色领斑；肩及背羽红棕色，具黑褐色纵纹；颚纹褐色，下体污白色，胸部沾淡棕黄色。雄性非繁殖羽与雌性繁殖羽相似。

【生态习性】栖息于低山丘陵林缘、湖边及苇丛中。主要食杂草籽和昆虫。繁殖期 5 ~ 7 月。营巢于湿地灌丛及草丛中。用枯草叶和茎筑巢。每窝产卵 5 ~ 6 枚。卵灰白色，缀黄褐色或紫褐色斑点和条纹，大小 17mm×13mm。

【保护级别】被列为中国"三有"保护动物，被列入内蒙古自治区重点保护陆生野生动物名录。世界自然保护联盟（IUCN）和《中国脊椎动物红色名录》均评估为近危（NT）。

【分布】夏候鸟，旅鸟。在内蒙古繁殖于兴安盟，迁徙季节见于赤峰市、锡林郭勒盟、乌兰察布市、呼和浩特市、包头市、巴彦淖尔市、鄂尔多斯市和乌海市。

国内繁殖于东北地区，迁徙季节见于华北地区、华东地区，在江苏、浙江、上海、福建、广东及香港越冬。国外分布于蒙古国、俄罗斯、日本、朝鲜和韩国。

红颈苇鹀（雄性非繁殖羽） 杨贵生 / 摄

49. 芦鹀 *Emberiza schoeniclus*
Reed Bunting

【识别特征】体长约 16cm。虹膜栗褐色。嘴黑褐色。脚深褐色。雄性繁殖羽头、喉部黑色，颊纹和颈环相连为白色；上体红褐色，具黑褐色纵纹；下体污白色，胁部具栗色细纵纹。雌性眉纹和颊纹白色；上体灰褐色，头和背部具褐色纵纹；翼覆羽及三级飞羽羽缘红褐色；下体皮黄白色，胸及胁部具褐色纵纹。雄性非繁殖羽似雌性繁殖羽。

【生态习性】栖息于淡水湖泊及河流两岸苇丛、沼泽地及附近灌丛草地，迁徙季节也见于农田。主要食芦苇种子、草籽、植物嫩芽、果实等，繁殖期间也食昆虫及其幼虫。繁殖期 5 ～ 7 月。营巢于灌丛或苇丛中。用枯草茎、草叶和芦苇等筑巢，内垫细草茎、须根和兽毛。每窝产卵 4 ～ 5 枚。卵淡橄榄褐色，大小 18mm×14mm。主要由雌性孵卵。孵化期 13 ～ 14 天。雏鸟为晚成鸟。育雏期 10 ～ 13 天。

【保护级别】被列为中国"三有"保护动物。世界自然保护联盟（IUCN）和《中国脊椎动物红色名录》均评估为无危（LC）。

【分布】夏候鸟，旅鸟，冬候鸟。在内蒙古繁殖于呼伦贝尔市，迁徙季节见于兴安盟、通辽市、赤峰市、锡林郭勒盟、乌兰察布市、包头市、巴彦淖尔市、鄂尔多斯市、阿拉善盟（阿拉善左旗），在阿拉善盟（额济纳旗）为冬候鸟。

国内繁殖于新疆、黑龙江，越冬于黄河上游地区和东部沿海地区。国外分布于欧亚大陆和非洲北部。

芦鹀（雄性） 杨贵生 / 摄

芦鹀（雄性）　杨贵生 / 摄

芦鹀（雌性）　杨贵生 / 摄

[1] 陈宏宇，杨贵生，邢莲莲等.达里诺尔自然保护区鸟类区系组成及生态分布 [J].内蒙古大学学报 (自然科学版)，2007，38(1):68~74.

[2] 陈劲，杨贵生，李万国等.白银库伦遗鸥自然保护区鸟类群落结构的季节动态 [J].干旱区研究，2010，27(4):628~635.

[3] 陈劲，杨贵生，吴秀杰等.锡林河湿地鸟类群落多样性研究 [J].内蒙古民族大学学报 (自然科学版)，2008，23(06):654~656+660.

[4] 陈劲，杨贵生，张莉等.内蒙古锡林浩特市鸟类资源调查 [J].四川动物，2011，30(1):131~135.

[5] 陈文婧，王毅霖，杨贵生等.内蒙古乌兰浩特市鸟类区系组成及群落结构分析 [J].内蒙古大学学报 (自然科学版)，2012，43(04):423~430.

[6] 方海涛.内陆沙漠湖——东居延海鸟类多样性调查 [J].内蒙古大学学报 (自然科学版)，2017，48(06):658~663.

[7] 高利霞.哈素海湿地鸟类群落的季节动态及物种多样性研究 [D].内蒙古师范大学，2013.

[8] 何芬奇，张荫荪，叶恩琦等.鄂尔多斯桃力庙—阿拉善湾海子湿地鸟类群落研究与湿地生境评估 [J].生物多样性，1996，4(4):187~193.

[9] 何晓萍，张晓丽，孙涛等.内蒙古鸟类新纪录——灰翅鸥 *Larus glaucescens*[J].内蒙古师范大学学报 (自然科学汉文版)，2018，47(06):505~506.

[10] 呼群，李树平，赵美丽.中国湿地资源·内蒙古卷 [M].北京：中国林业出版社，2015.

[11] 李波，杨贵生，赵利军等.内蒙古乌兰察布地区鸟类区系组成及生态分布 [J].四川动物，2016，35(01):129~140.

[12] 李健，王文.内蒙古红花尔基地区草原—森林生态系统不同生境鸟类多样性 [J].东北林业大学学报，2009，37(10):39~43.

[13] 李士伟，杨贵生，王维等.内蒙古伊金霍洛旗红海子湿地公园鸟类种类组成及生态分布 [J].生态学杂志，2015，34(01):182~188.

[14] 李运强 . 达里诺尔国家级自然保护区鸟类群落结构及种类组成年际动态研究 [D]. 内蒙古大学，
  2017.

[15] 梁晨霞，李波，张雨薇等 . 内蒙古乌兰察布地区鸟类群落结构及季节变化 [J]. 生态学杂志，
  2017，36(01):94~103.

[16] 刘伯文 . 内蒙古扎赉特旗鸟类区系考察报告 [J]. 东北林业大学学报，2000，28(6):58~66.

[17] 刘阳，陈水华 . 中国鸟类观察手册 [M]. 长沙：湖南科学技术出版社，2021.

[18] 马志军，陈水华 . 中国海洋与湿地鸟类 [M]. 长沙：湖南科学技术出版社，2018.

[19] 那顺得力格尔，王安梦，巴特尔等 . 内蒙古赛罕乌拉自然保护区冬季鸟类多样性调查 [J]. 动物学
  杂志， 2011， 46(4):53~58.

[20] 聂延秋 . 包头野鸟 [M]. 北京：中国科学技术出版社，2007.

[21] 潘斌，杨贵生，李敏 . 内蒙古二连浩特市鸟类区系特征及群落结构 [J]. 动物学杂志，2013，
  48(6)：933~941.

[22] 潘艳秋，邢莲莲，杨贵生 . 近十年乌梁素海湿地鸟类区系演变初探 [J]. 内蒙古大学学报（自然科
  学版），2006，37(2):170~175.

[23] 乔旭，杨贵生，张乐等 . 内蒙古乌海市鸟类区系特征及群落结构 [J]. 动物学杂志，2011，46(2):
  126~136.

[24] 田梧，薛文，马俊等 . 遗鸥繁殖群在内蒙古东部的新发现 . 内蒙古大学学报 (自然科学版)，
  1998，29(5):694~696.

[25] 田振环，贾艳玲，陶忠明等 . 图牧吉国家级自然保护区鸟类资源 [J]. 内蒙古林业调查设计，
  2010，33(02):103~105+112.

[26] 王安梦 . 内蒙古赛罕乌拉国家级自然保护区鸟类群落研究 [D]. 北京林业大学， 2010.

[27] 王红霞，杨贵生，徐英等 . 内蒙古包头南海子湿地鸟类群落组成及多样性 [J]. 动物学杂志，
  2009，44(02):71~77.

[28] 王顺 . 锡林郭勒盟野生鸟类 [M]. 呼和浩特：内蒙古人民出版社，2020.

[29] 王志芳，林剑声，王晓雪 . 阿拉善鸟类图鉴 [M]. 福州：海峡书局，2021.

[30] 乌日罕，杨贵生，魏炜 . 内蒙古阿尔山市北部鸟类区系组成及群落结构 [J]. 动物学杂志，2014，
  49(01):94~102.

[31] 乌云毕力格 . 阿鲁科尔沁国家级自然保护区鸟类分布特征及数字网络平台建设 [D]. 内蒙古师范大
  学，2020.

[32] 邢莲莲，杨贵生，马鸣 . 中国草原与荒漠鸟类 [M]. 长沙：湖南科学技术出版社，2020.

[33] 邢莲莲，杨贵生，张永让等 . 内蒙古乌梁素海鸟类区系及生态分布的研究 . 内蒙古大学学报（自
  然科学版），1988，19(3):524~534.

[34] 邢莲莲，杨贵生 . 内蒙古辉腾锡勒地区鸟类研究 . 内蒙古大学学报（自然科学版），2003，

34(6):663~667.

[35] 邢莲莲，杨贵生 . 内蒙古乌梁素海鸟类志 [M]. 呼和浩特：内蒙古大学出版社，1996.

[36] 邢莲莲 . 达里诺尔野鸟 [M]. 北京：中国大百科全书出版社，2014.

[37] 旭日干，邢莲莲，杨贵生 . 内蒙古动物志，第三卷 [M]. 呼和浩特：内蒙古大学出版社，2007.

[38] 旭日干，邢莲莲，杨贵生 . 内蒙古动物志，第四卷 [M]. 呼和浩特：内蒙古大学出版社，2015.

[39] 闫慧，李敏，杨贵生 . 内蒙古白银库伦鸟类多样性研究 [J]. 四川动物，2011，30(3):424~428.

[40] 颜重威，邢莲莲，杨贵生 . 内蒙古草原繁殖鸟类群聚组成之比较 [J]. 生态学报，2000，
20(6):992~1001.

[41] 颜重威，赵正阶，郑光美等 . 中国野鸟图鉴 [M]. 台北：翠鸟文化事业有限公司，1996.

[42] 杨帆，杨贵生，邢璞等 . 内蒙古鄂尔多斯高原鸟类区系组成及其特征 [J]. 干旱区研究，2012，
29(3):450~456.

[43] 杨贵生，刘莹 . 达里诺尔——天鹅湖的由来 [J]. 生命世界，2007，(7):14~16.

[44] 杨贵生，邢莲莲，永平 . 阿鲁科尔沁沙地鸟类区系组成及其特征 [J]. 内蒙古大学学报（自然科学版），
2003，34(5):547~551.

[45] 杨贵生，邢莲莲，张琳娜等 . 查干诺尔湿地的鸟类区系组成及其特征 [J]. 内蒙古大学学报（自然
科学版），2005，36(5):671~676.

[46] 杨贵生，邢莲莲 . 内蒙古濒危鸟类的现状及保护对策 . 中国鸟类学研究 [M]. 北京：中国林业出社，
2000.

[47] 杨贵生，邢莲莲 . 内蒙古脊椎动物名录及分布 [M]. 呼和浩特：内蒙古大学出版社，1998.

[48] 杨贵生，邢莲莲 . 内蒙古陆生脊椎动物地理区划 [J]. 内蒙古大学学报（自然科学版），
1998，26(6):806~811.

[49] 杨贵生 . 候鸟乐园——达赉湖 [J]. 人与生物圈，2000，1:19~21.

[50] 杨贵生 . 内蒙古常见动植物图鉴 [M]. 北京：高等教育出版社，2017.

[51] 杨贵生 . 世界珍稀鸟——遗鸥 [J]. 人与生物圈，2000，1:40~41.

[52] 杨贵生，赵利军 . 乌兰察布野生鸟类 [M]. 北京：中国大百科全书出版社，2015.

[53] 杨久辉，李运强，杨帆等 . 达里诺尔国家级自然保护区鸟类群落的季节动态 [J]. 内蒙古大学学报（自
然科学版），2017，48(06):664~671.

[54] 张乐，陈赫，徐英等 . 海拉尔地区鸟类区系调查研究 [J]. 内蒙古大学学报（自然科学版），2009，
40(05):595~599.

[55] 张莉，杨贵生，陈劲等 . 锡林河湿地鸟类调查 [J]. 动物学杂志，2008，43(1):134~139.

[56] 张荣祖 . 中国动物地理 [M]. 北京：科学出版社，1999.

[57] 张书理，李桂林，巴特尔等 . 赛罕乌拉自然保护区鸟类区系研究 [J]. 内蒙古大学学报（自然科学版），
2000，31(6):618~622.

[58] 张荫荪，何芬奇，陈容伯等 . 遗鸥繁殖生境选择及其繁殖地湿地鸟类群落研究 [J]. 动物学研究，1993，14(2):128~135.

[59] 张雨薇，赵利军，许海珍等 . 内蒙古中部地区湿地繁殖鸟类多样性调查 [J]. 湿地科学，2014，12(06):703~708.

[60] 赵格日乐图，吉格米德 . 哈素海鸟类调查研究 [J]. 内蒙古师范大学学报（自然科学汉文版），1999，28(2):146~151.

[61] 赵正阶 . 中国鸟类手册 (上卷)[M]. 长春：吉林科学技术出版社，1995.

[62] 赵正阶 . 中国鸟类志 [M]. 长春：吉林科学技术出版社，2001.

[63] 郑光美 . 中国鸟类分类与分布名录 . 第三版 [M]. 北京：科学出版社，2017.

[64] 颜重威，赵正阶，郑光美，许维枢等 . 中国野鸟图鉴 [M]. 台北：台湾翠鸟文化事业有限公司，1996.

[65] del Hoyo J., Elliott，A, Sargatal J.Handbook of the Birds of the World.Volume 1~16. Barcelona:Lynx Edicions. 1992~2011.

[66] Koichiro Sonobe et al..A Field Guide to the Waterbirds of Asia.Tokyo.Wild Bird Society of Japan. 1993.

[67] Liang Chenxia et al. Bird species richness is associated with phylogenetic relatedness, plant species richness, and altitudinal range in Inner Mongolia [J]. Ecology & Evolution，2018，8(1): 53~58.

[68] Liang Chenxia et al. Taxonomic, phylogenetic and functional homogenization of bird communities due to land use change [J]. Biological Conservation, 2019, 236, 37~43.

拉丁文名索引

英文名索引

ISBN 978-7-204-16853-8

定价：186.00元